JIANZHU GONGCHENG BIM JISHU YINGYONG

建筑工程 BIM 技术应用

河南 BIM 发展联盟　组编

曹　磊　谭建领　李　奎　主编

刘占省　主审

中国电力出版社
CHINA ELECTRIC POWER PRESS

内 容 提 要

本书以 Revit 软件为例，系统讲述了建筑工程 BIM 技术的相关知识。全书共分七个项目，主要内容包括 BIM 技术简介、建筑模型创建、族的基本概念和创建、结构模型创建、设备模型创建、信息模型输出以及 Navisworks 功能介绍。

本书可供高职高专土建类建筑工程技术专业及其他相关专业教学使用，也可供建筑工程施工技术人员和 BIM 爱好者参考使用。

图书在版编目（CIP）数据

建筑工程 BIM 技术应用 / 曹磊，谭建领，李奎主编；河南 BIM 发展联盟组编. —北京：中国电力出版社，2017.8（2019.2 重印）

ISBN 978-7-5198-0806-8

Ⅰ. ①建… Ⅱ. ①曹… ②谭… ③李… ④河… Ⅲ. ①建筑设计–计算机辅助设计–应用软件 Ⅳ. ①TU201.4

中国版本图书馆 CIP 数据核字（2017）第 125701 号

出版发行：中国电力出版社
地　　址：北京市东城区北京站西街 19 号（邮政编码 100005）
网　　址：http://www.cepp.sgcc.com.cn
责任编辑：王晓蕾（010-63412610）
责任校对：常燕昆
装帧设计：赵丽媛
责任印制：杨晓东

印　　刷：北京九天鸿程印刷有限公司印刷
版　　次：2017 年 8 月第 1 版
印　　次：2019 年 2 月北京第 2 次印刷
开　　本：787mm×1092mm　16 开本
印　　张：12.5
字　　数：304 千字
定　　价：46.00 元

前　言

“掌握 BIM，就等于掌握了建筑业的未来”。近年来，建筑信息模型（BIM）的发展和应用引起了工程建设业界的广泛关注。各方一致的观点是其引领建筑信息化未来的发展方向，必将引起整个建筑业及相关行业革命性的变化。

在国外一些发达国家，关于 BIM 技术的研究和应用起步较早，已经在建设工程的设计、施工以及维护和管理阶段得到了应用。而我国目前虽对 BIM 的研究与应用取得了一定的成果，但总体上还处于较低的发展阶段。同时，我国的 BIM 技术人才紧缺，相关的培训教材更是少之又少。为了满足相应的生产需要，适应 BIM 技术紧缺人才的培养目标，迫切需要出版与之相符的教材，本书正是在这样的背景下编写的。

本书在编写过程中遵循“由浅入深、逻辑清晰、图文结合、形象生动、通俗易懂”的基本原则，以 Revit 为基础着重介绍了以下相关内容：BIM 技术简介、建筑模型创建、族的基本概念和创建、结构模型创建、设备模型创建、信息模型输出及 Navisworks 功能介绍。

本书由河南 BIM 发展联盟组编，黄河水利职业技术学院曹磊、谭建领和河南建筑职业技术学院李奎任主编，黄河水利职业技术学院李涛峰、李向和河南建筑职业技术学院王智玉任副主编，黄河水利职业技术学院娄冬、王丽，河南建筑职业技术学院查雅、张照方、柴伟杰、张晓斌，浙江东南建筑设计有限公司黄维燕参与编写。参加编写工作的人员分工为：项目一由李奎编写；项目二中的 2.1～2.3 和项目六中的 6.1～6.4 由王智玉编写；项目二中的 2.4、2.5 由李涛峰编写；项目二中的 2.6 由谭建领编写；项目二中的 2.7、2.8 由查雅编写；项目三由张照方编写；项目四由娄冬编写；项目五中的 5.1 由黄维燕编写；项目五中的 5.2 由王丽编写；项目五中的 5.3 由张晓斌编写；项目六中的 6.5、6.6 由柴伟杰编写；项目七中的 7.1、7.2 由曹磊编写；项目七中的 7.3～7.6 由李向编写。本书由北京工业大学刘占省主审。

感谢河南省建设教育协会对本书编写的大力支持。由于编者水平有限，加之编写时间仓促，书中难免存在不妥之处，恳请广大读者和同行专家批评指正。

编　者

2017 年 5 月

目　录

项目一　BIM 技术简介

1.1　BIM 技术概述

建筑信息模型（Building Information Modeling）是以建筑工程项目的各项相关信息数据作为模型的基础，进行建筑模型的建立，通过数字信息仿真模拟建筑物所具有的真实信息。它具有可视化、协调性、模拟性、优化性和可出图性五大特点。

BIM 来源：

自 1975 年，“BIM 之父”——乔治亚理工大学的 Chuck Eastman 教授创建了 BIM 理念至今，BIM 技术的研究经历了三大阶段：萌芽阶段、产生阶段和发展阶段。BIM 理念的启蒙，受到了 1973 年全球石油危机的影响，当时美国全行业需要考虑提高行业效益的问题，1975 年 Eastman 教授在其研究的课题“Building Description System”中提出“a computer-based description of-abuilding”，以便于实现建筑工程的可视化和量化分析，提高工程建设效率。

1. 可视化（Visualization）

可视化即“所见所得”的形式，对于建筑行业来说，可视化的真正运用在业内的作用是非常大的。例如，从业人员经常拿到的施工图纸，只是各个构件的信息在图纸上采用线条绘制表达，但是其真正的构造形式就需要建筑业参与人员去自行想象了。对于简单的事物来说，这种想象也未尝不可，但是近几年建筑业的建筑形式各异，复杂造型不断被推出，那么这种只靠人脑去想象的形式就未免有点不太现实了。BIM 提供了可视化的思路，将以往的线条式的构件形成一种三维的立体实物图形，展示在人们的面前。建筑业也需要由设计方出效果图，但是这种效果图是分包给专业的效果图制作团队，由他们识读设计方制作出的线条式信息并制作出来的，并不是通过构件的信息自动生成的，缺少了同构件之间的互动性和反馈性；然而 BIM 提出的可视化是一种能够同构件之间形成互动性和反馈性的可视，在 BIM 建筑信息模型中，由于整个过程都是可视化的，所以可视化的结果不仅可以用来进行效果图的展示及报表的生成，更重要的是，项目设计、建造、运营过程中的沟通、讨论、决策都在可视化的状态下进行。

2. 协调性（Coordination）

协调性是建筑业中的重点内容，不管是施工单位还是业主及设计单位，无不在做着协调及相配合的工作。一旦项目的实施过程中遇到了问题，就要将各有关人士组织起来开协调会，找出各施工问题发生的原因及解决办法，然后通过做出变更、采取相应补救措施等方式解决问题。协调往往在出现问题发生后，浪费大量的资源。在设计时，由于各专业设计师之间的沟通不到位，而常会出现各专业之间的碰撞问题，例如暖通等管道在进行布置时，由于施工图纸是分别绘制在各自的施工图纸上的，真正施工过程中，可能在布置管线时正好在此处有结构设计的梁等构件妨碍管线的布置，这是施工中常遇到的碰撞问题，协调时会导致成本增加。此时 BIM 的协调性服务便可以大显身手，即 BIM 建筑信息模型可在建筑物建造前期对各专业的碰撞问题进行协调，生成协调数据并提供出来，提前发现并解决问题。BIM 的协调性远不止这些：如电梯井布置与其他设计布置及净空要求之协调，防火分区与其他设计布置之协调，地下排水布置与其他设计布置之协调等，都是传统施工技术中常见的问题。

3. 模拟性（Simulation）

模拟性并不只是能模拟设计出的建筑物模型，还可以模拟出方法在真实世界中进行操作的事物。在设计阶段，BIM 可以对设计上需要进行模拟的一些事物进行模拟实验，如节能模拟、紧急疏散模拟、日照模拟、热能传导模拟等；在招投标和施工阶段可以进行 4D 模拟（三维模型加项目的发展时间），也就是根据施工的组织设计模拟实际施工，从而确定合理的施工方案来指导施工。同时 BIM 还可以进行 5D 模拟（基于 3D 模型的造价控制），以实现成本控制；后期运营阶段可以模拟日常紧急情况的处理方式，如地震人员逃生模拟及消防人员疏散模拟等。

4. 优化性

整个设计、施工、运营的过程就是一个不断优化的过程，在 BIM 的基础上可以做更好的优化、更好地做优化。优化受各个条件的制约：信息、复杂程度和时间等。没有准确的信息就无法得出合理的优化结果，BIM 模型提供了建筑物的实际存在的信息，包括几何信息、物理信息、规则信息，还提供了建筑物变化以后的实际存在。复杂程度高到一定水平，参与人员本身的能力无法掌握所有的信息，必须借助一定的科学技术和设备的帮助。现代建筑物的复杂程度大多超过参与人员本身的能力极限，BIM 及与其配套的各种优化工具提供了对复杂项目进行优化的可能。

基于 BIM 的优化可以完成下面的工作。

（1）项目方案优化：把项目设计和投资回报分析结合起来，设计变化对投资回报的影响可以实时计算出来。这样业主对设计方案的选择就不会主要停留在对形状的评价上，而可以使得业主进一步知道哪种项目设计方案更有利于自身的需求。

（2）特殊项目的设计优化：如裙楼、幕墙、屋顶、大空间到处可以看到异型设计，这些内容看起来占整个建筑的比例不大，但是占投资和工作量的比例和前者相比却往往要大得多，而且通常也是施工难度比较大和施工问题比较多的地方。对这些内容的设计、施工方案进行优化，可以带来显著的工期和造价改进。

5. 可出图性

BIM 并不仅可以为建筑设计单位出图，还可以在对建筑物进行可视化展示、协调、模拟、优化以后，帮助业主出如下图纸和资料。

（1）综合管线图（经过碰撞检查和设计修改，消除了相应错误以后）。

（2）综合结构留洞图（预埋套管图）。

（3）碰撞检查侦错报告和建议改进方案。

6. 一体化性

基于 BIM 技术是从设计到施工、运营贯穿了工程项目全生命周期的一体化管理。BIM 的技术核心是一个由计算机模型所生成的数据库，不仅包含了建筑的设计信息，而且可以容纳从设计到建成使用，甚至是使用周期终结的全过程信息。

7. 参数化性

参数化建模指的是通过参数而不是数字建立和分析模型，简单地改变模型中的参数值就能建立和分析新的模型。BIM 中图元是以构件的形式出现，这些构件之间的不同，是通过参数的调整反映出来的，参数保存了图元作为数字化建筑构件的所有信息。

8. 信息完备性

信息完备性体现在 BIM 技术可对工程对象进行 3D 几何信息和拓扑关系的描述，以及完整的工程信息描述。

BIM 在世界很多国家已经有比较成熟的标准或者制度。BIM 在中国建筑市场内要顺利发展，必须与国内的建筑市场特色相结合，才能够满足国内建筑市场的特色需求，同时会给国内建筑业带来一次巨大变革。

1.2 BIM 软件介绍——Revit

目前，国内外 BIM 相关软件主要有 Revit、ArchiCAD、Navisworks、Bentley、Tekla、PKPM、广联达 BIM5D、鲁班 BIM 系列软件等，本书主要以 Revit 和 Navisworks 为例介绍 BIM 软件的应用。

双击桌面 Revit2016 快捷方式图标，系统会打开“启动界面”，界面左侧显示“打开”、“新建”项目及“打开”、“新建”族，中间显示最近打开的项目或族，右侧显示“资源”，如图 1.2–1 所示。新建项目后，打开 Revit2016 操作界面，Revit 采用 Ribbon 界面。

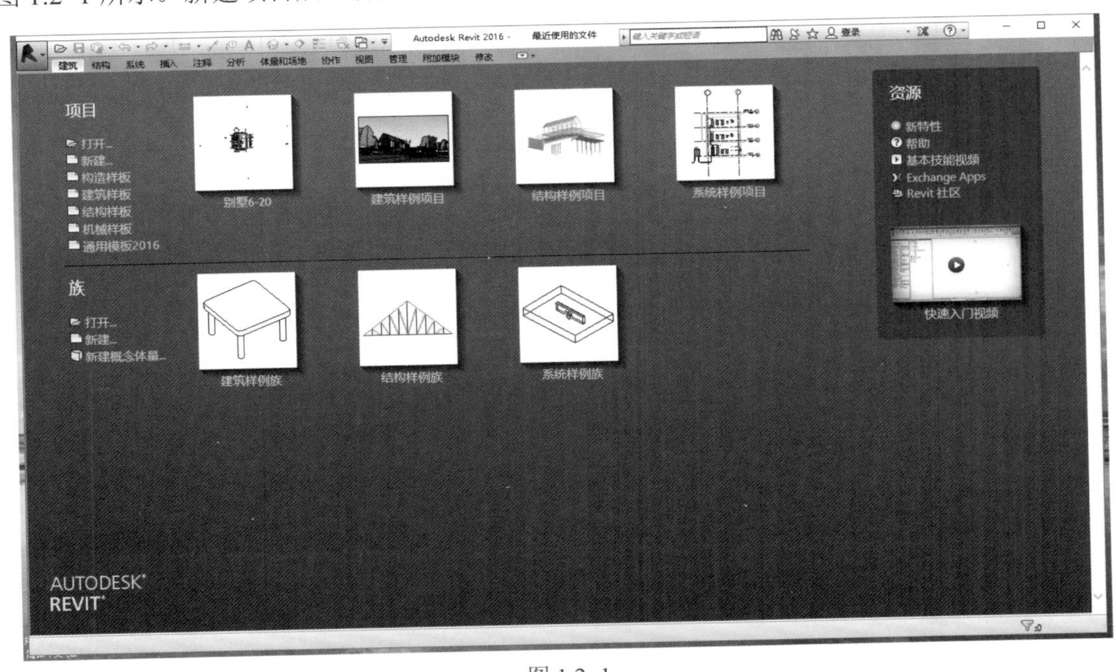

图 1.2–1

1.2.1 软件启动

“应用程序菜单”

单击主界面“应用程序菜单”，软件将展开“应用程序菜单”；“应用程序菜单”包含“新建”“打开”“保存”“另存为”“导出”“suite 工作流”“发布”“打印”“关闭”等命令，如图 1.2–2 所示。

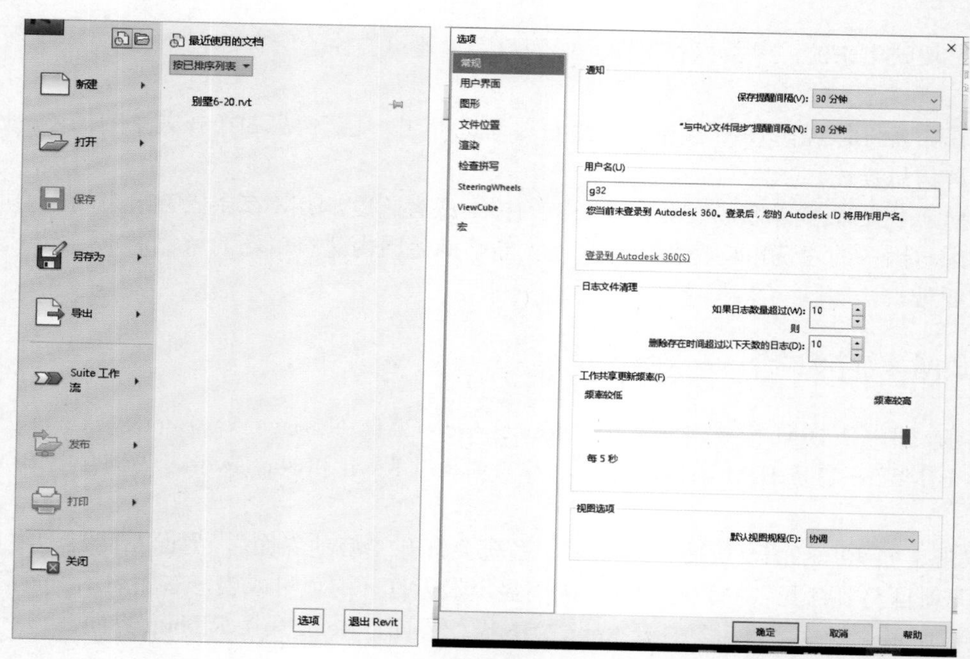

图 1.2–2

菜单右侧列出“最近打开文档”，右下角“选项”按钮包含软件参数设置，如图 1.2–3 所示。

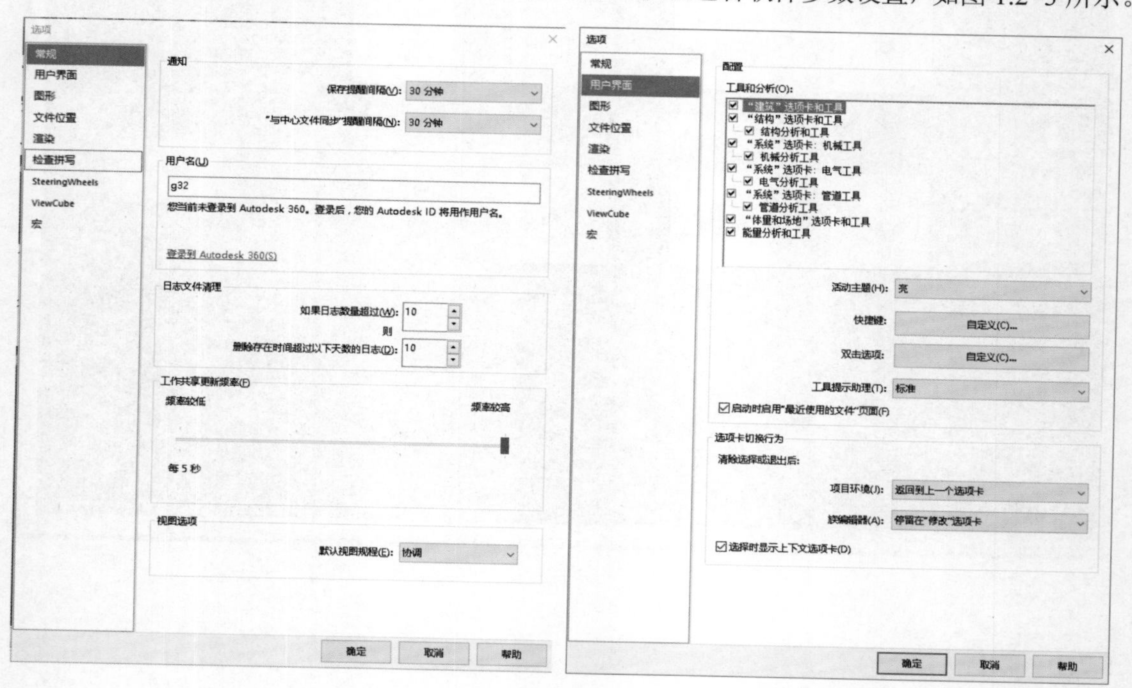

图 1.2–3

“配置”使用以下设置来配置用户界面的各个部分。

“工具和分析”“工具”和“分析”选项只有在使用 Autodesk Revit 时才会显示。Revit Architecture、Revit Structure、Revit MEP 或特定规程版本的 Autodesk Revit 中，这两个选项不

可用。

“活动主题”指定要用于 Revit 用户界面的视觉主题：“亮”（默认）或“暗”。

“快捷键”显示用于添加、删除、导入和导出快捷键的对话框。可以修改预定义的快捷键，也可以为 Revit 工具添加自定义组合键，如图 1.2–4 所示。用户可以为自己（团队）定义符合自己习惯的快捷键，然后将自定义快捷键导出备份，如图 1.2–5 所示。更换计算机后可将自己（团队）的快捷键文件导入，替换系统默认快捷键，提高绘图效率。在设置快捷键过程中注意：可以为一个工具指定多个快捷键；某些键是保留的，无法指定给 Revit 工具。

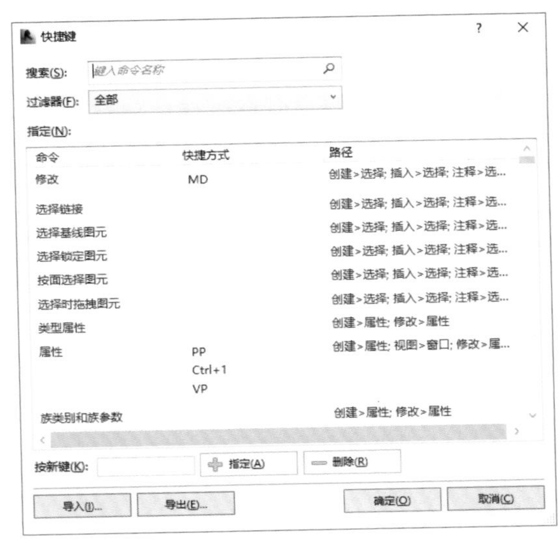

图 1.2–4

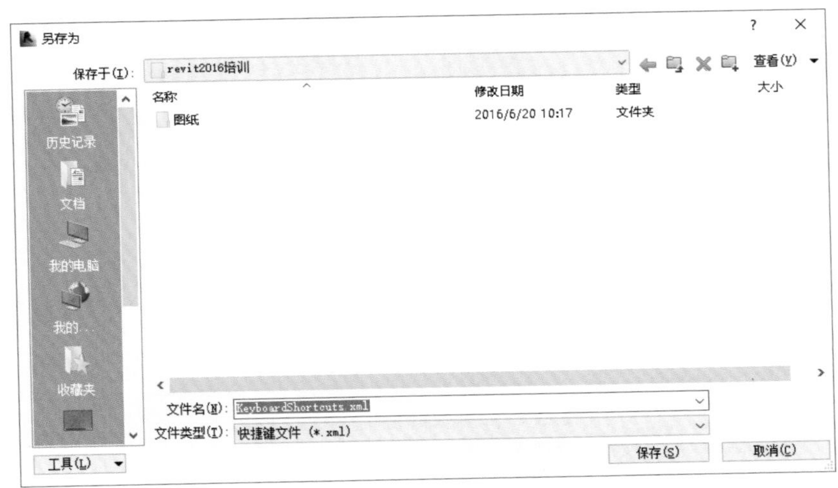

图 1.2–5

“双击选项”显示一个对话框，可指定用于进入下列图元类型的编辑模式的双击行为。

“工具提示助理”指定所需级别的功能区工具信息。默认值为“标准”。

“启动时启用“最近使用的文件”页面”在启动 Revit 时显示“最近使用的文件”页面。该页面列出最近处理过的项目和族的列表，还提供对联机帮助和视频的访问。或者，也可以通过单击“视图”选项卡“窗口”面板“用户界面”下拉列表“最近使用的文件”来随时打开“最近使用的文件”页面。

“选项卡切换行为”使用以下设置来指定选项卡在功能区中的行为。

“清除选择或退出后”在项目环境或族编辑器中指定所需的行为。

“停留在“修改”选项卡”在取消选择图元或者退出工具之后，焦点仍保留在“修改”选项卡上。

“返回到上一个选项卡”在取消选择图元或者退出工具之后，Revit 显示上一次出现的功

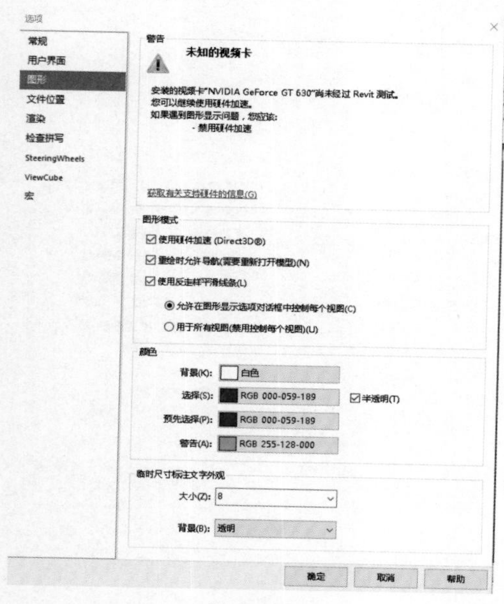

图 1.2–6

能区选项卡。

“选择时显示上下文选项卡”显示所选图元的上下文选项卡，并立即提供对相关工具的访问。当该选项处于关闭状态时，上下文选项卡将打开但不会获得焦点，焦点仍保留在当前的选项卡上。单击上下文选项卡可访问它，如图 1.2–6 所示。

“临时尺寸标注文字外观”可以修改文字大小（图 1.2–7），将背景改成透明后效果。透明修改为不透明后，数字可能挡住后面的图元。

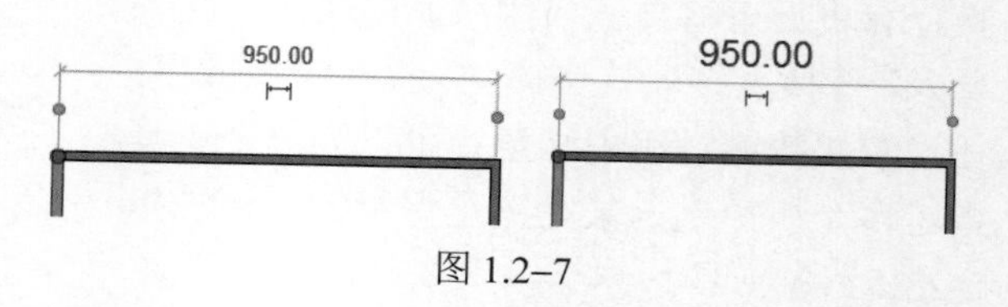

图 1.2–7

“选项”→“渲染”选项卡中（图 1.2–8），可指定以下内容。

① 用于渲染外观的文件的路径。

② 用于贴花的文件的路径。

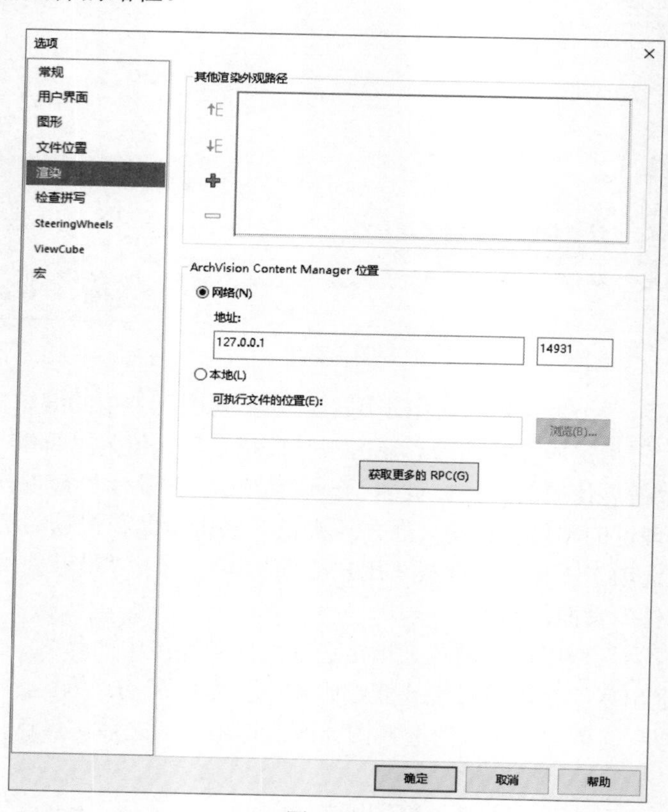

图 1.2–8

1.2.2 Revit 文件

1. 项目文件

Revit 的设计文件用.rvt 文件格式保存。项目模型、视图及信息都被存储在一个后缀名为“.rvt”的 Revit 项目文件中。项目文件包括设计所需的全部信息，如项目三维模型（构件）、平立剖面及节点视图、各种明细表、施工图图纸等。其作用类似于 AutoCAD 中的.dwg 文件。

2. 样板文件

样板文件定义了常用的参数，方便建模。例如，根据自己工作性质、习惯，可以定义项目默认的度量单位、楼层数量的设置、层高信息、线型设置、显示设置等，保存为新的.rte 文件，提高建模效率。其作用类似于 AutoCAD 中的.dwt 文件。

3. 族文件

在 Revit 中，基本的图形单元被称为图元。例如，在项目中建立的墙、门、窗、文字、尺寸标注、家具等，都被称为图元。图元是 Revit 设计的基本元素，以“族”来表达。

在项目中使用特定族和族类型创建图元（墙、门、窗、文字、尺寸标注、家具等）时，将创建该图元的一个实例。每个图元实例都有一组属性，从中可以修改某些与族类型参数相关的图元参数，满足设计需求。

项目中所用到的族是随项目文件一同存储的，可以通过展开“项目浏览器”中的“族”类别，查看项目中所有可使用的族。族还可以保存为独立的后缀为“.rfa”格式的文件，方便与其他项目共享，如“门”“家具”“窗”等构件，这类族称为“可载入族”。

族是设计建模的基础，由于任务的多样性，设计中会用到不同的族。Revit 自带族库较少，满足不了设计需求时，可以通过自己建立族或者通过互联网途径获得族文件。

1.3 Revit 软件基本操作

Revit 的操作界面如图 1.3–1 所示。

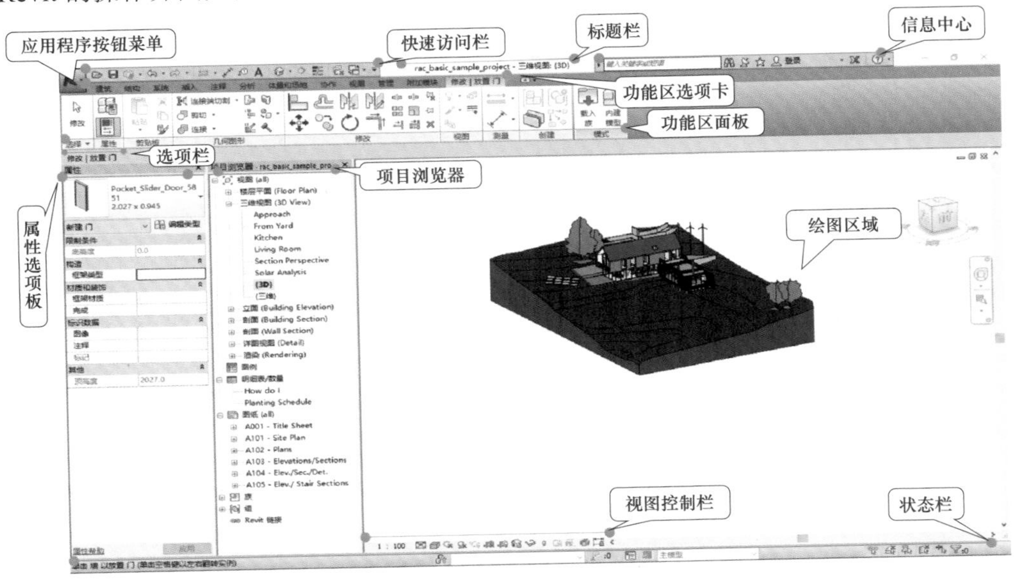

图 1.3–1

（1）“应用程序”按钮。详见上节内容。

（2）“快速访问栏”选项。包含一组默认工具，可对该工具栏进行自定义，保留最常用的工具，提高绘图效率，如图 1.3–2 所示。

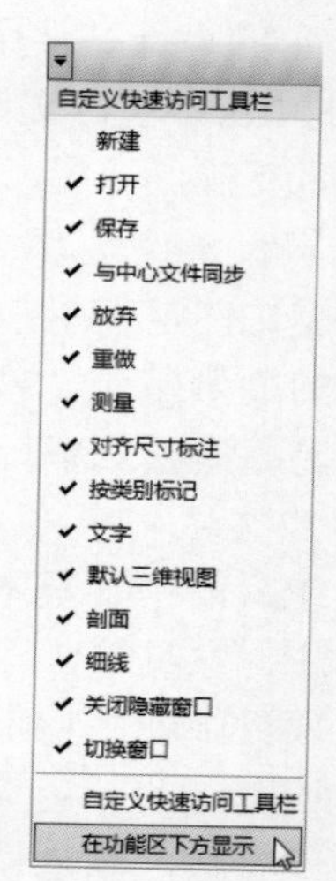

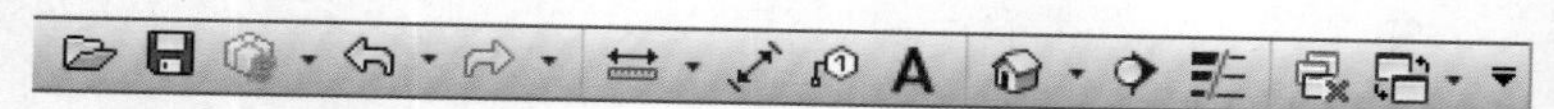

图 1.3–2

（3）选项卡（图 1.3–3）。

图 1.3–3

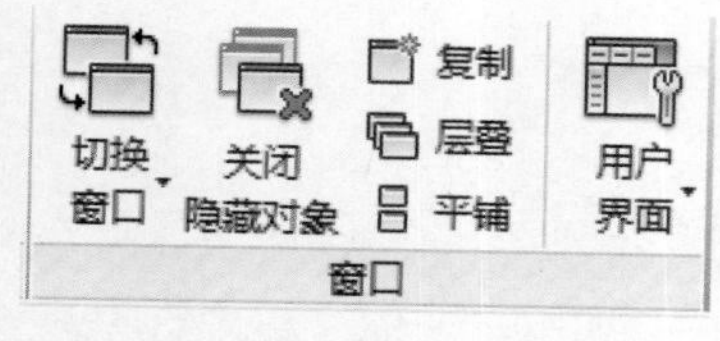

图 1.3–4

在 Revit 下每打开一个视图，都以一个新窗口形式出现，如图 1.3–4 所示。单击“窗口”面板“层叠”按钮后窗口层叠，如图 1.3–5 所示。如后台窗口需要关闭，单击“窗口”面板“关闭隐藏对象”按钮后仅保留当前窗口。可以通过“窗口”面板“用户界面”按钮制定用户界面。

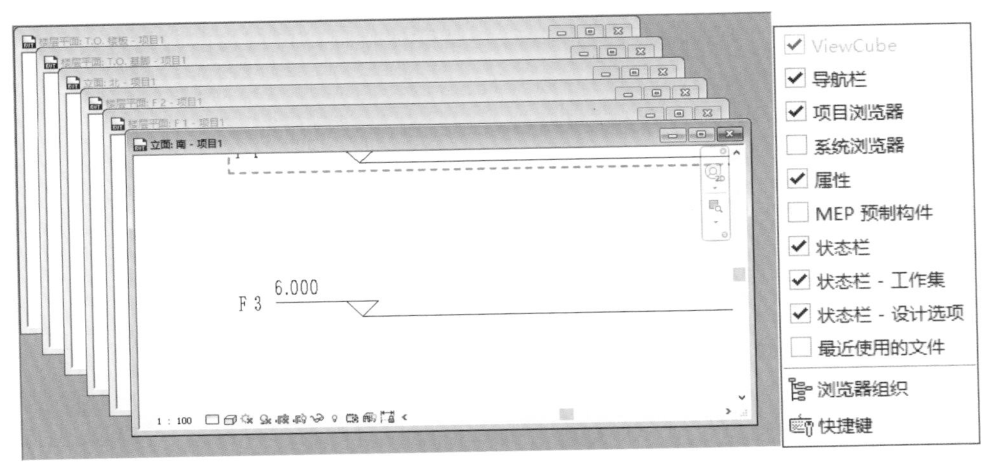

图 1.3–5

（4）视图控制栏（图 1.3–6）。

1 : 100

图 1.3–6

“视图控制栏”位于视图窗口底部，状态栏的上方，并包含以下工具。

1）比例（图 1.3–7）。

1 : 100

图 1.3–7

2）详细程度（图 1.3–8）。

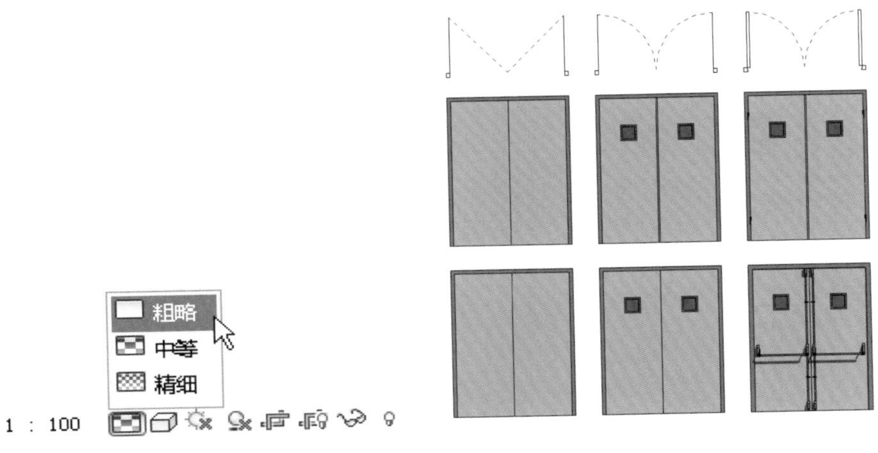

图 1.3–8

3）视觉样式。

4）打开/关闭日光路径：打开/关闭阴影。

5）显示/隐藏渲染对话框：仅当绘图区域显示三维视图时才可用。在渲染三维视图前，先定义控制照明、曝光、分辨率、背景和图像质量的设置。如有需要，请使用默认设置来渲染视图，默认设置经过智能化设计，可在大多数情况下得到令人满意的结果。

6）裁剪视图：不适用于三维透视视图。

7）显示/隐藏裁剪区域。

8）解锁/锁定的三维视图。

9）临时隐藏/隔离。

10）显示隐藏的图元（图 1.3–9）。

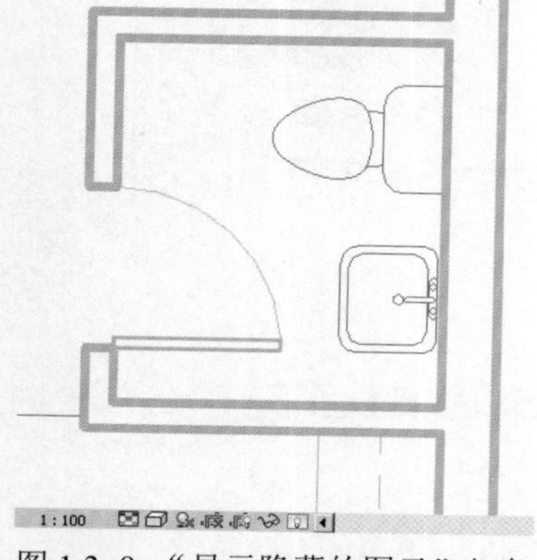

图 1.3–9 “显示隐藏的图元”红色

11）工作共享显示：仅当为项目启用了工作共享时才适用。

12）临时视图属性。

13）显示或隐藏分析模型：仅用于 Revit Structure。

14）高亮显示置换组。

15）显示限制条件。

16）预览可见性：只在族编辑器中可用。

（5）状态栏。状态栏会提供有关要执行的操作的提示。高亮显示图元或构件时，状态栏会显示族和类型的名称，如图 1.3–10 所示。

状态栏沿应用程序窗口底部显示。

单击可进行选择; 按 Tab 键并单击可选择其他项目; 按 Ctrl 键并单击可将新项目添加到选择! 工作集1 :0 主模型 排除选项 仅可编辑项

:0

图 1.3–10

项目二　建筑模型创建

2.1　标高与轴网

2.1.1　创建和编辑标高

1. 创建标高

标高用于定义建筑内的垂直高度，是设计项目的第一步。

使用“标高”工具，可定义垂直高度或建筑内的楼层标高，为每个已知楼层或其他必需的建筑参照创建标高。要添加标高，必须处于剖面视图或立面视图中，如图 2.1–1 所示。添加标高时，可以创建一个关联的平面视图。标高是有限水平平面，用作屋顶、楼板和天花板等以标高为主体的图元的参照，如图 2.1–2 所示。可以调整其范围的大小，使其不显示在某些视图中。

（1）打开要添加标高的剖面视图或立面视图。

（2）在功能区上，单击（标高）。

“建筑”选项卡→“基准”面板→（标高）。

“结构”选项卡→“基准”面板→（标高）。

（3）将光标放置在绘图区域内，然后单击鼠标。

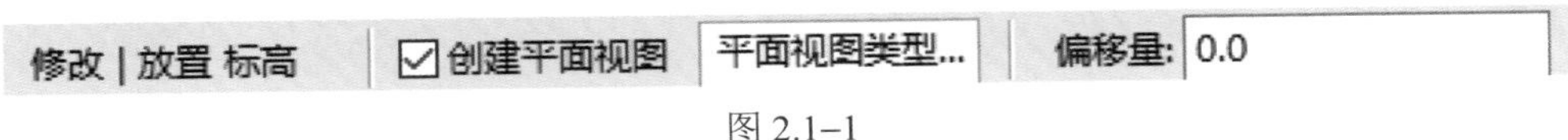

图 2.1–1

通过单击其编号以选择该标高，可以改变其名称。也可以通过单击其尺寸标注来改变标高的高度，如图 2.1–3 所示。

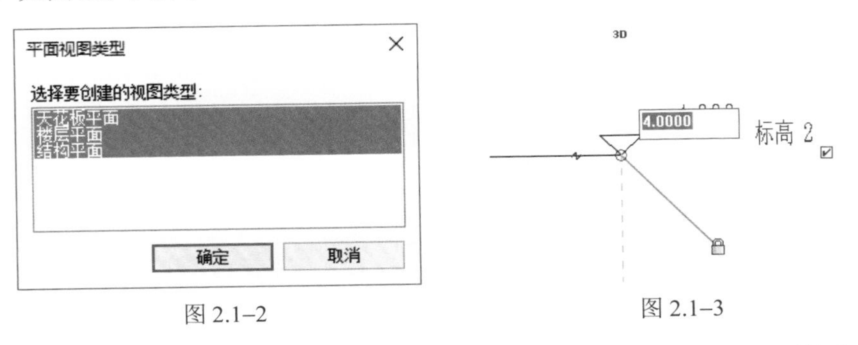

图 2.1–2　　　　图 2.1–3

Revit 会为新标高指定标签（如“标高 1”）和标高符号，可以使用项目浏览器重命名标高。如果重命名标高，会弹出对话框询问是否要重命名关联的楼层平面及天花板投影平面视图。

按照下列方式修改标高线。

调整标高线的尺寸：选择标高线，单击蓝色尺寸拖曳控制柄，向左或向右拖曳光标。

升高或降低标高：选择标高线，并单击与其相关的尺寸标注值，输入新尺寸标注值（单位：mm）；也可以重新标签标高，选择标高并单击标签框，输入新标高标签（单位：m）。

2. 编辑标高

单击标高线，引出 修改 | 标高 上下文选项卡，可以通过“复制”“阵列”命令绘制新的标高。

选中需要复制的标高线后，单击“复制”按钮，出现“修改|标高”选项栏，“约束”勾选后只能沿水平或者竖直方向复制。如果需要复制多个标高，勾选“多个”后便可以依次复制生成多条标高，不用重复激活复制命令。新标高位置可以直接通过键盘输入后按 ENTER 键确定，或者鼠标移动到合适位置后单击确定，如图 2.1–4 所示。

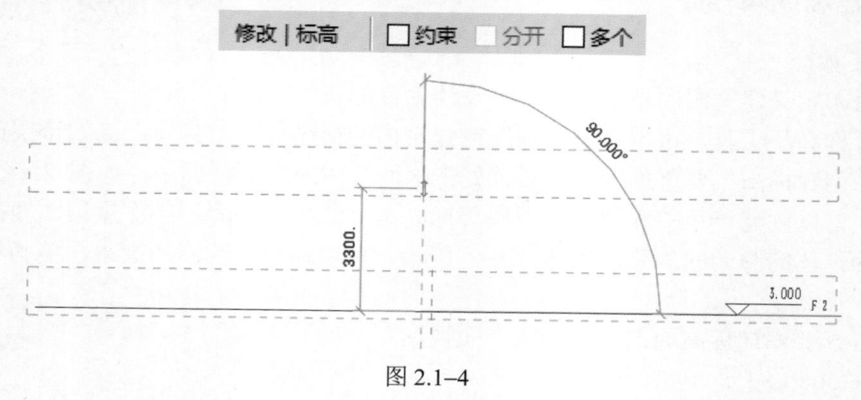

图 2.1–4

阵列标高：选择要在阵列中复制的图元，然后单击“修改|标高”选项卡“修改”面板（阵列）。“选项栏”提供（线性）或（半径），如图 2.1–5 所示。

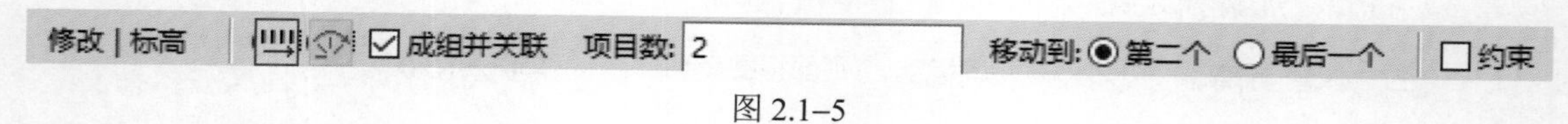

图 2.1–5

成组并关联：阵列的标高为一组（一个整体）。如果未勾此项，则生成独立轴线。

项目数：阵列生成的标高数量（含选中标高），生成新标高后选取其中任意一个，会在标高一侧出现阵列数量，修改数据后结果会更新，如图 2.1–6 所示。

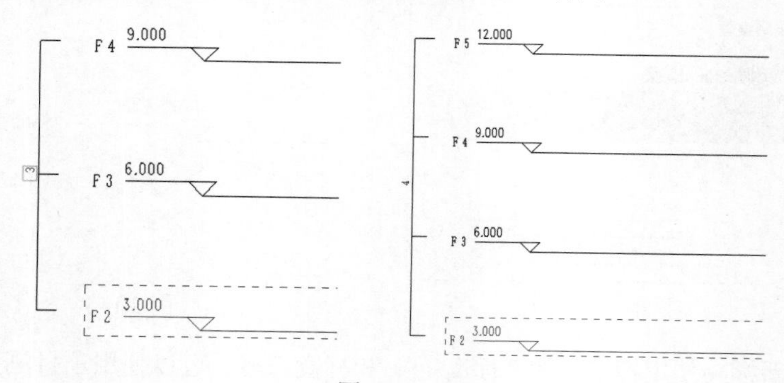

图 2.1–6

移动到：“第二个”指定阵列中相邻轴线间的间距；“最后一个”指定阵列的整个跨度，轴线在跨度内等间隔分布。

约束：用于限制阵列成员沿着与所选轴线垂直或共线的矢量方向移动。

由于成组并关联生成的标高为组，对后续工作会有一定影响，可以通过解除组转化成普通标高。通过复制、阵列命令生成的标高的标头在未选中情况下是黑色的，需要通过手动添加楼层平面。

“视图”选项卡→“创建”面板→“平面视图”下拉列表→楼层平面。

选中要新建的楼层后点击“确定”，如图 2.1–7 所示。

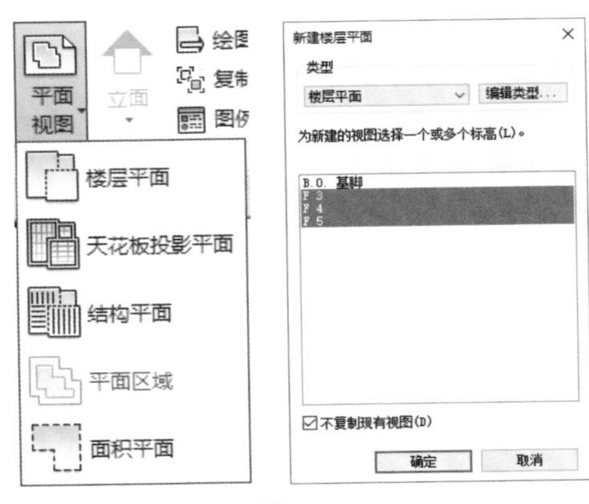

图 2.1–7

3. 标高控制调整（图 2.1–8）

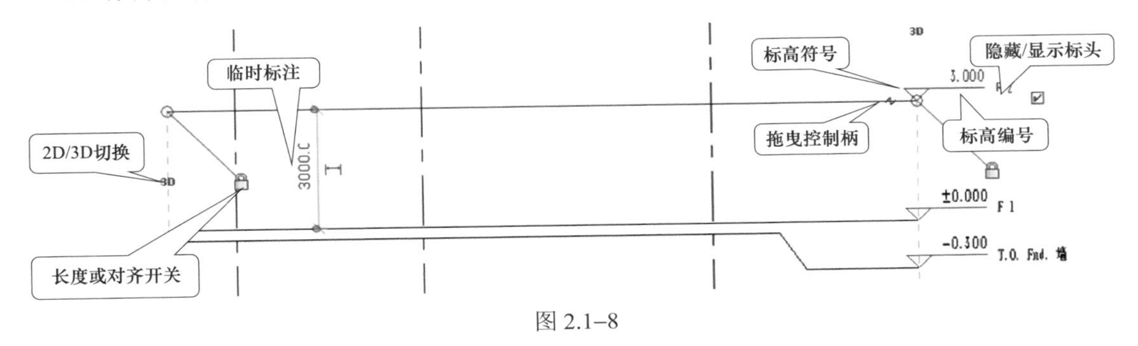

图 2.1–8

4. 标高绘制结果（图 2.1–9）

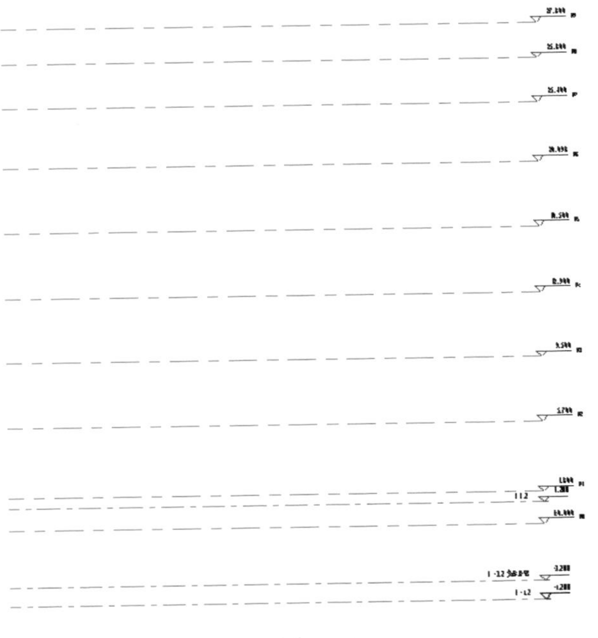

图 2.1–9

2.1.2 创建和编辑轴网

1. 创建轴网

在功能区上，单击（轴网 GR）。

“建筑”选项卡→“基准”面板→（轴网）或“结构”选项卡→“基准”面板→（轴网）后进入  修改 | 放置 轴网 “修改|放置轴网”上下文选项卡，进入放置轴网状态。在“绘制”面板中，默认以“直线”形式绘制，如图 2.1–10 所示。

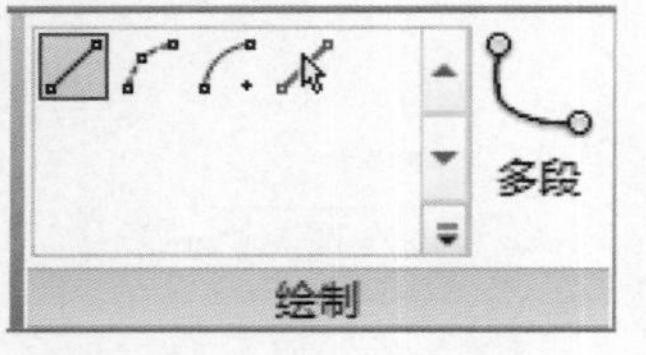

图 2.1–10

在绘图区域按住鼠标左键后拖动鼠标指针，引导绘制轴线到合适位置后单击，确认第一条轴线绘制完成。再绘制其他平行轴线时，已知轴线端点后，软件自动捕捉，拖动鼠标指针出现临时尺寸标注，此时可以移动鼠标至出现需要的数据后单击确定新轴线位置，也可以在出现临时标注提示后直接输入数据并按 Enter 键后生成新的轴线，如图 2.1–11 所示。

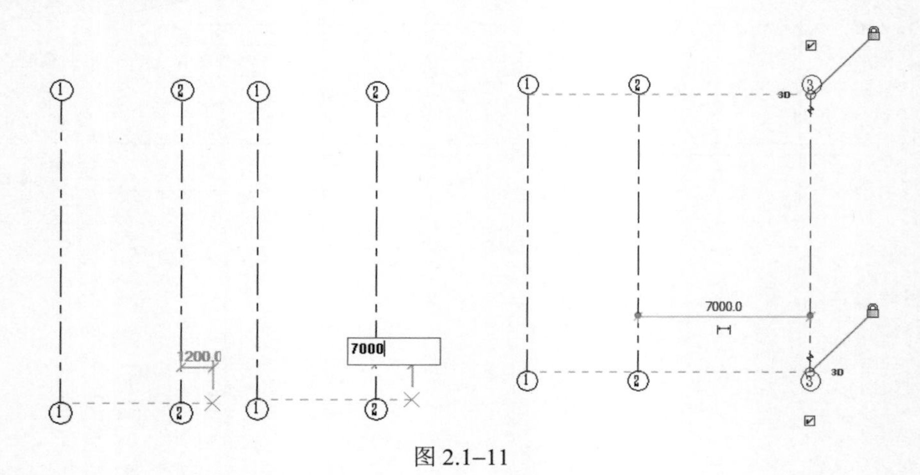

图 2.1–11

绘制过程中，可根据已知轴线与新绘制轴线默认绘制轴网是非正交的，可以按住 Shift 键后绘制水平或者垂直轴网。

在“选项”栏修改偏移量（正值表示顺时针下轴线在鼠标指针过去方向的距离，负值表示顺时针下轴线在鼠标指针未来方向的距离），如图 2.1–12 所示。

修改 | 放置 轴网 偏移量: 500.0

图 2.1–12

Revit 会自动为轴网编号。单击编号，输入新值，然后按 Enter 键，可修改轴网编号；还可通过选择轴网线并在“属性”选项板上输入其他的“名称”属性值来修改该值，完成轴网重新命名。

可以使用字母作为轴线的值，如果轴网编号修改为字母，之后创建的轴网将进行按照字母顺序（A、B、C…）进行编号（默认情况下，软件不能将“I”和“O”自动排除，需要手动修改）。

除了创建直线轴网外，还可以创建圆弧轴网。

2. 编辑轴网

单击轴线，出现 修改 | 轴网 上下文选项卡，点击“复制”“阵列”“镜像”任一按钮，可修改生成新的轴线。

修改 | 轴网 ☑成组并关联 项目数: 2 移动到: ○第二个 ◉最后一个 □约束 激活尺寸标注

图 2.1–13

选择要在阵列中复制的图元，然后单击“修改|轴网”选项卡“修改”面板（阵列）。“选项栏”提供（线性）或（半径），如图 2.1–13 所示。如果调整轴网过程中，出现轴网顺序不对的情况，应及时调整，如图 2.1–14 所示。

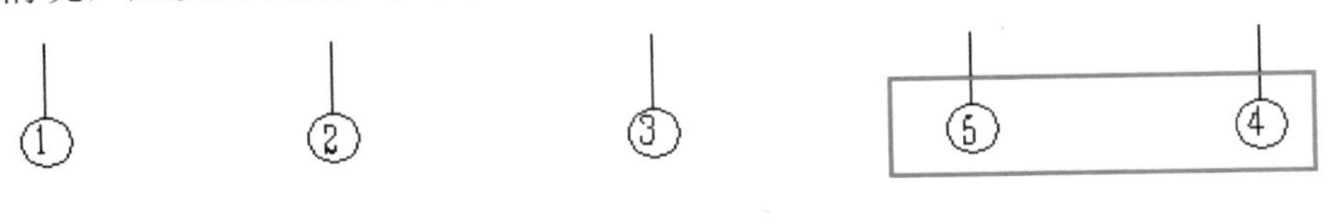

图 2.1–14

3. 轴网控制调整（图 2.1–15）

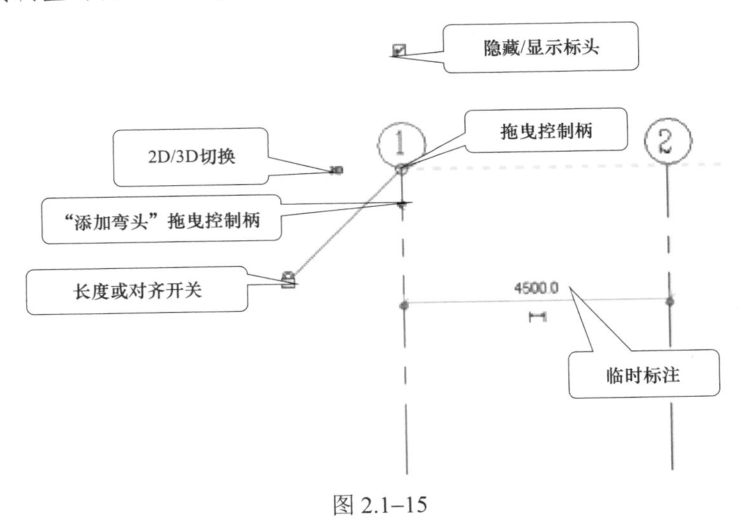

图 2.1–15

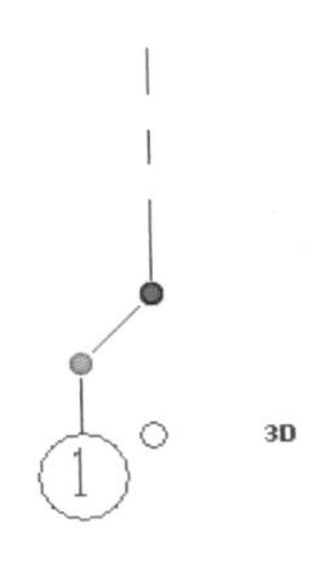

图 2.1–16

（1）隐藏/显示标头：控制轴线编号是否隐藏。

（2）拖曳控制柄：可以将同一位置轴线端点位置进行调整。

（3）2D/3D 切换：控制轴线是否影响其他视图的显示情况。

（4）“添加弯头”拖曳控制柄：控制轴线编号位置，如图 2.1–16 所示。

（5）长度或对齐开关：解锁后轴线端点位置可以自行拖曳定位，调整后影响其他视图。锁定解除并移动轴线端点后“长度或对齐开关”消失。

临时标注：选择需要修改位置的轴线后，点击临时标注尺寸，显示修改数值对话框，修改尺寸并按 ENTER 键后，轴线位置按照新数值修改。

4. 轴网绘制结果

根据图形特点，可以利用复制轴网、阵列轴网等形式，最终绘制出轴网，如图 2.1–17 所示。

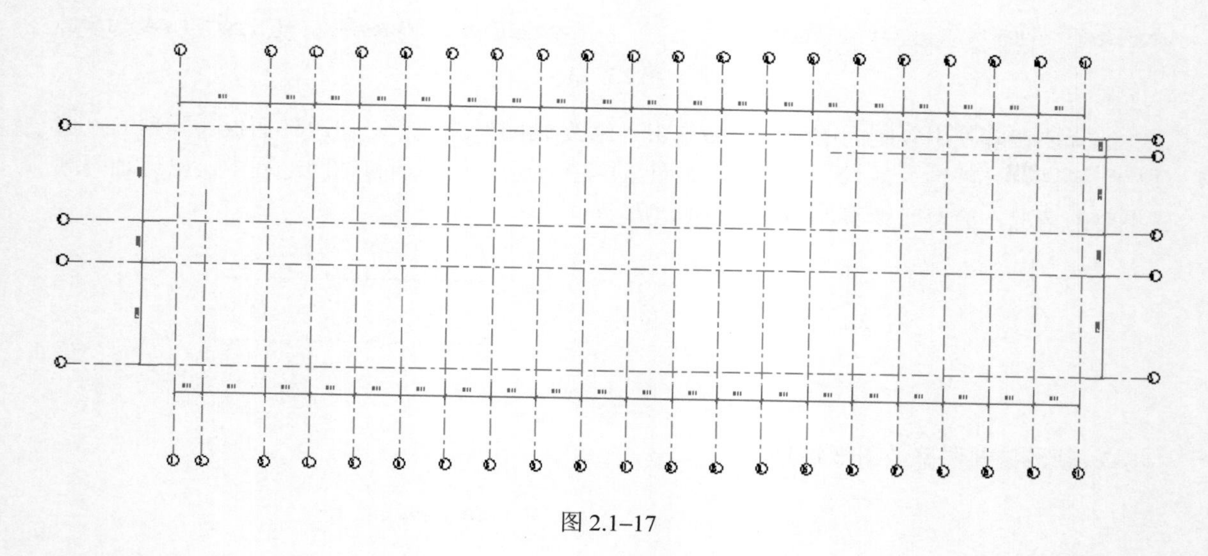

图 2.1–17

2.2 墙与幕墙

2.2.1 墙

1. 墙体的概念

在绘制墙体时，需要综合考虑墙体的高度、构造做法、立面显示及墙身大样详图，图纸的粗略，显示的精细程度（各种视图比例的显示）。绘制墙体时还要区分建筑墙和结构墙。

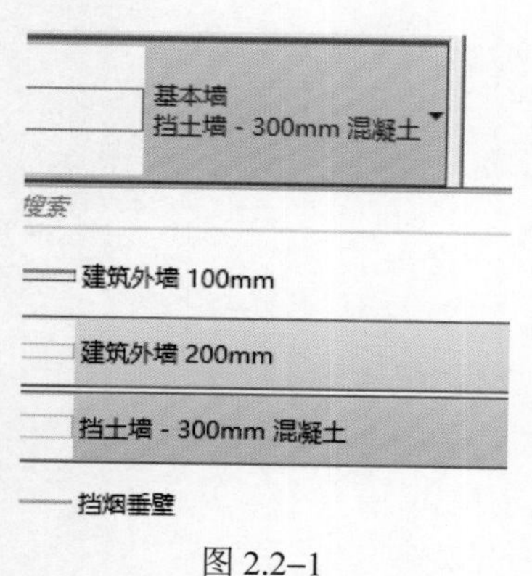

图 2.2–1

2. 结构墙

（1）F1.2 标高至 F–3.2 标高的外围墙均设置为结构墙，作用是挡土墙。

操作步骤：“结构”→“结构”→“墙”→“墙：结构”，在结构墙的类型里面选择挡土墙，如图 2.2–1 所示。

选择挡土墙后，画墙时要注意墙的底部限制条件和顶部约束，底部限制条件为 F1，顶部约束为 F–3.2 条形基础，顶部约束条件为 F1.2。选择 A–2 轴交点开始绘制，然后开始绘制 A 轴上的墙体，由下向上绘制。**注意**：绘制外墙时要保证外墙的方向正确（绘制的顺序为顺时针）。在 Reivit 中有内墙面和外墙面的区别，如图 2.2–2 所示。

注意：C 轴处 1–2 轴段的墙存在偏心。

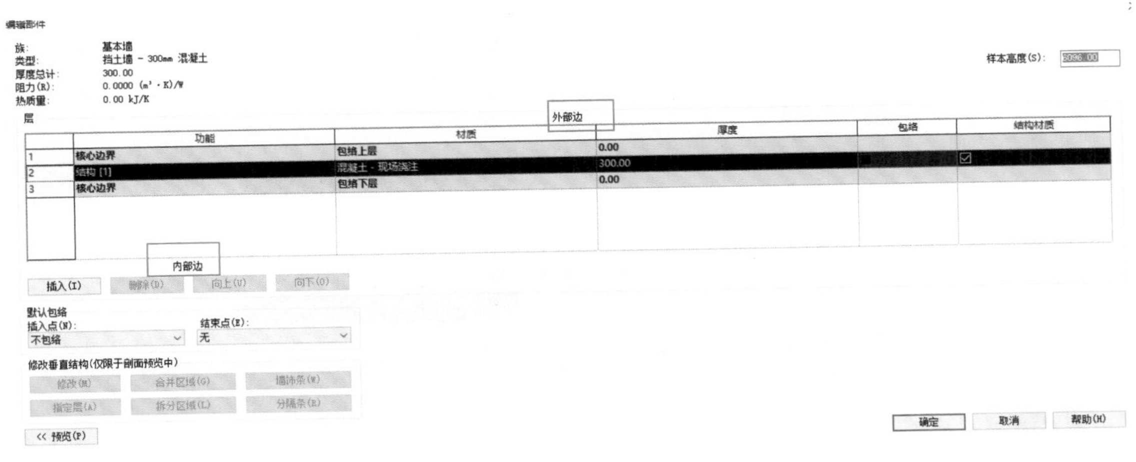

图 2.2–2

（2）绘制 F1 层的墙。

步骤 01：首先把视图调整至 F1。

步骤 02：启动建筑墙命令，“建筑”→“构建”→“墙”→“墙：建筑”选择。

选择基本墙，墙底部约束条件为 F1，顶部约束条件为 F2，墙的名称命名为“实验楼建筑内墙 200+20+20mm”。墙的设置如图 2.2–3 所示。

编辑部件

族：基本墙
类型：实验楼 建筑内墙 200+20+20mm
厚度总计：240.00
阻力(R)：0.1538 (m²·K)/W
热质量：28.09 kJ/K
样本高度(S)：6096.00

层

外部边

	功能	材质	厚度	包络	结构材质
1	面层 1 [4]	实验楼-面层 - 白色	20.00	☑	☐
2	**核心边界**	**包络上层**	**0.00**		
3	结构 [1]	混凝土砌块	200.00	☐	☑
4	**核心边界**	**包络下层**	**0.00**		
5	面层 2 [5]	实验楼-面层 - 白色	20.00	☑	☐

内部边

插入(I)　删除(D)　向上(U)　向下(O)

默认包络
插入点(N)：不包络　结束点(E)：无

修改垂直结构(仅限于剖面预览中)
修改(M)　合并区域(G)　墙饰条(W)
指定层(A)　拆分区域(L)　分隔条(R)

确定　取消　帮助(H)

<< 预览(P)

图 2.2–3

要对墙体的材质进行改变时，单击上图红框内的材质，对某一层的材料进行设置，如图 2.2–4 所示。

步骤 03：绘制内墙。绘制完成后如图 2.2–5 所示。

步骤 04：设置卫生间墙并进行墙的布置。建立新的基本墙“实验楼建筑卫生间侧墙 200+20+30mm”，墙体的具体设置如图 2.2–6 所示。

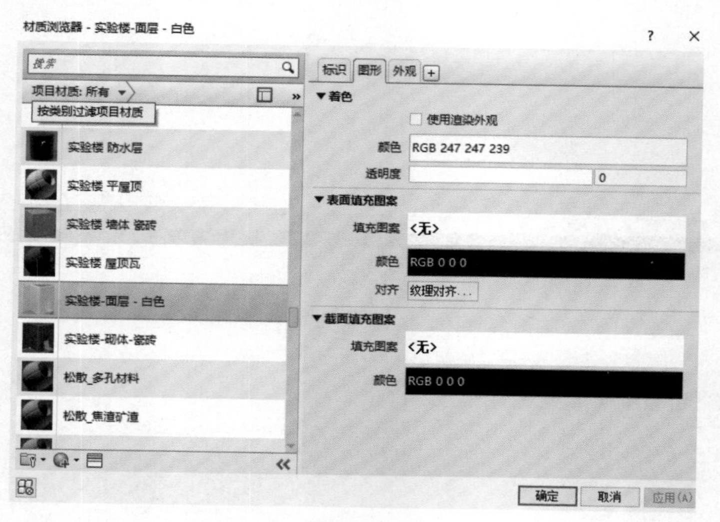

图 2.2–4

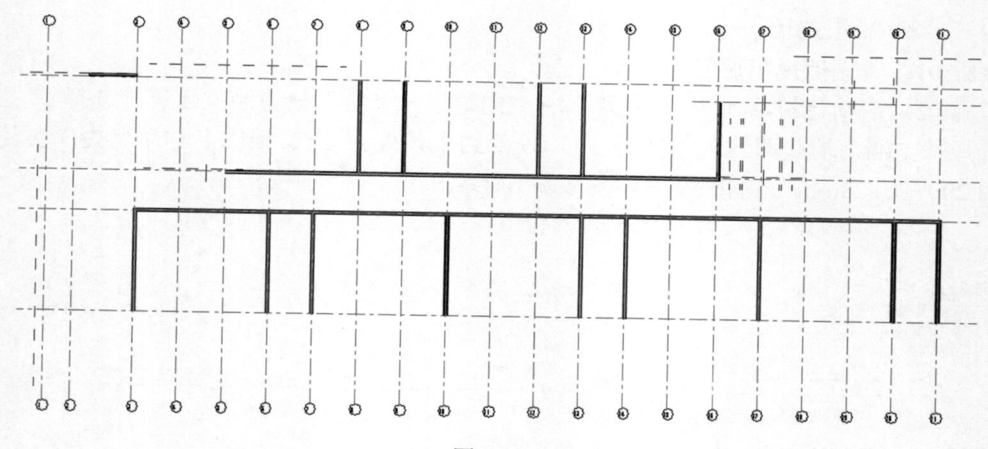

图 2.2–5

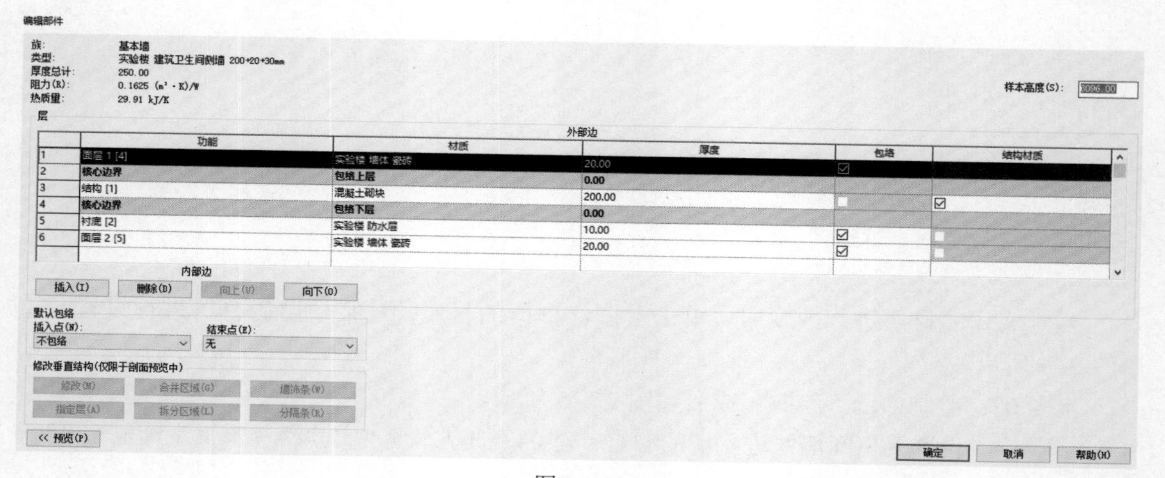

图 2.2–6

布置完成后如图 2.2–7 所示。

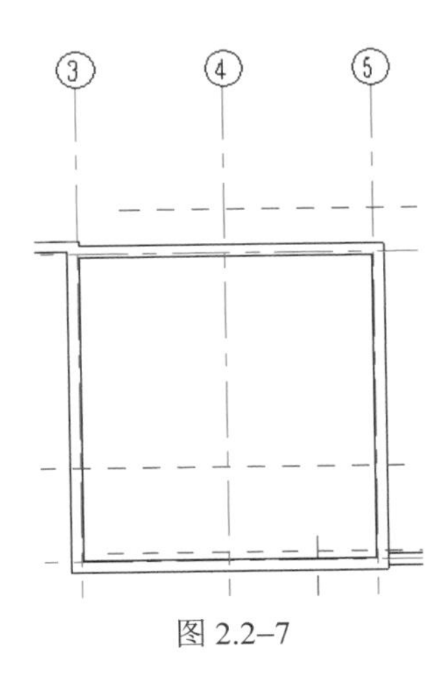

图 2.2–7

步骤 05：卫生间内墙设置。内墙名称为“实验楼建筑卫生间内墙 200+30+30mm”，墙的具体设置如图 2.2–8 所示。

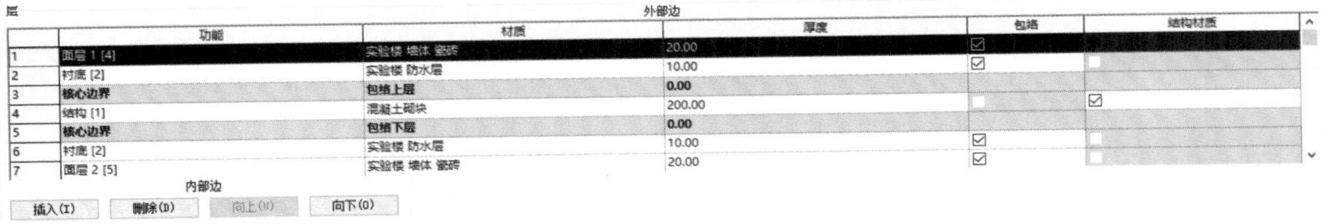

层

外部边

	功能	材质	厚度	包络	结构材质
1	面层 1 [4]	实验楼 墙体 瓷砖	20.00	☑	
2	衬底 [2]	实验楼 防水层	10.00	☑	☐
3	**核心边界**	**包络上层**	**0.00**		
4	结构 [1]	混凝土砌块	200.00	☐	☑
5	**核心边界**	**包络下层**	**0.00**		
6	衬底 [2]	实验楼 防水层	10.00	☑	☐
7	面层 2 [5]	实验楼 墙体 瓷砖	20.00	☑	☐

内部边

插入(I) 删除(D) 向上(U) 向下(O)

图 2.2–8

布置完成后如图 2.2–9 所示。

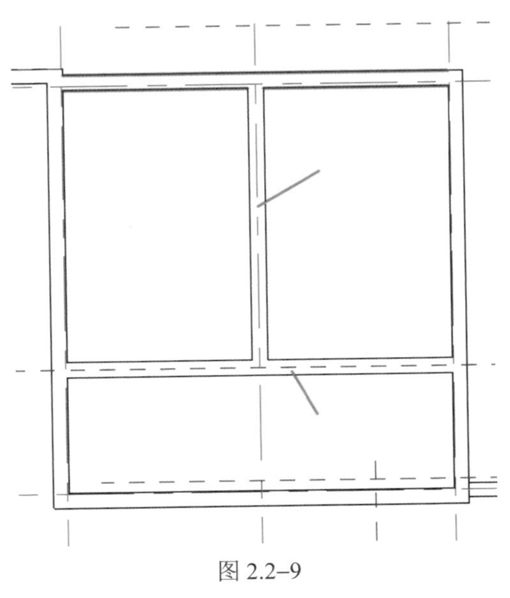

图 2.2–9

到这一步，F1 层处的基本墙已经绘制完毕。

3. 叠层墙

（1）概念。Revit 包括用于为墙建模的“叠层墙”系统族，这些墙包含一面接一面叠放在一起的两面或多面子墙，如图 2.2–10 所示。

子墙在不同的高度可以具有不同的墙厚度。叠层墙中的所有子墙都被附着，其几何图形相互连接。仅“基本墙”系统族中的墙类型可以作为子墙。例如，可以创建由“外部–金属立柱上的砖”和“外部–金属立柱上的 CMU”附着和相连而组成的叠层墙。使用叠层墙类型，可以在不同高度定义不同墙厚。同时，可以通过“类型属性”定义其结构。

（2）叠层墙的绘制。

步骤 01：通过“建筑”→“构建”→“墙”→“墙：建筑”，选择如图 2.2–11 所示的叠层墙，墙底部约束条件为 F1（底部偏移–600），顶部约束条件为 F2。

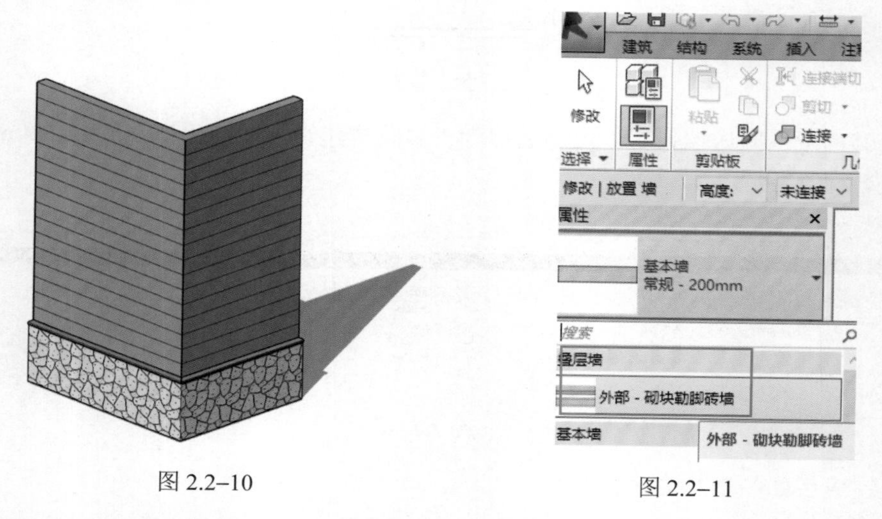

图 2.2–10　　　　图 2.2–11

通过“属性”→“编辑类型”→“类型属性”→“结构”→“编辑”→“编辑部件”对叠层墙“试验室 1F–外部–砌块勒脚砖墙”进行设置，如图 2.2–12 所示。

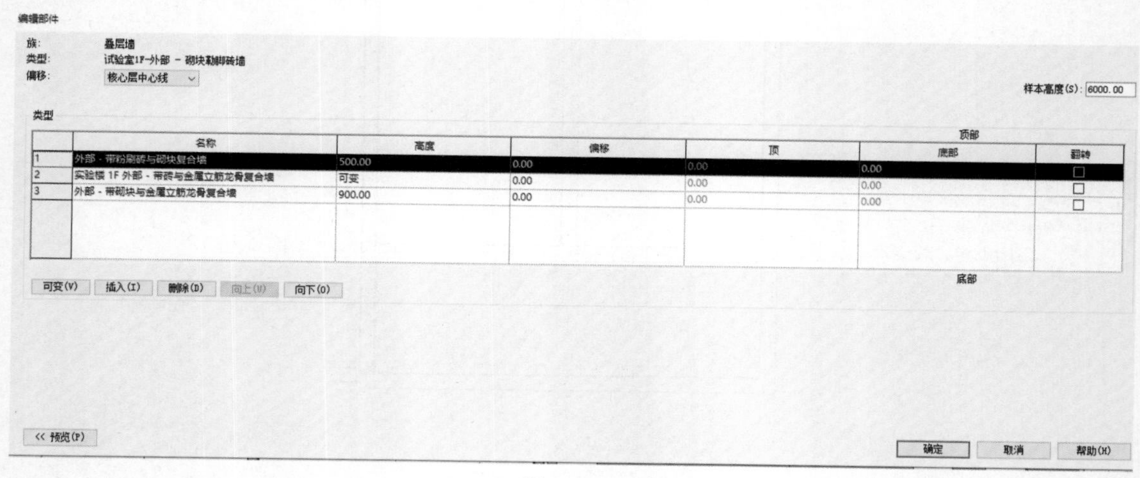

图 2.2–12

注意：对于叠层墙必须有一段的高度是可变的，如果所需要的墙体样式不存在，可以回到基本墙中先建立所需要的基本样式，然后再回到叠层墙中进行插入调用。

步骤 02：通过“建筑”→“构建”→“墙”→“墙：建筑”，选择如图 2.2–13 所示的叠层墙，墙底约束条件为 F1（底部偏移–600），顶部约束条件为 F2。

绘制的过程中依然要保证顺时针方向，可以从 E–1 轴开始，如图 2.2–14、图 2.2–15 所示。

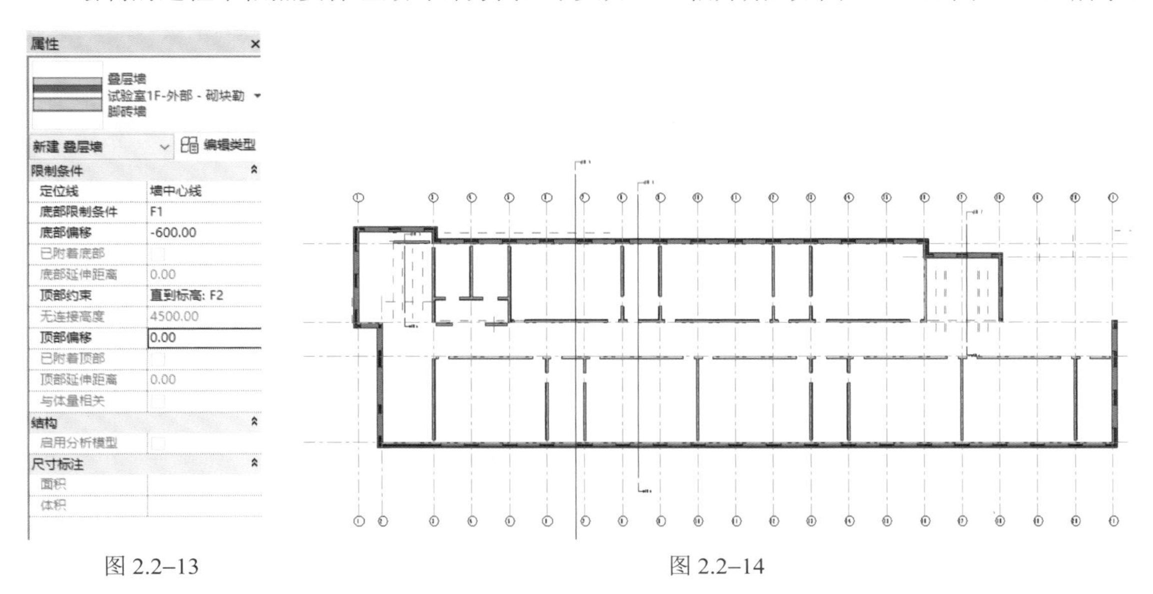

图 2.2–13　　　　图 2.2–14

图 2.2–15

2.2.2 幕墙

幕墙在软件中属于墙的一种类型，幕墙是一种外墙，附着于建筑结构，而且不承担建筑的楼板或屋顶荷载。

在一般应用中，幕墙常常被定义为薄的，通常带铝框的墙，包含填充的玻璃、金属嵌板或薄石。绘制幕墙时，单个嵌板可延伸墙的长度。如果所创建的幕墙具有自动幕墙网格，则该墙将被再分为几个嵌板。

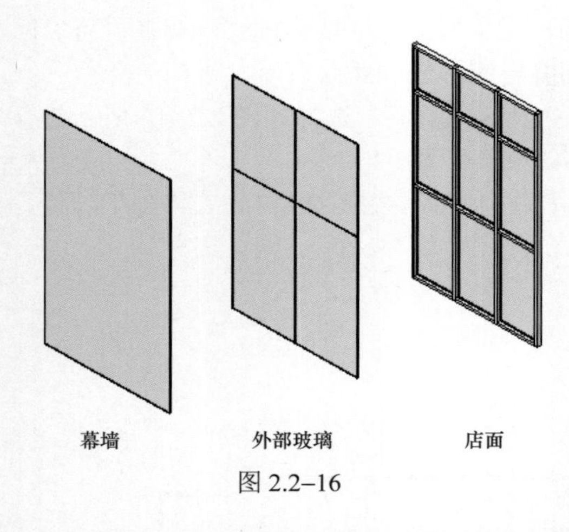

图 2.2–16

在幕墙中，网格线定义放置竖梃的位置。竖梃是分割相邻窗单元的结构图元。可通过选择幕墙并单击鼠标右键访问关联菜单来修改该幕墙。在关联菜单上有几个用于操作幕墙的选项，如选择嵌板和竖梃。

可以使用默认 Revit 幕墙类型设置幕墙。这些墙类型提供三种复杂程度，如图 2.2–16 所示。可以对其进行简化或增强。

幕墙——没有网格或竖梃。没有与此墙类型相关的规则。此墙类型的灵活性最强。

外部玻璃——具有预设网格。如果设置不合适，可以修改网格规则。

店面——具有预设网格和竖梃。如果设置不合适，可以修改网格和竖梃规则。

步骤 01：按照“建筑”→“构建”→“墙”→“墙：建筑”顺序操作，选择幕墙，如图 2.2–17 所示。

步骤 02：在轴线上进行幕墙的布置，如图 2.2–18 所示。

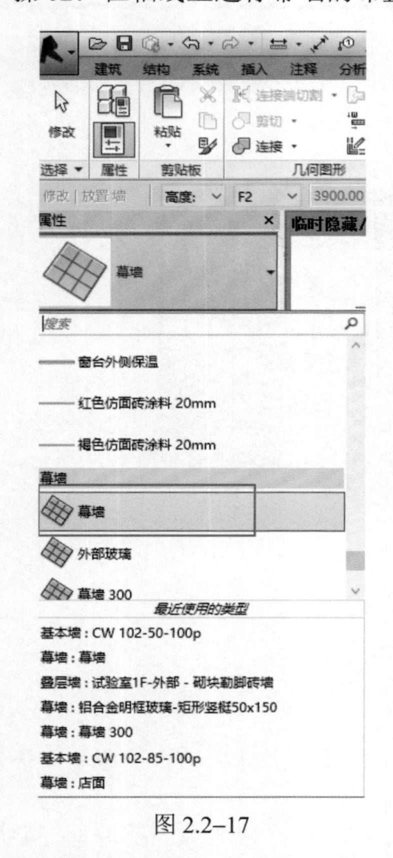

图 2.2–17

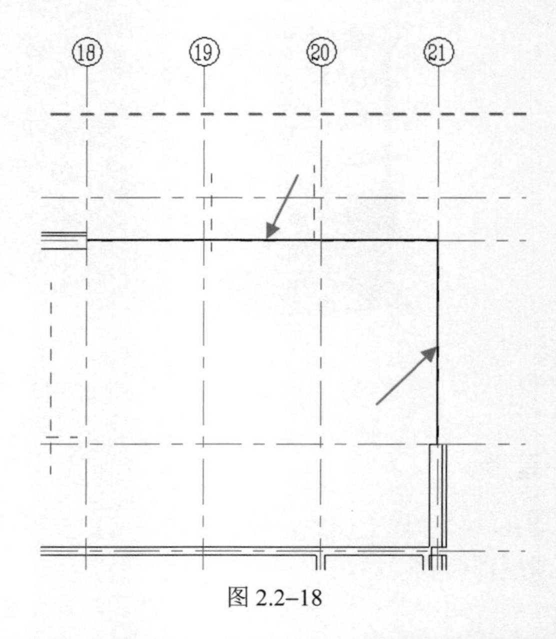

图 2.2–18

单击“编辑类型”→“复制”复制出幕墙 1000×1000 的网格，然后对幕墙的网格和竖梃进行布置，并且可以选择竖梃的样式，如图 2.2–19 所示。

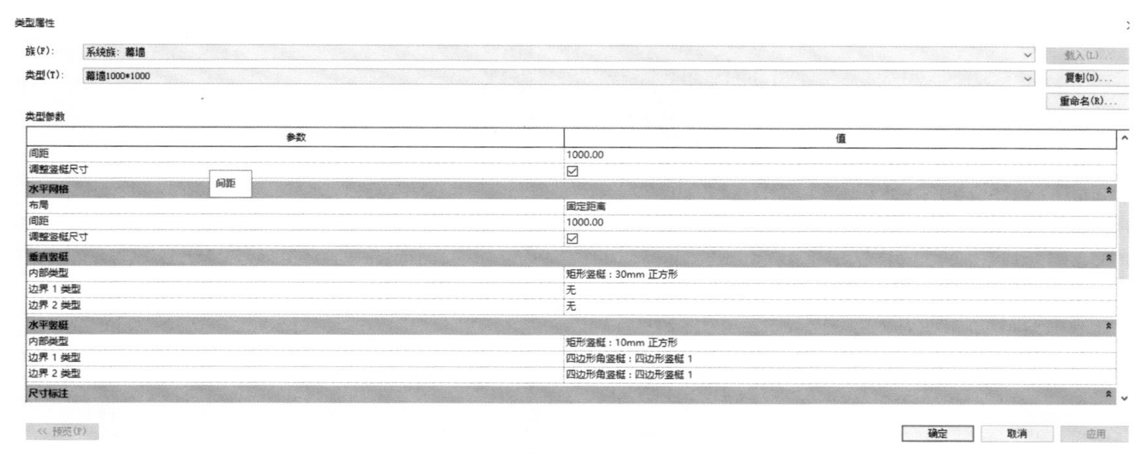

图 2.2–19

对于幕墙的网格和竖梃也可以利用构建面板上的幕墙网格和幕墙竖梃进行布置，如图 2.2–20 所示。

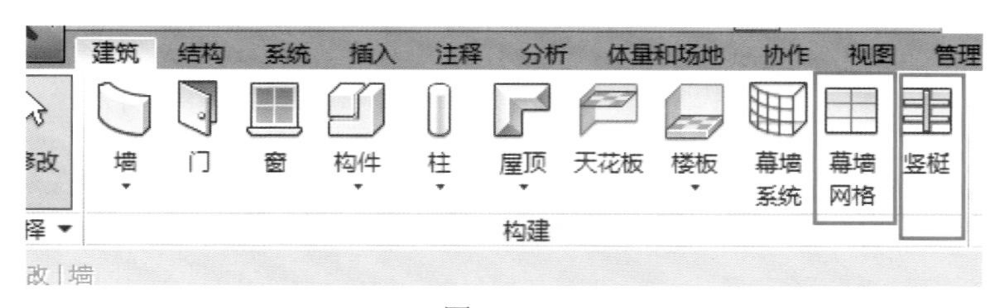

图 2.2–20

步骤 03：在幕墙上设置门，在 E 轴上布置窗，调整到三维视图，如图 2.2–21 所示。

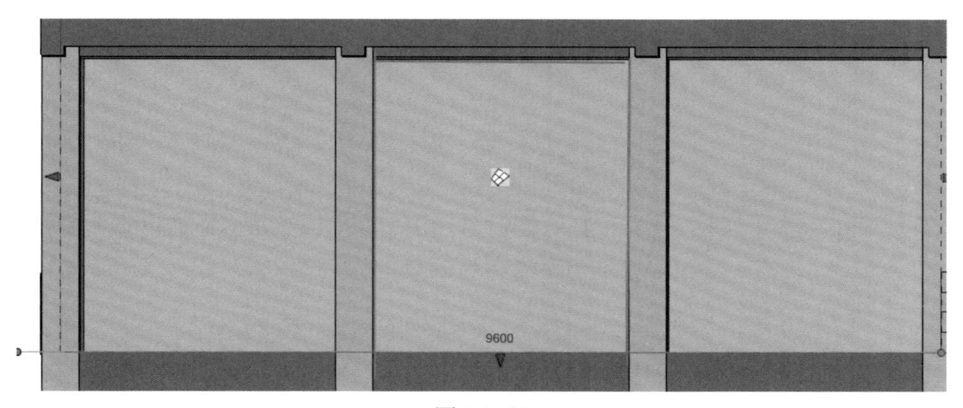

图 2.2–21

选择“建筑”→“构建”→“幕墙网格”→“全部分段”，如图 2.2–22 所示。

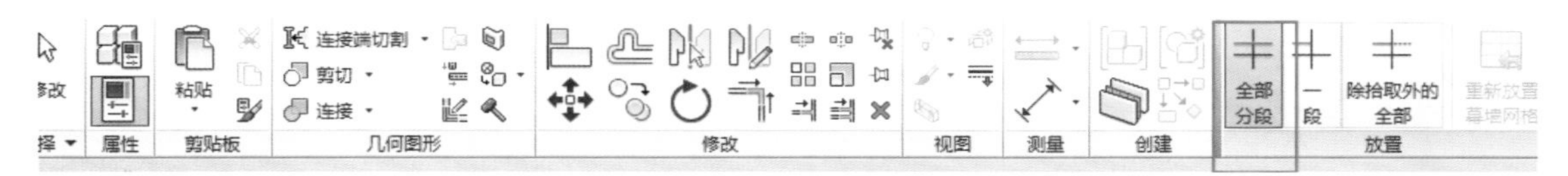

图 2.2–22

接下来选择整块幕墙，然后按 Tab 键，选中中间的幕墙，然后单击“编辑类型”，如图 2.2–23 所示。如果族类型里面没有门，就要进行载入，载入要从“建筑”→“幕墙”里面进行，然后选择相应的门，如图 2.2–24 所示。除幕墙外还有相应的幕墙系统，幕墙系统是一种构件，由嵌板、幕墙网格和竖梃组成，幕墙系统可以通过选择体量图元面来创建，然后用幕墙网格细分后添加竖梃。

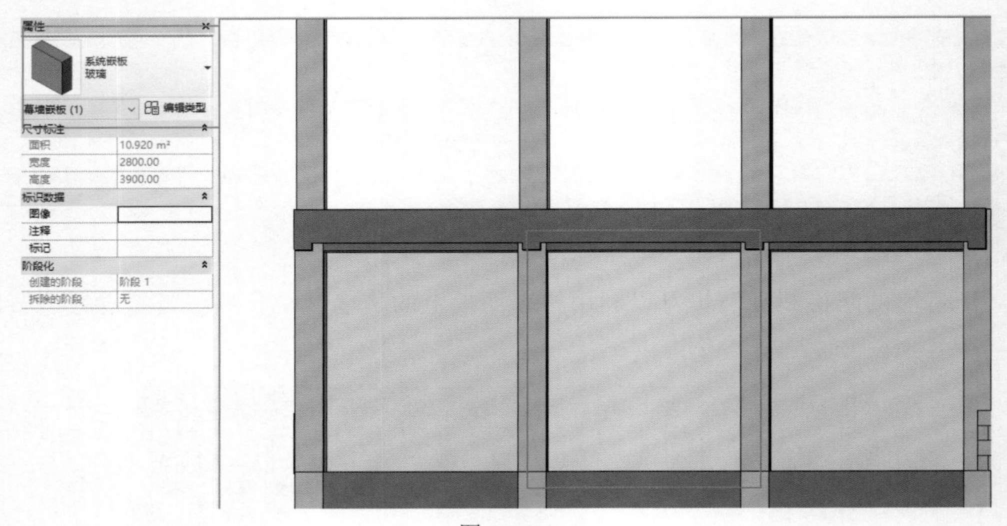

图 2.2–23

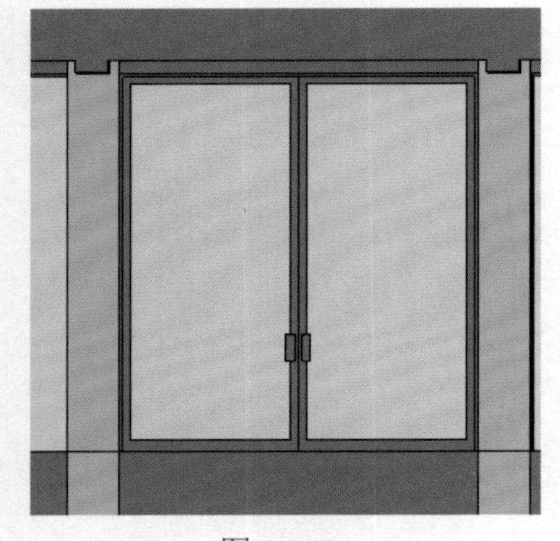

图 2.2–24

选择“体量和场地”→“内建体量”→“幕墙”→“确定”→“任意图形”→“任意图形”→“创建形状”→“实心形状”→“完成”，如图 2.2–25 所示。

单击“体量”→“幕墙”→“幕墙系统”→按 Tab 键选择一面→“创建系统”，如图 2.2–26 所示。

步骤 04：布置 F2 的墙体。要把 F1 的外围叠层墙换为基本墙“外部→办公楼→带砖与金属立筋龙骨复合墙”，设置如图 2.2–27 所示。

然后采用复制的方法，把 F2 的墙体复制到 F3，F4，F5。复制后效果如图 2.2–28 所示。

图 2.2–25

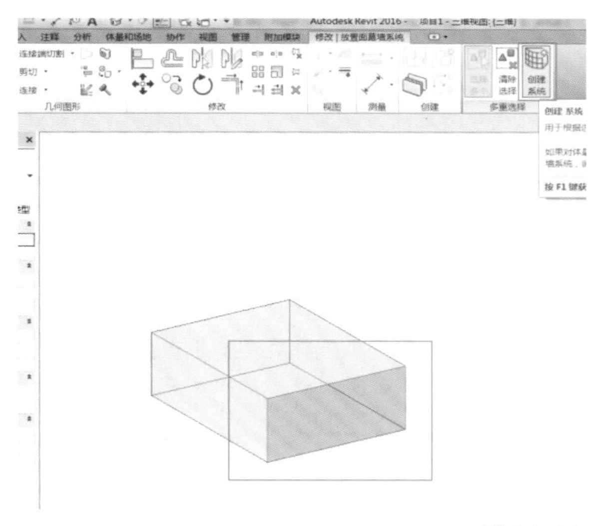

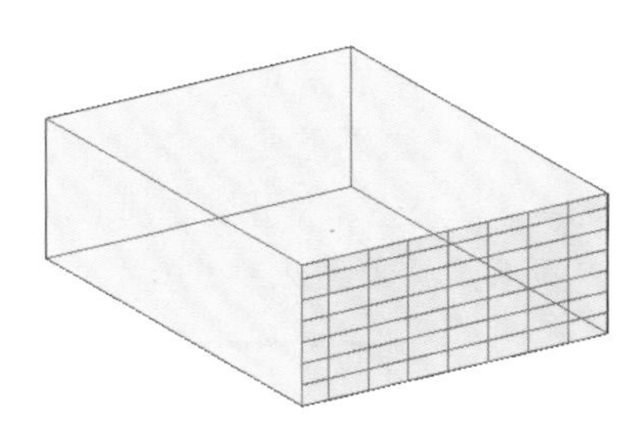

图 2.2–26

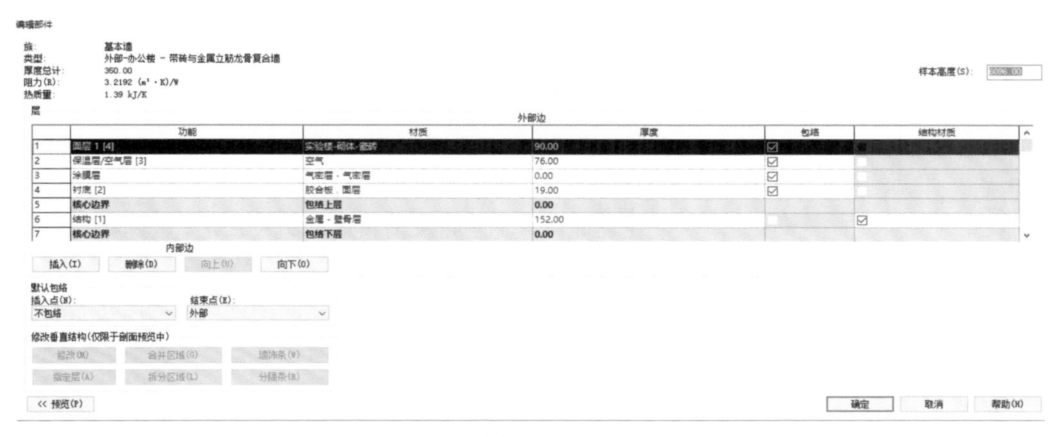

图 2.2–27

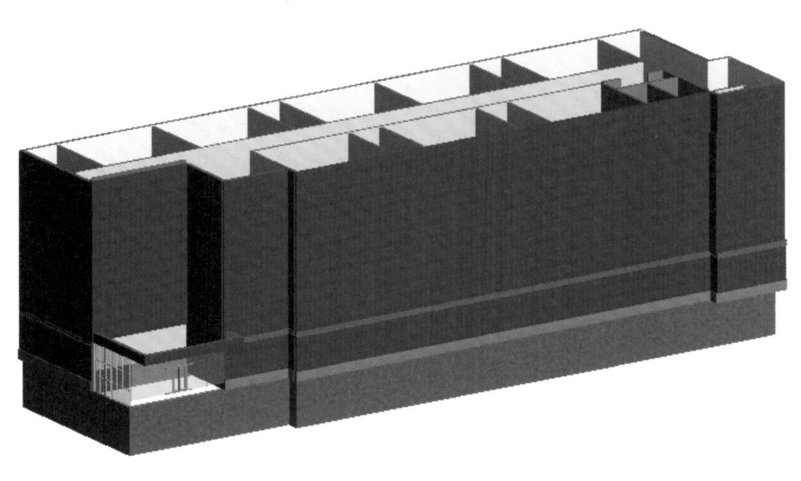

图 2.2–28

2.3 门与窗

2.3.1 插入门窗

门窗插入技巧：只需在大致位置插入，通过修改临时尺寸标注或尺寸标注来精确定位，因为 Revit 具有尺寸和对象相关联的特点。

单击“常用”选项卡，“构建”面板下“门”“窗”命令，在类型选择器下，选择所需的门、窗类型；如果需要更多的门、窗类型，请从库中载入。在选项栏中选择“放置标记”自动标记门窗，选择“引线”可设置引线长度。在墙主体上移动光标，当门位于正确的位置时单击“确定”，如图 2.3–1 所示。

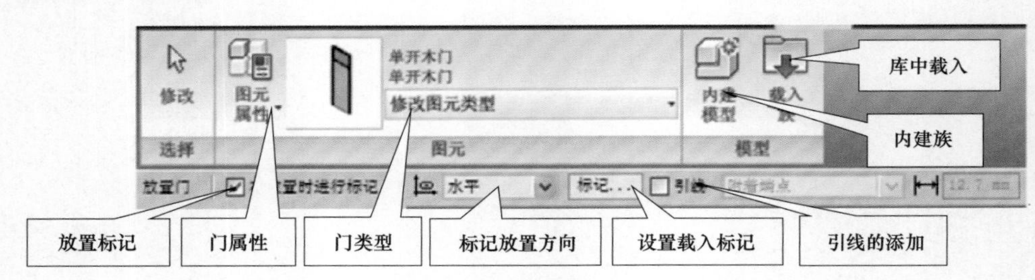

图 2.3–1

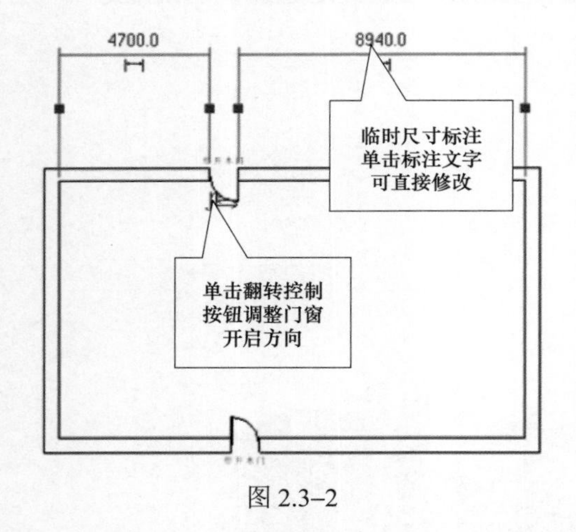

图 2.3–2

提示：

（1）插入门窗时输入“SM”，自动捕捉到中点插入。

（2）插入门窗时，在墙内外移动鼠标改变内外开启方向，按空格键改变左右开启方向。如图 2.3–2 所示。

（3）拾取主体：选择“门”，打开“修改 门”的上下文选项卡，单击“主体”面板的“拾取主体”命令，可更换放置门的主体。即把门移动放置到其他墙上。

（4）在平面插入窗，其窗台高为“默认窗台高”参数值。在立面上，可以在任意位置插入窗。在插入窗族时，若立面出现绿色虚线，此时窗台高为“默认窗台高”参数值。

2.3.2 门窗编辑

1. 修改门窗实例参数

选择门窗，自动激活“修改门/窗”选项卡，在“图元”面板下，单击“图元属性”命令，打开图元属性对话框，可以修改所选择门窗的标高、底高度等实例参数。

2. 修改门窗类型参数

自动激活“修改门/窗”选项卡，在“图元”面板下，单击“图元属性”命令，打开图元属性对话框，单击“编辑类型”按钮打开“类型属性”对话框，单击“复制”创建新的门窗类型，修改高度、宽度尺寸，窗台高度，框架、玻璃材质，竖梃可见性参数，单击“确定”。

提示：修改窗的实例参数中的底高度，实际上也就修改了窗台高度。在窗的类型参数中，通常有默认窗台高这个类型参数，并不受影响。修改了类型参数中默认窗台高的参数值，只会影响随后再插入的窗户的窗台高度，对之前插入的窗户的窗台高度并不产生影响。

3. 鼠标控制

选择门窗，出现开启方向控制和临时尺寸，单击改变开启方向和位置尺寸。鼠标拖曳门窗改变门窗位置，墙体洞口自动修复，开启新的洞口。

2.3.3　整合应用技巧

1. 复制门窗时“约束”选项的应用

选择门窗，单击“修改”面板中的“复制”命令，在选项栏中勾选“约束”，则可使门窗沿着与其垂直或共线的方向移动复制。若取消勾选“约束”，则沿任意方向复制，如图 2.3–3 所示。

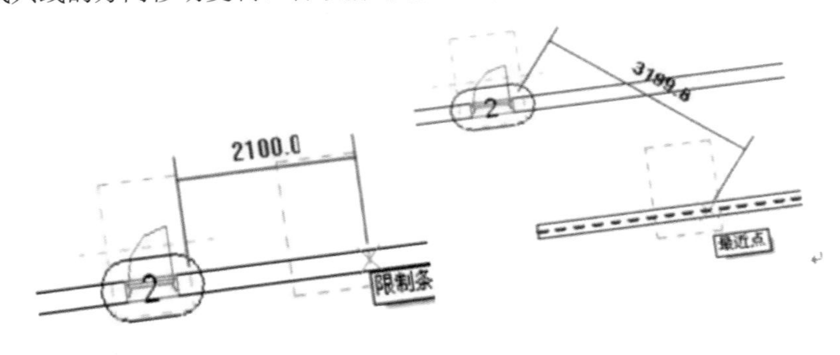

图 2.3–3

2. 图例视图——门窗分格立面

单击“视图”选项卡中的“创建”面板中的“图例”下拉按钮，选择“图例”并单击，弹出“新图例视图”对话框，输入名称、比例，确定，创建图例视图，如图 2.3–4（a）所示。

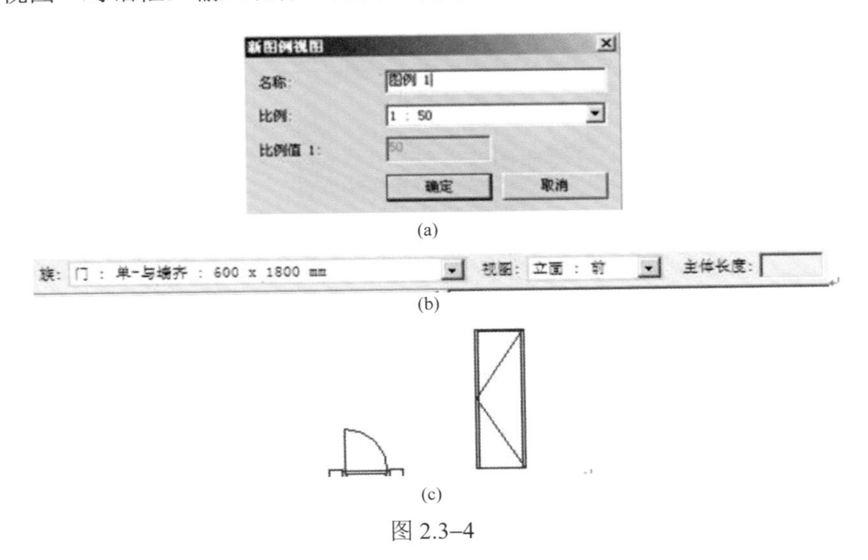

(a)

(b)

(c)

图 2.3–4

插入窗族图例方法一：进入刚刚创建的图例视图，单击“注释”选项卡中的“详图”面板下的“构件”下拉按钮，选择“图例构件”并单击，在选项栏中选择相应的“族”，“视图”中选择“立面：前”，在视图中的合适位置单击即可创建门窗分格立面。也可在“视图”中选择“楼层平面”，在视图中单击创建平面图例，如图 2.3–4（b）、（c）所示。

插入窗族图例方法二：在项目浏览器中，展开“族”目录，选择窗族实例，直接拖曳到图例视图里。

3. 窗族的宽、高为实例参数时的应用

选择“窗”，单击“族”面板中的“编辑族”命令，进入族编辑模式。进入“楼板线”视图，选择“宽度”尺寸标签参数，在选项栏中勾选“实例参数”，此时，“宽度”尺寸标签参数改为实例参数，如图 2.3–5 所示。同理，将“高度”尺寸标签参数改为实例参数。

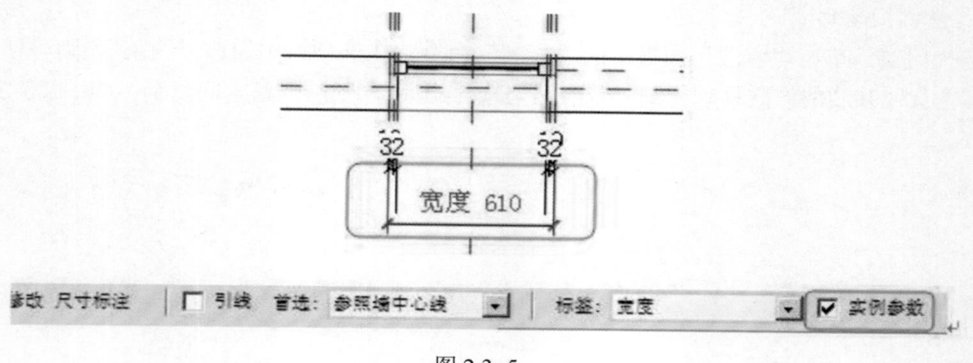

图 2.3–5

载入项目中，在墙体中插入门窗，可以看到，窗的宽度、高度可以任意改变，如图 2.3–6 所示。

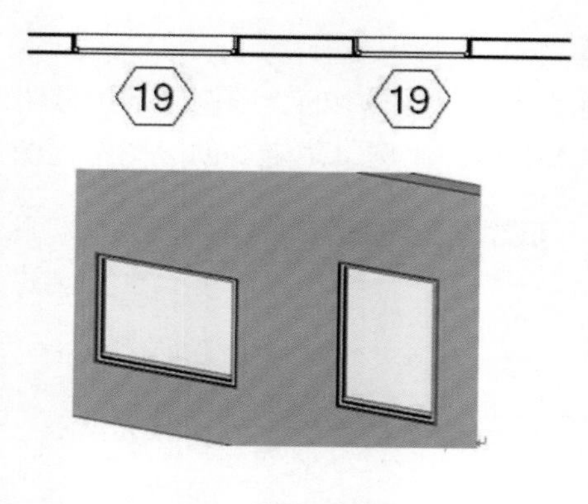

图 2.3–6

2.4 楼板与洞口

楼板的创建，可以通过在体量设计中设置楼层面生成面楼板，也可以直接绘制完成。在 Revit 中，楼板可以设置构造层。默认的楼层标高为楼板的面层标高，即建筑标高。在楼板编辑中，不仅可以编辑楼板的平面形状，开洞口和绘制楼板坡度等，还可以通过“修改子图元”

命令修改楼板的空间形状，设置楼板的构造层找坡，实现楼板的内排水和有组织排水的分水线建模绘制。此外，类似自动扶梯，电梯基坑，排水沟等与楼板相关的构件建模与绘图，软件还提供了“基于楼板的公制常规模型”的族样板，方便用户自行定制。

2.4.1 创建楼板

1. 拾取墙与绘制生成楼板

单击“常用”选项卡下“构建”面板中“楼板”命令，进入绘制轮廓草图模式。此时自动跳转到“创建楼层边界”选项卡，单击“绘制”面板下的“拾取墙”命令，在选项栏中单击 偏移：0.0 ☑延伸到墙中（至核心层），指定楼板边缘的偏移量，同时勾选“延伸到墙中（至核心层）”，拾取墙时将拾取到有面层和构造层的复合墙体的核心边界位置。

使用 Tab 键切换选择，可一次选中所有外墙，单击生成楼板边界。若出现交叉线条，使用“修剪”命令编辑成封闭楼板轮廓；或者单击“线”命令，用线绘制工具绘制封闭楼板轮廓。完成草图后，单击“完成楼板”创建楼板，如图 2.4–1 所示。

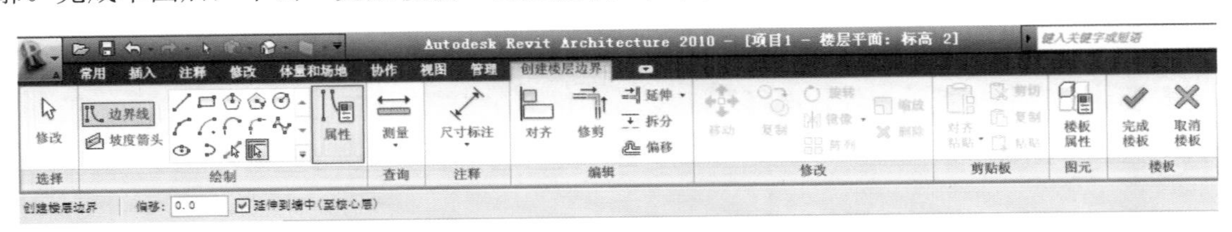

图 2.4–1

在提示对话框中，单击“是”将高达此楼层标高的墙附着到此楼层的底部，如图 2.4–2 所示。

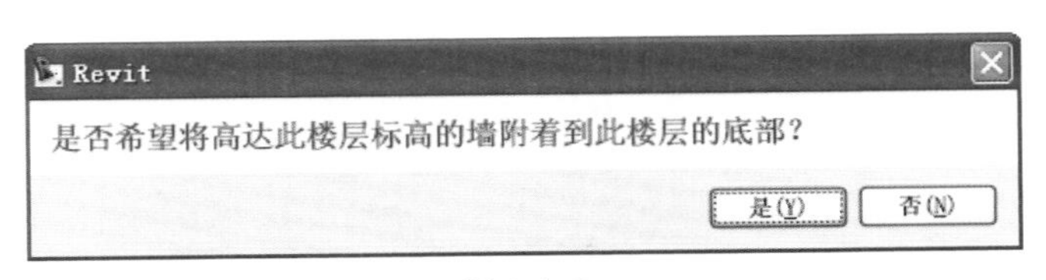

图 2.4–2

绘制楼板可以生成任意形状的楼板，中间开洞，如图 2.4–3 所示。

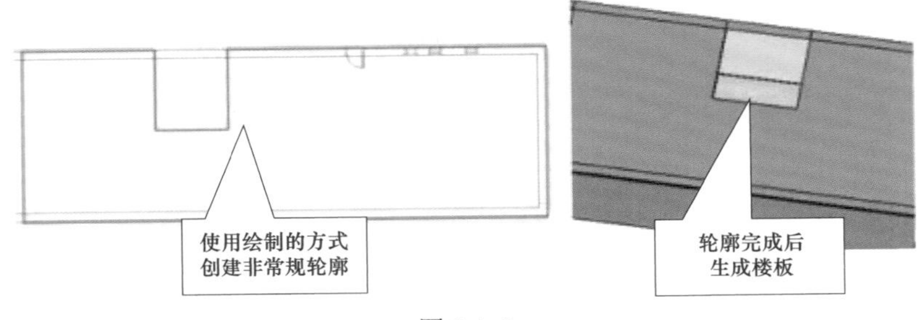

图 2.4–3

拾取墙生成的楼板会与墙体发生约束关系，墙体移动，楼板会随之发生相应变化，如图 2.4–4 所示。

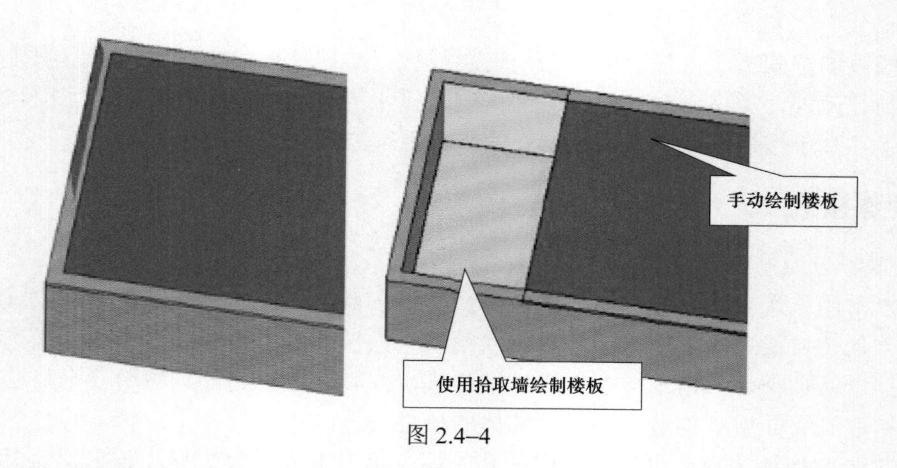

图 2.4–4

2. 斜楼板的绘制

坡度箭头：在绘制楼板草图时，用“坡度箭头”命令绘制坡度箭头。选择坡度箭头，单击“绘制”面板下的“属性”命令，设置“尾高度偏移”或“坡度”值。确定，完成绘制。

轮廓线：绘制楼板轮廓线，选择轮廓线，单击“绘制”面板下的“属性”命令，设置其“定义固定高度”或“定义坡度”参数值。单击“确定”，完成绘制，如图 2.4–5 所示。

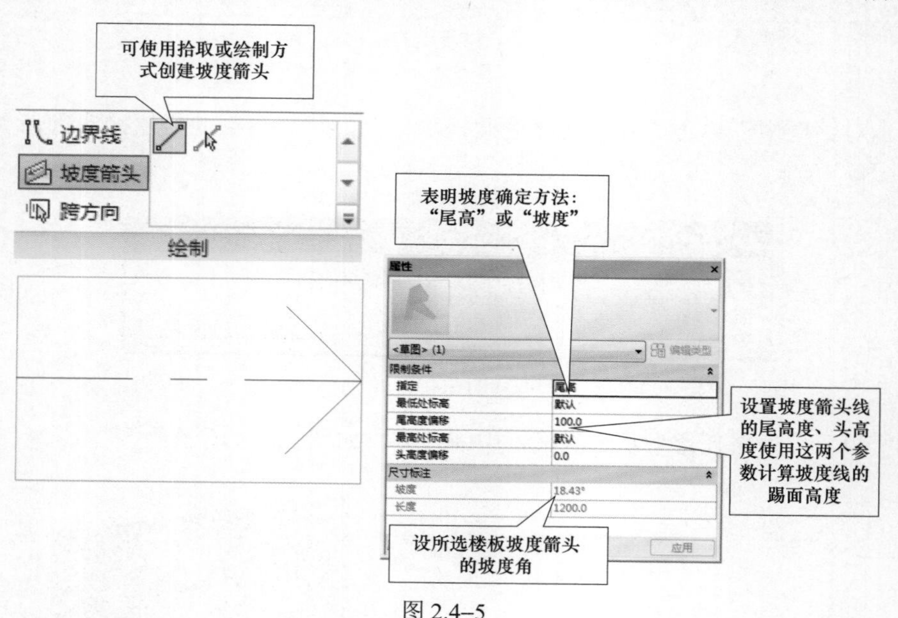

图 2.4–5

2.4.2 楼板的编辑

1. 图元属性修改

选择楼板，自动激活“修改|楼板”选项卡，在“图元”面板下单击“图元属性”命令，打开“实例属性”对话框，单击“编辑类型”命令，打开“类型属性”对话框，编辑楼板的类型属性，可以创建新的楼板类型，如大理石、地砖、木地板楼面等，如图 2.4–6 所示。

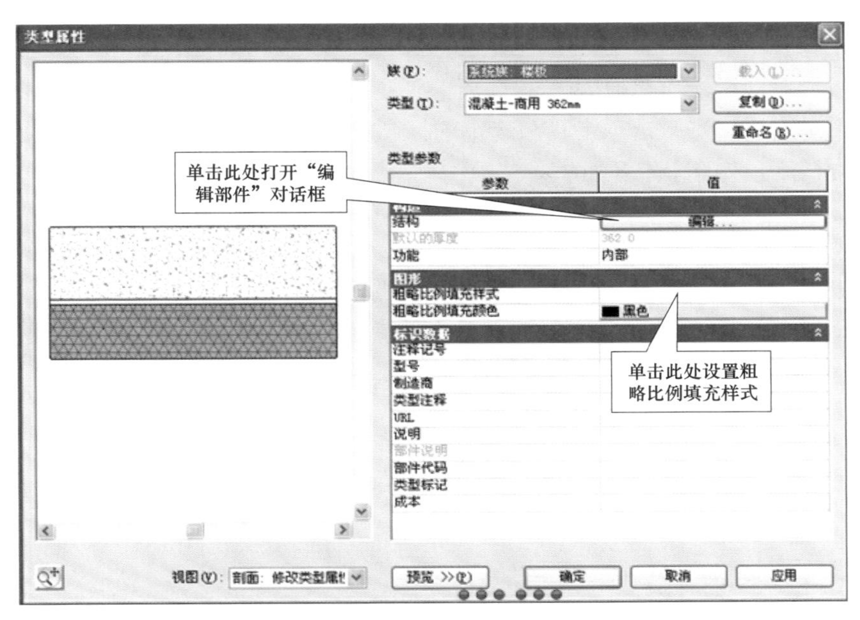

图 2.4–6

楼板构造层设置如图 2.4–7 所示。

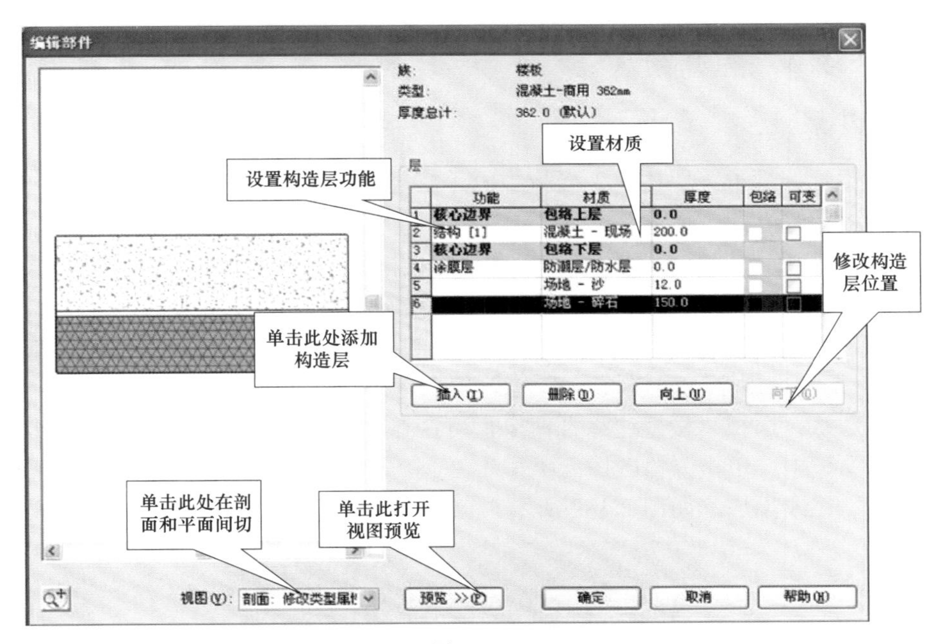

图 2.4–7

2. 处理剖面图楼板与墙的关系

在 Revit 中直接生成剖面图时，楼板与墙会有空隙，先画楼板后画墙可以避免此问题；也可以利用“修改”选项卡“编辑几何图形”面板下“连接几何图形”（连接）命令来连接楼板和墙。

3. 复制楼板

选择楼板，自动激活“修改|楼板”选项卡，在“剪贴板”面板下单击“复制”命令，复制到剪贴板，单击“粘贴”选项卡“与选定的标高对齐”命令，选择目标标高名称，楼板自动复制到所有楼层，如图 2.4–8 所示。

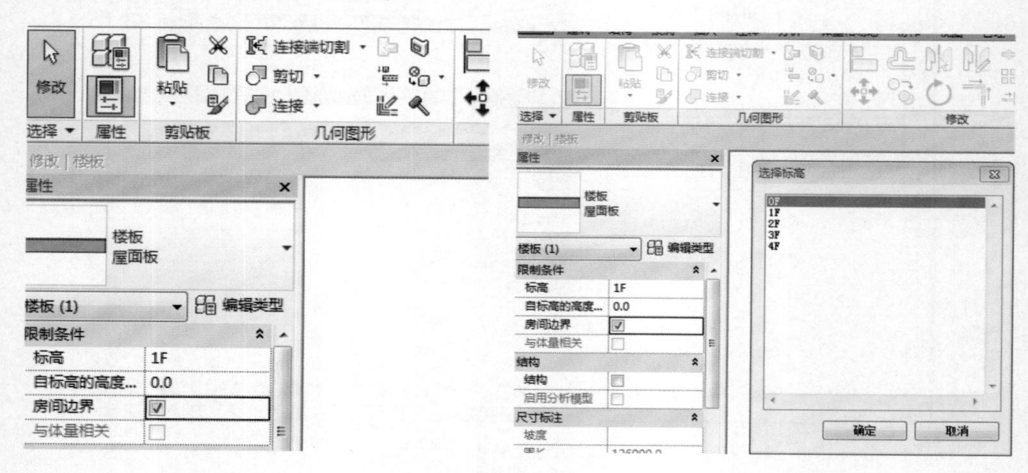

图 2.4–8

选择复制的楼板可在选项栏上点选“编辑”，再“完成绘制”，即可出现一个对话框，提示从墙中剪切与楼板重叠的部分。

2.4.3　楼板边缘

单击“常用”选项卡下“构建”面板中的“楼板”的下拉按钮，有“楼板”“结构楼板”“面楼板”“楼板边缘”四个命令。

“楼板”命令用于按建筑模型的当前标高创建楼板。

“结构楼板”命令用于按建筑模型的当前标高绘制结构楼板。

“面楼板”命令可将体量楼层转换为建筑模型的楼层。

“楼板边缘”命令用于构建楼板水平边缘的形状。

添加楼板边缘：选择“楼板边缘”命令，可在自动弹出的“放置楼板边缘”上下文选项卡下“图元”面板中，单击“修改图元类型”工具，修改楼板边缘的类型。单击需要添加楼板边缘的楼板，完成添加，如图 2.4–9 所示。

图 2.4–9

选择添加的楼板边缘，单击“图元属性”工具，可以在弹出的“实例属性”对话框中修改“垂直轮廓偏移”与“水平轮廓偏移”等数值；单击“编辑类型”按钮，可以在弹出的“类型属性”对话框中，修改楼板边缘的“轮廓”。

2.4.4　整合应用技巧

1. 创建阳台、雨篷与卫生间楼板

创建阳台、雨篷时，使用“楼板”工具，绘制完成后，单击“楼板属性”工具，在弹出的“实例属性”对话框中，“限制条件”下“相对标高”一栏中修改偏移值，如图 2.4–10 所示。

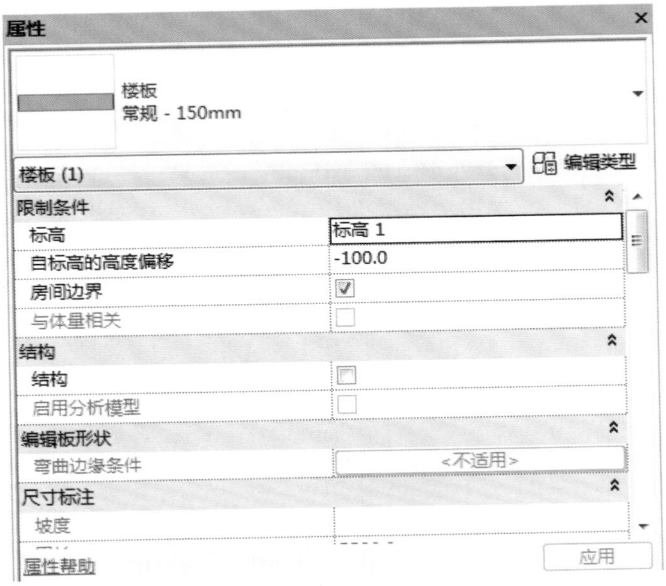

图 2.4–10

卫生间的楼板绘制与室内其他区域的楼板绘制是分开的。

在绘制好卫生间的楼板后，因为其一般是低于室内其他区域高度的，所以需要设置楼板的偏移值，设置方法同上。

2. 楼板点编辑、楼板找坡层设置

选择楼板，单击自动弹出的“修改/楼板”上下文选项卡，单击“修改子图元”工具，楼板进入点编辑状态，如图 2.4–11 所示。

单击“添加点”工具，然后在楼板需要添加控制点的地方单击，楼板将会增加一个控制点。单击“修改子图元”工具，再单击需要修改的点，在点的左上方会出现一个数值，如图 2.4–12 所示。

该数值表示偏离楼板的相对标高的距离，可以通过修改该数值使该点高出或低于楼板的相对标高。

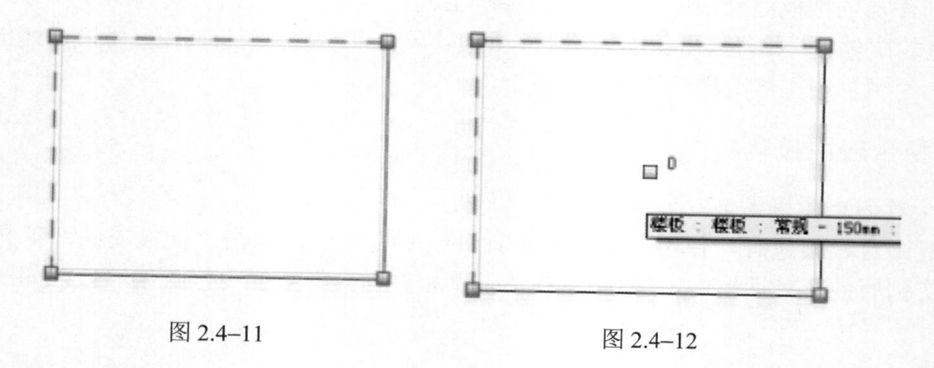

图 2.4–11　　　　图 2.4–12

“形状编辑”面板中还有“添加分割线”“拾取支座”和“重设形状”命令。“添加分割线”命令可以将楼板分为多块，以实现更加灵活的调节（图 2.4–13）；“拾取支座”命令用于定义分割线，并在选择梁时为楼创建恒定承重线；单击“重设形状”工具可以使图形恢复原来的形状。

当楼层需要做找坡层或做内排水时，需要在面层上做坡度。选择楼层，单击“图元属性”下拉按钮，选择“类型属性”，单击“结构”栏下“编辑”，在弹出的“编辑部件”对话框中勾选“保温层/空气层”后的“可变”选项，如图 2.4–14 所示。

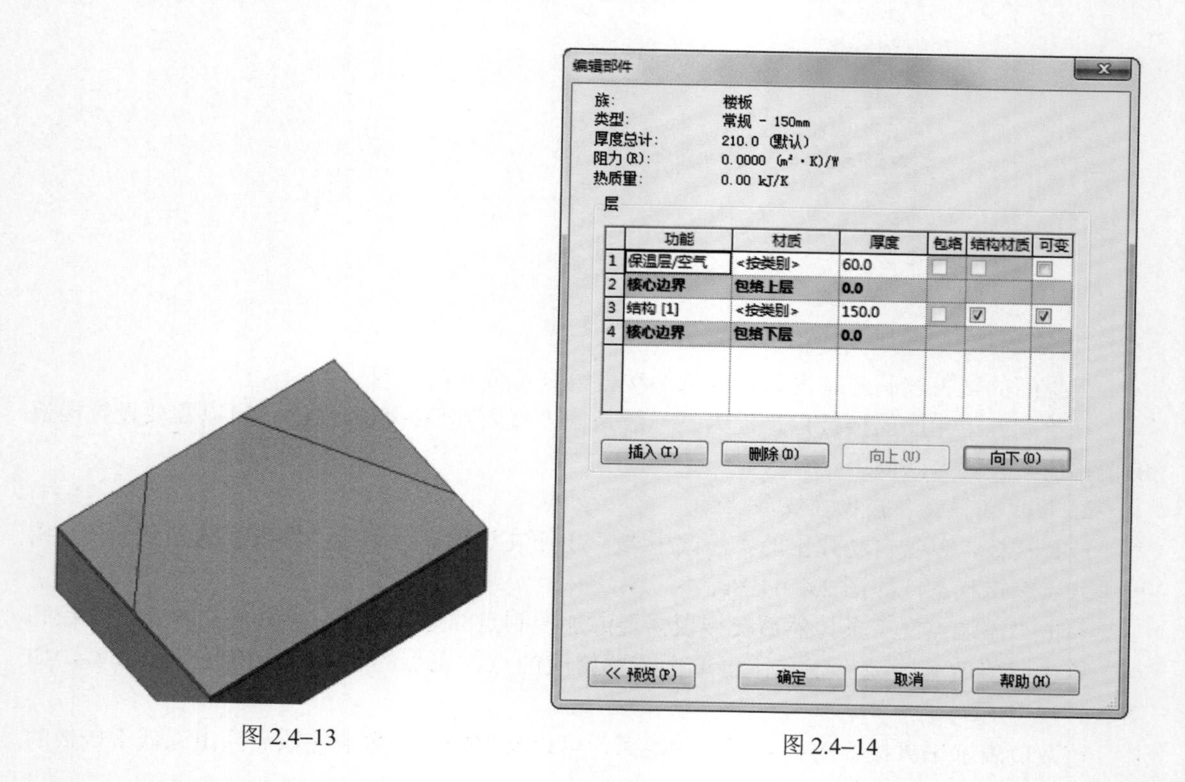

图 2.4–13　　　　图 2.4–14

这时在进行楼板的点编辑时，只有楼板的面层会变化，结构层不会变化，如图 2.4–15 所示。

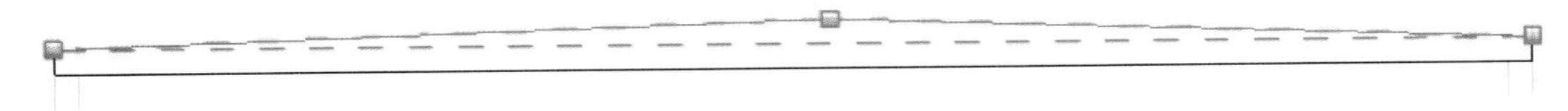

图 2.4–15

找坡层的设置：单击“形状编辑”面板中的“添加分割线”工具，在楼板的中线处绘制分割线，单击“修改子图元”工具，修改分割线两端端点的偏移值（即坡度高低差），效果如图 2.4–15 所示，完成绘制。

内排水的设置：单击“添加点”工具，在内排水的排水点添加一个控制点，单击“修改子图元”工具，修改控制点的偏移值（即排水高差），完成绘制，如图 2.4–16 所示。

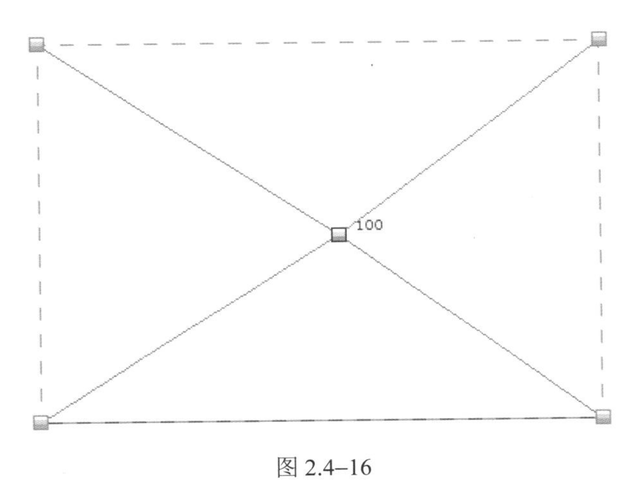

图 2.4–16

3. 楼板的建筑标高与结构标高

楼板包括结构层与面层，楼板的建筑标高是指到楼板面层的高度值，楼板的结构标高指的是到楼板结构层的高度值，两者之间有一个面层的差值。在 Revit 中标高默认为建筑标高。

屋面层楼板的建筑标高与结构标高是一样的，所以屋面层楼板需要向上偏移一个面层的高度。

在 Revit 软件里，我们不仅可以通过编辑楼板、屋顶、墙体的轮廓来实现开洞口，而且软件还提供了专门的“洞口”命令来创建面洞口、垂直洞口、竖井洞口、老虎窗洞口等。此外，对于异形洞口造型，我们还可以通过创建内建族的空心形式，应用剪切几何形体命令来实现。

2.4.5 洞口

1. 面洞口

单击“建筑”选项卡中的“洞口”，如图 2.4–17 所示。

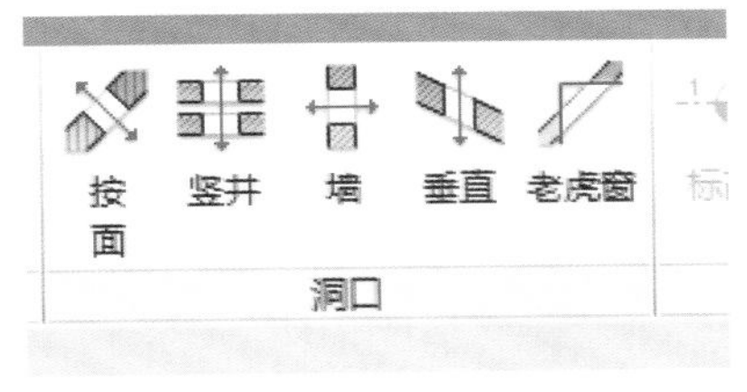

图 2.4–17

单击“按面”命令，拾取屋顶、楼板或天花板的某一面并垂直于该面进行剪切，绘制洞口形状，单击“完成洞口”命令，完成洞口的创建。

2. 垂直洞口

单击“垂直洞口”命令，拾取屋顶、楼板或天花板的某一面并垂直于某个标高进行剪切，绘制洞口形状，单击“完成洞口”命令，完成洞口的创建，如图 2.4–18 所示。

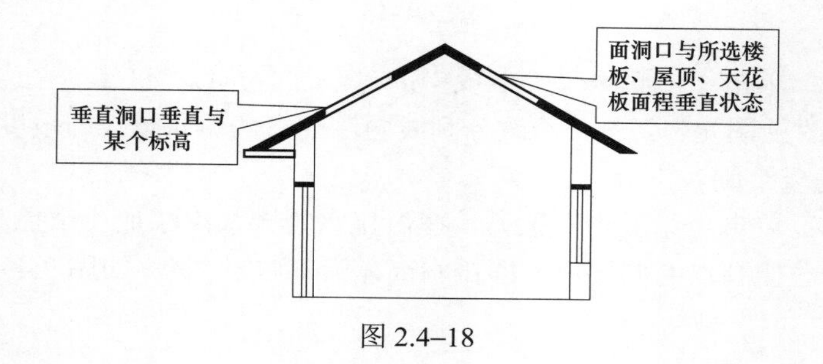

图 2.4–18

3. 墙洞口

单击“墙洞口”命令，选择墙体，绘制洞口形状，完成洞口的创建。

4. 竖井洞口

单击“竖井洞口”命令，选择在建筑的整个高度上（或通过选定标高）剪切洞口，使用此选项，可以同时剪切屋顶、楼板或天花板的面，如图 2.4–19 所示。

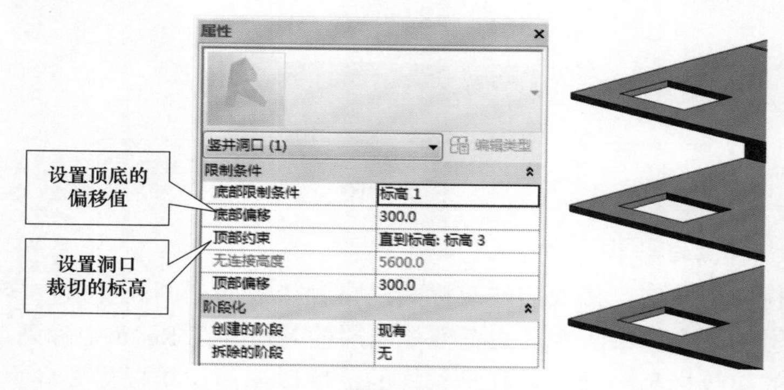

图 2.4–19

5. 老虎窗洞口

老虎窗又称老虎天窗，指一种开在屋顶上的天窗（dormer）。老虎窗是天窗的演变，天窗即屋顶窗，原用于平房上层通风采光，历史上中式平房上层从来不住人，是隔热层，上层的最低处可能不足半尺，仅用于堆放杂物，农村多用于堆放谷物。

创建老虎窗所需的墙体，设置其墙体的偏移值。

创建双坡屋顶，如图 2.4–20 所示。

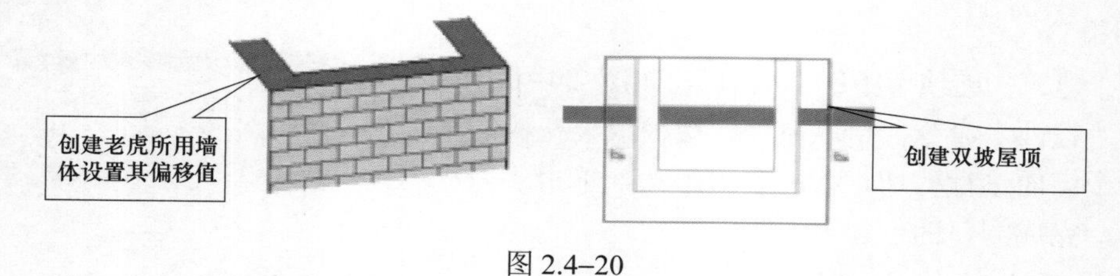

图 2.4–20

将墙体与两个屋顶分别进行附着处理，将老虎窗屋顶与主屋顶进行“连接屋顶”处理，如图 2.4–21 所示。

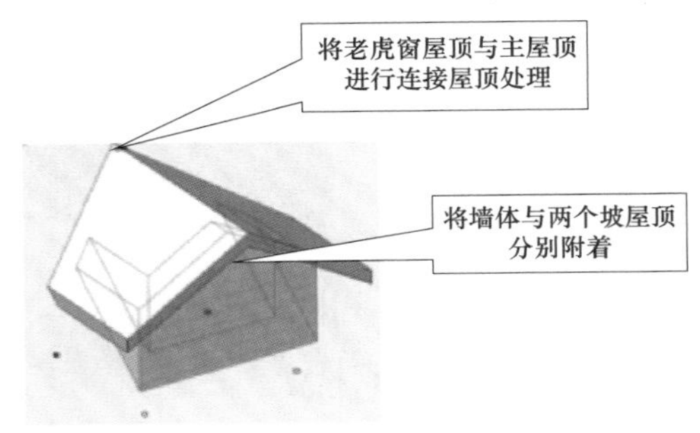

图 2.4–21

单击“老虎窗洞口”命令，拾取主屋顶，进入“拾取边界”模式，点取老虎窗屋顶或其底面、墙的侧面、楼板的底面等有效边界，修剪边界线条，完成边界剪切洞口，如图 2.4–22 所示。

6. 异形洞口的创建

单击“常用”选项卡下“构建”面板中“构件”工具的下拉按钮，选择“内建模型”工具。

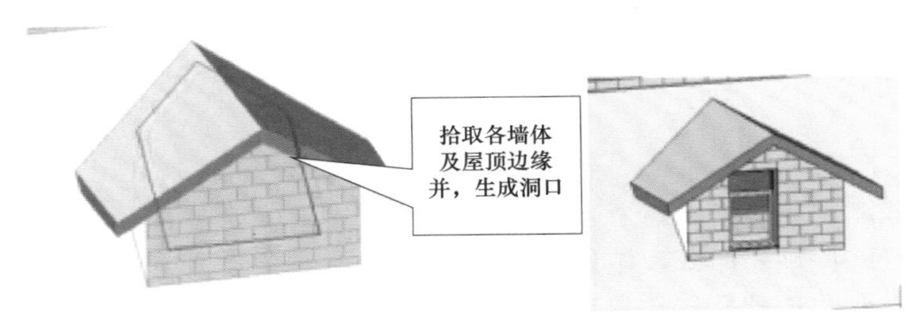

图 2.4–22

单击自动弹出的“内建模型”选项卡下“在位建模”面板中“空心”工具的下拉按钮，选择“融合”命令，先绘制洞口下部边线，选择单击“模式”面板中的“编辑顶部”工具，绘制洞口上部边线，单击“完成融合”，完成绘制过程。然后在立面上调整其位置，使融合体下边与楼板下边重合，上边与楼板上边重合。单击“完成融合”，绘制结束，如图 2.4–23 所示。

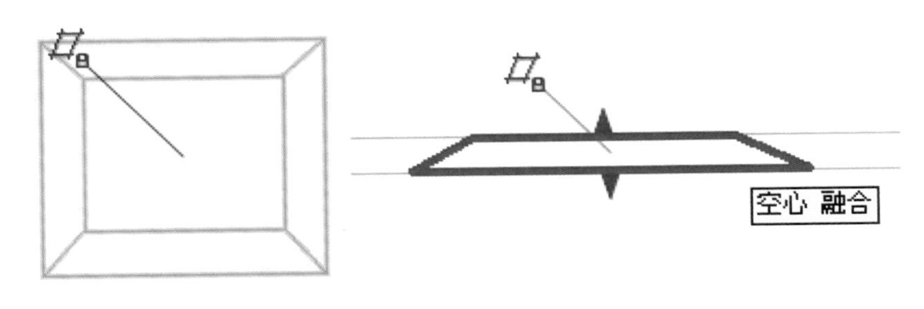

图 2.4–23

单击“修改”选项卡下“编辑几何图形”面板中“剪切几何形体”工具，用鼠标点取融合体与楼板，完成剪切。单击“完成模型”，完成绘制，如图 2.4–24 所示。

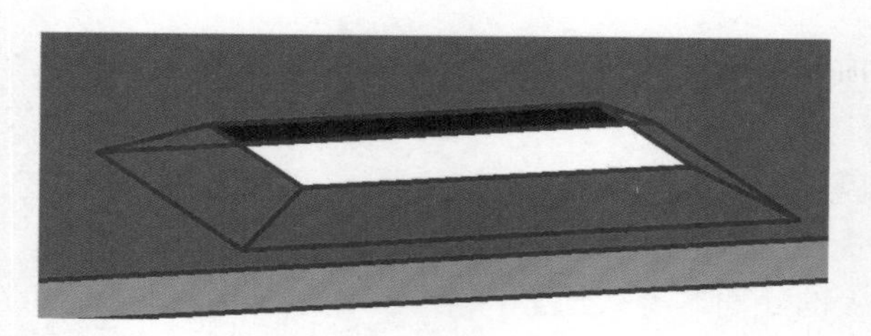

图 2.4–24

2.5 屋顶与天花板

屋顶是建筑的重要组成部分，在 Revit 中提供了多种建模工具，如迹线屋顶、拉伸屋顶、面屋顶、玻璃斜窗等创建屋顶的常规工具。此外，对于一些特殊造型的屋顶，我们还可以通过内建模型的工具来创建。

2.5.1 屋顶的创建

1. 迹线屋顶

（1）创建迹线屋顶（坡屋顶、平屋顶）。单击“常用”选项卡“构建”面板下“屋顶”下拉列表，选择“迹线屋顶”命令，进入绘制屋顶轮廓草图模式。

此时自行跳转到“创建楼层边界”选项卡，单击“绘制”面板下的“拾取墙”命令，在选项栏中单击 创建屋顶迹线 ☐定义坡度 悬挑: 900.0 ☐延伸到墙中(至核心层) “定义坡度”，指定楼板边缘的偏移量；同时勾选“延伸到墙中（至核心层）”，拾取墙时将拾取到有面层和构造层的复合墙体的核心边界位置。

使用 Tab 键切换选择，可一次选中所有外墙，单击生成楼板边界；如出现交叉线条，使用“修剪”命令编辑成封闭楼板轮廓。或者单击“线”命令，用线绘制工具绘制封闭楼板轮廓。

选择轮廓线，选项栏勾选☑定义坡度，单击角度值设置屋面坡度；所有线条取消勾选“定义坡度”则生成平屋顶。

单击“完成屋顶”，如图 2.5–1 所示。

图 2.5–1

（2）创建圆锥屋顶。单击“常用”选项卡“构建”面板下“屋顶”下拉箭头，打开选择“迹线屋顶”命令，进入绘制屋顶轮廓草图模式。

选项栏设置屋顶悬挑值 悬挑: 0.0 ，用“拾取墙”或“线”命令绘制有圆弧线条的封闭轮廓线，可以预先编辑“屋顶属性”。

选择轮廓线，选项栏勾选☑定义坡度，“ ⊿ 30.00° ”符号出现在其上方，单击角度值设置屋面坡度。

选择圆弧迹线，单击“属性”按钮，打开“实例属性”对话框，修改“完全分段的数量”参数值来控制圆锥的显示，若参数值为 0 则显示圆滑，确定。

单击“完成屋顶”生成圆锥屋顶，如图 2.5–2 所示。

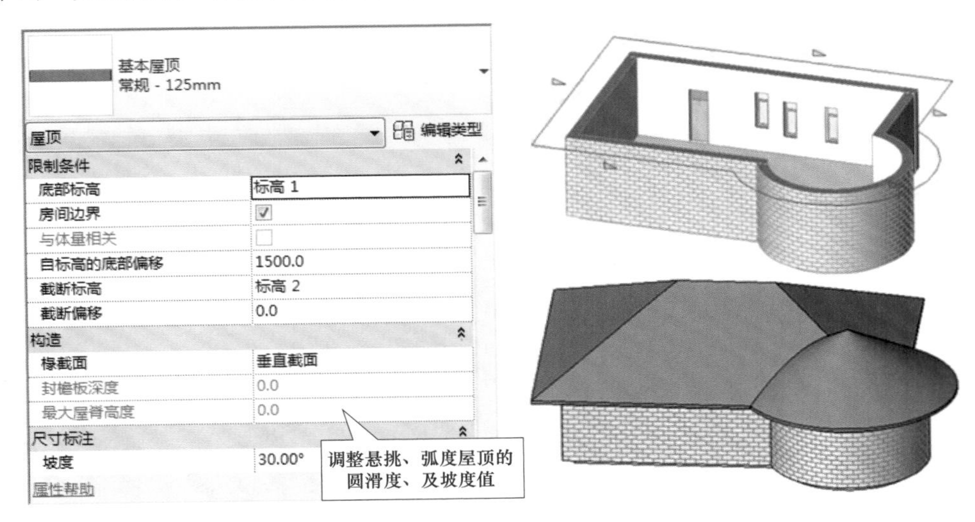

图 2.5–2

（3）四面双坡屋顶。单击“常用”选项卡“构建”面板下“屋顶”下拉箭头，打开选择“迹线屋顶”命令，进入绘制屋顶轮廓草图模式。

选项栏取消勾选“定义坡度”，用“拾取墙”或“线”命令绘制矩形轮廓。绘制参照平面，调整临时尺寸，使左、右参照平面间距等于矩形宽度。

选择工具栏“拆分”命令，在右边参照平面处单击，将矩形长边分为两段。

选择设计栏“坡度箭头”命令，单击“修改 屋顶”→“编辑迹线”选项卡，“绘制”面板下的“属性”按钮，设置坡度属性，绘制坡度箭头，如图 2.5–3 所示。

单击“完成屋顶”，如图 2.5–4 所示。

（4）双重斜坡屋顶（截断标高应用）。单击“常用”选项卡，“构建”面板下“屋顶”下拉箭头，打开并选择“迹线屋顶”命令。

进入绘制轮廓草图模式，绘制下面第一层屋顶的轮廓。

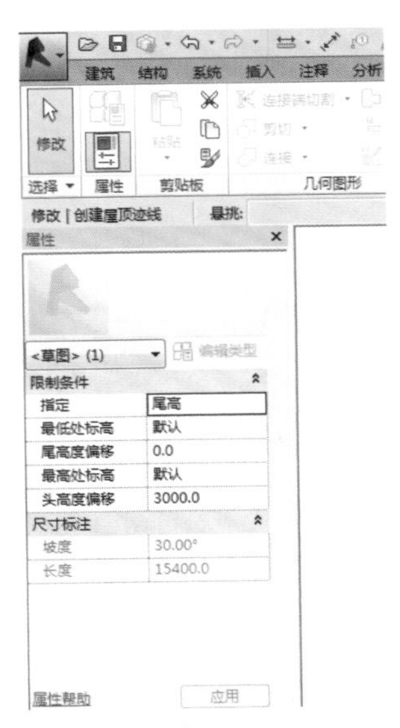

图 2.5–3

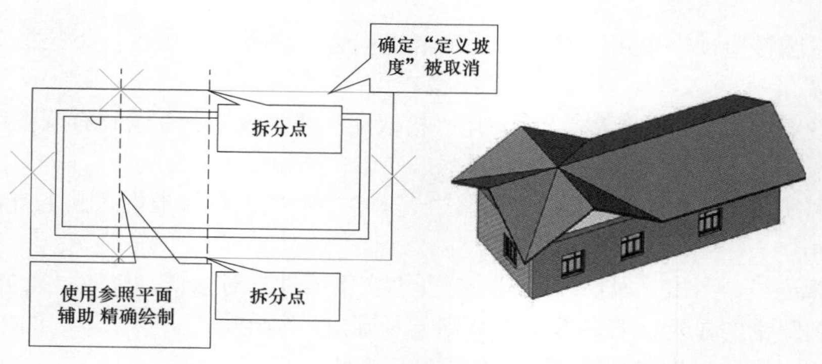

图 2.5–4

单击“修改 迹线屋顶”选项卡，“图元”面板下的“屋顶属性”命令，设置屋顶的截断标高及偏移值，确定。

完成屋顶，生成一个带洞口的屋顶，如图 2.5–5 所示。

基本屋顶
保温屋顶 - 木材

屋顶　编辑类型

限制条件	
底部标高	标高 2
房间边界	☑
与体量相关	☐
自标高的底部偏移	0.0
截断标高	无
截断偏移	0.0
构造	
椽截面	垂直截面
封檐板深度	0.0
最大屋脊高度	0.0
尺寸标注	
坡度	30.00°

属性帮助　应用

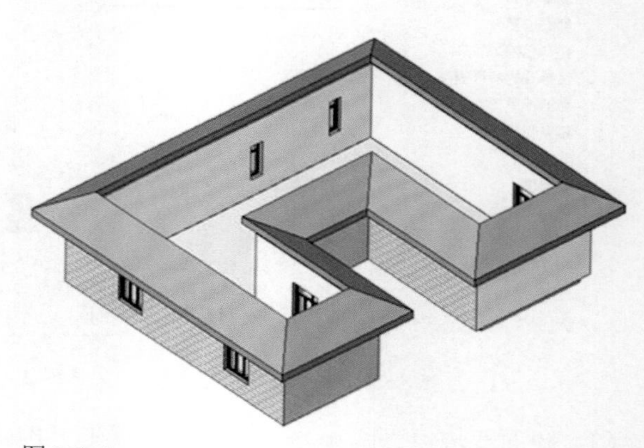

图 2.5–5

用“迹线屋顶”命令在截断标高上，沿第一层屋顶洞口边线绘制第二层屋顶。

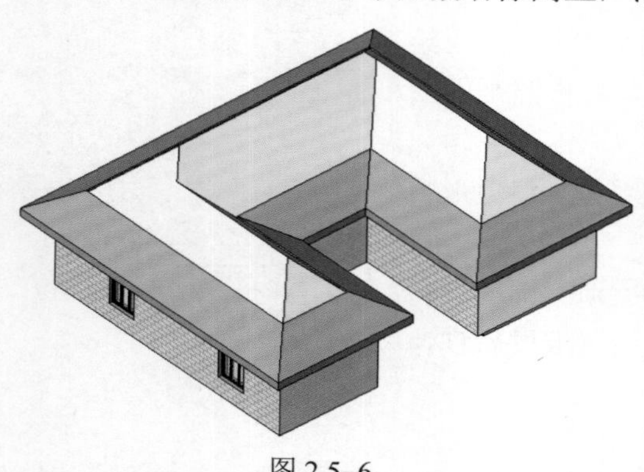

图 2.5–6

如果两层屋顶的坡度相同，单击“修改”选项卡“编辑几何图形” 连接/取消连接屋顶 工具命令，连接两个屋顶，隐藏屋顶的连接线，如图 2.5–6 所示。

（5）编辑迹线屋顶。选择迹线屋顶，单击“编辑”面板下“编辑迹线”命令，修改屋顶轮廓草图，完成屋顶。

属性修改：“实例属性”可以修改所选屋顶的标高、偏移、截断层、椽截面、坡度角等；“类型属性”可以设置屋顶的构造、材质、厚度、粗略比例填充样式等，如图 2.5–7 所示。

单击“修改”选项卡“编辑几何图形” 连接/取消连接屋顶 工具命令，将屋顶连接到另一个屋顶或墙上，如图 2.5–8 所示。

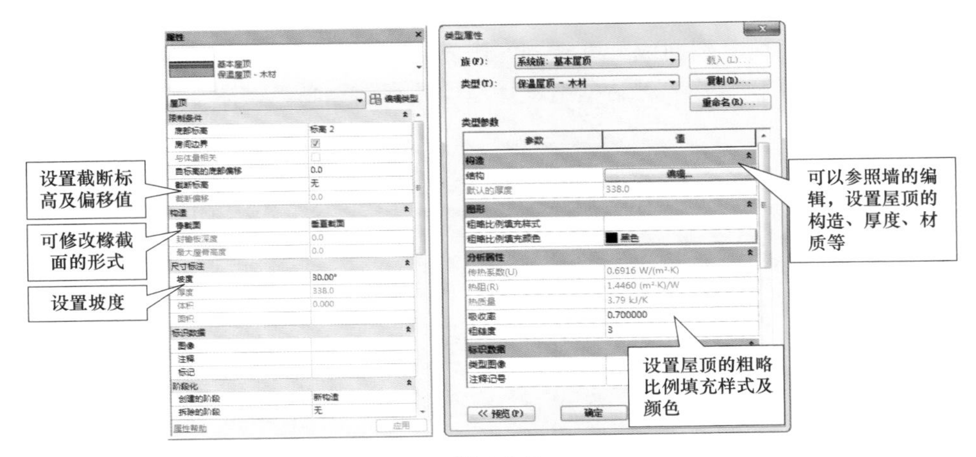

图 2.5–7

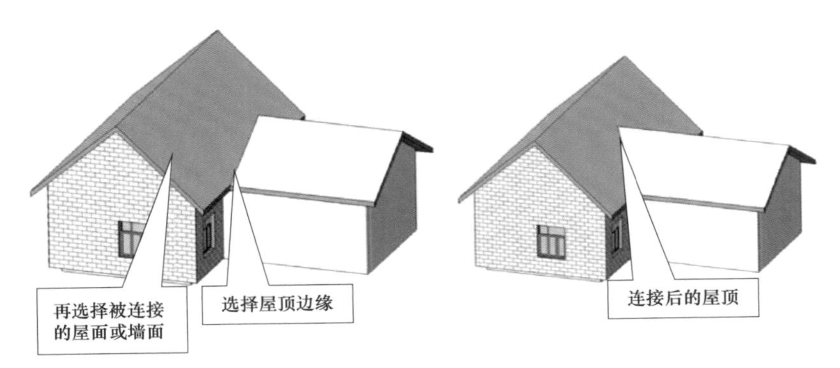

图 2.5–8

2. 拉伸屋顶

对于不能从平面上创建的屋顶，可以从立面上用拉伸屋顶着手创建模型，如图 2.5–9 所示。

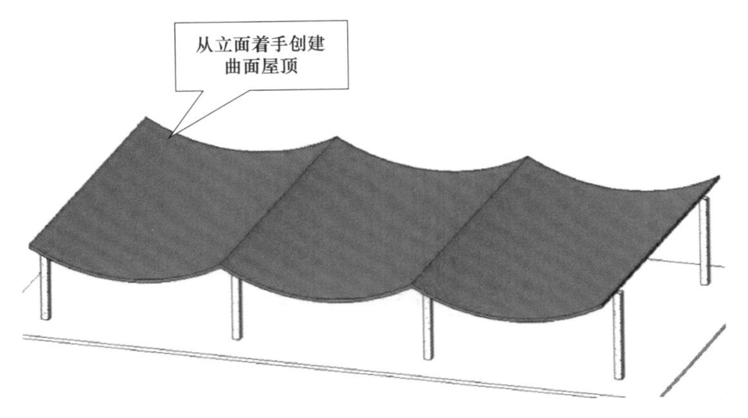

图 2.5–9

（1）创建拉伸屋顶。单击“常用”选项卡“构建”面板下“屋顶”下拉列表，选择“拉伸屋顶”命令，进入绘制轮廓草图模式。

在“工作平面”对话框中设置工作平面（选择参照平面或轴网绘制屋顶截面线），选择工作视图（立面、框架立面、剖面或三维视图）作为操作视图。

在“屋顶参照标高和偏移”对话框中选择屋顶的基准标高，如图 2.5–10 所示。

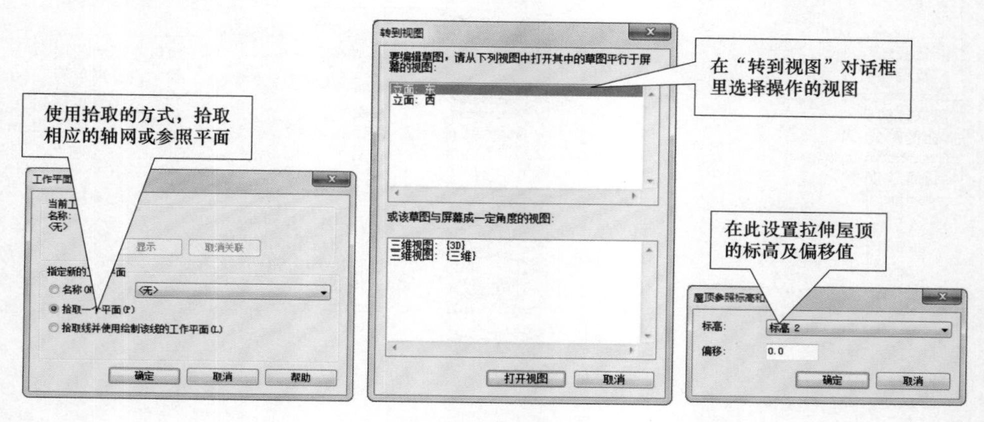

图 2.5–10

绘制屋顶的截面线（单线绘制，无须闭合），单击设置拉伸起点、终点，完成绘制，如图 2.5–11 所示。

提示：拉伸屋顶的拉伸起点、终点也可以在立面上直接修改。例如在南立面上绘制的拉伸屋顶，可以进入东立面或西立面，使用拖曳或“对齐”命令，使拉伸屋顶的边缘操纵柄至所需位置。必要时可以通过在立面上绘制参照平面来精确定位。

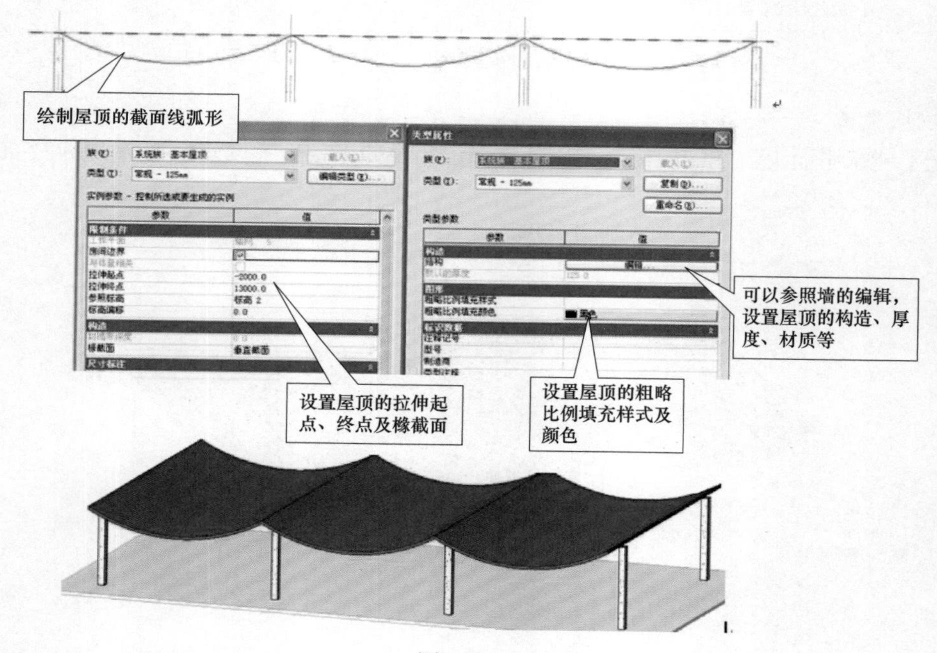

图 2.5–11

（2）编辑拉伸屋顶。选择拉伸屋顶，点击选项栏“编辑”命令，修改屋顶截面草图，完成屋顶。

属性修改：修改所选屋顶的标高、拉伸起点和终点、椽截面等实例参数；编辑类型属性可以设置屋顶的构造、材质、厚度、粗略比例填充样式等。

选择拉伸屋顶，点击选项栏“剖切面轮廓”命令，在平面视图上绘制所有洞口的封闭轮廓草图（轮廓不能相互重叠），完成绘制，剪切洞口。

3. 面屋顶

单击“常用”选项卡“构建”面板下“屋顶”下拉箭头，打开选择“面屋顶”命令，进入“放置 面屋顶”选项卡，拾取体量图元或常规模型族的面，生成屋顶。

选择需要放置的体量面，单击“图元”面板上的“图元属性”命令，可设置其屋顶的相应属性；可在类型选择器中直接设置屋顶类型，最后单击“创建屋顶”命令完成面屋顶的创建。如需其他操作，请单击“修改”命令恢复正常状态，如图 2.5–12 所示。

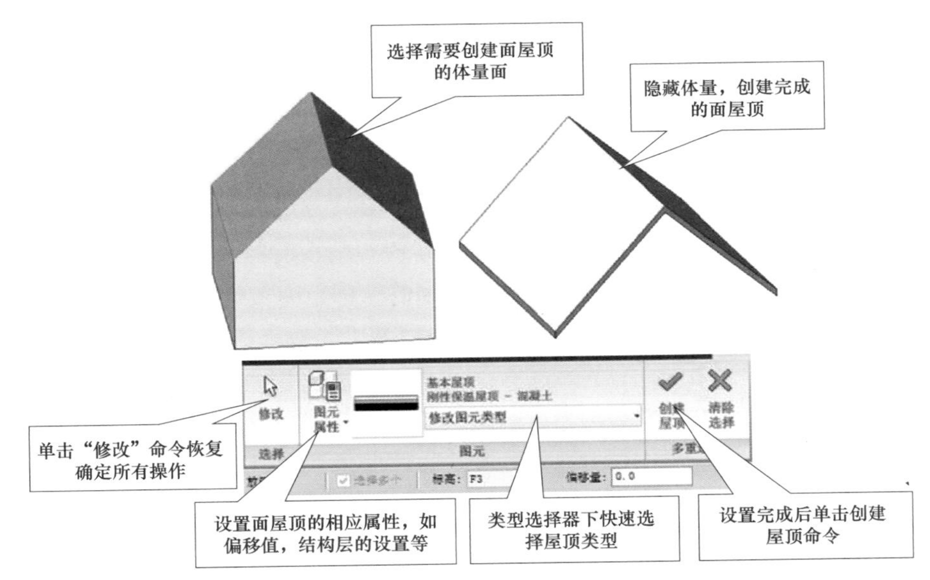

图 2.5–12

4. 特殊屋顶

对于造型比较独特、复杂的屋顶，可以在位创建屋顶族。

单击“常规”选项卡“创建”面板下的“构建”下拉列表下的“内建模型”命令，在“族类别和族参数”的对话框里，选择族类别“屋顶”，输入名称，进入创建族模式。

使用“实心”“空心”下拉列表里对应的拉伸、融合、旋转、放样、放样融合命令，创建三维实体和洞口。

单击“完成模型”完成特殊屋顶的创建，如图 2.5–13 所示。

注意：由于内建模型会影响项目的大小及运行速度，建议少用内建模型。

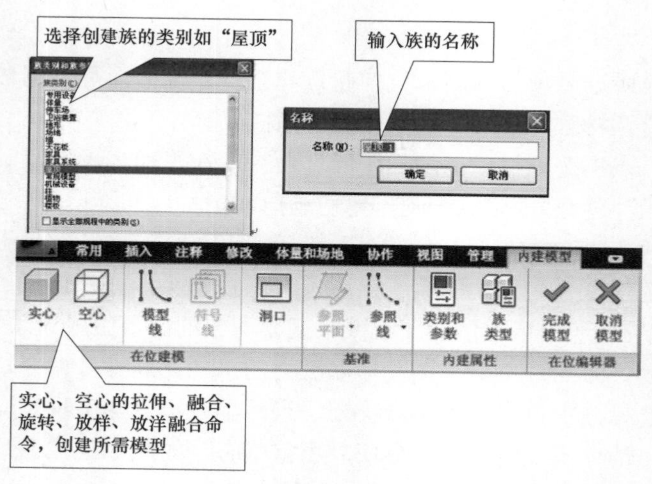

图 2.5–13

2.5.2 屋檐底板、封檐带、檐沟

1. 屋檐底板

单击"常用"选项卡"构建"面板下"屋顶"下拉列表，选择"屋檐底边"命令，进入绘制轮廓草图模式。

单击"拾取屋顶"命令选择屋顶，单击"拾取墙"命令选择墙体，自动生成轮廓线。使用"修剪"命令修剪轮廓线，形成一个或几个封闭的轮廓，完成绘制。

在立面视图中，选择屋檐底板，修改"属性"参数"与标高的高度偏移"，设置屋檐底板与屋顶的相对位置。

使用"修改"选项卡下"编辑几何图形"面板上的"连接"命令，连接屋檐底板和屋顶，如图 2.5–14 所示。

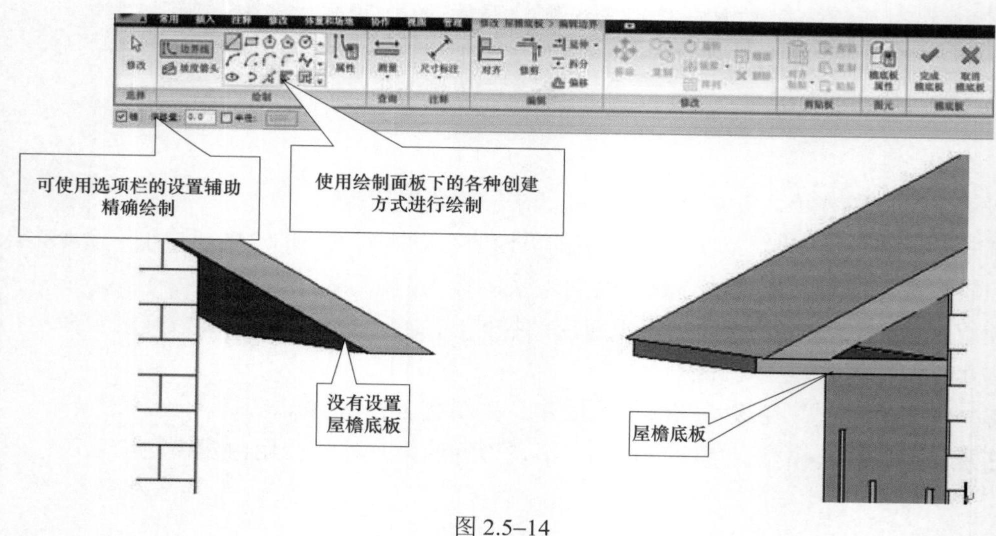

图 2.5–14

2. 封檐带

单击“常用”选项卡“构建”面板下“屋顶”下拉列表，选择“封檐带”命令，进入拾取轮廓线草图模式。

单击拾取屋顶的边缘线，自动以默认的轮廓样式生成“封檐带”，单击“当前完成”命令，完成绘制，如图 2.5–15 所示。

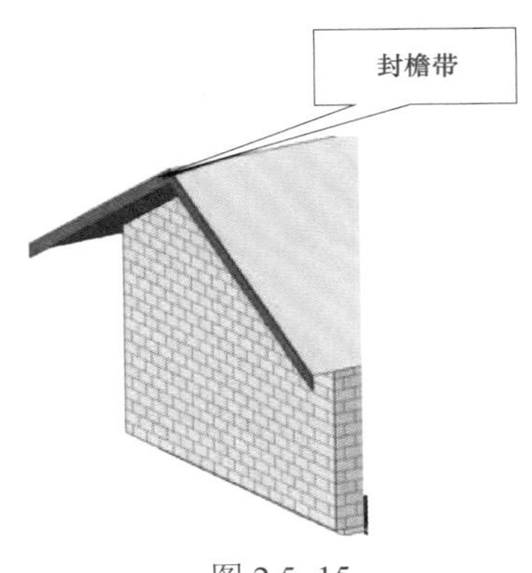

图 2.5–15

在立面视图中，选择屋檐底板，修改“实例属性”参数“设置轮廓的垂直水平轮廓偏移”。

设置屋檐底板与屋顶的相对位置、轮廓的角度值、轮廓样式，以及封檐带的材质显示，如图 2.5–16 所示。

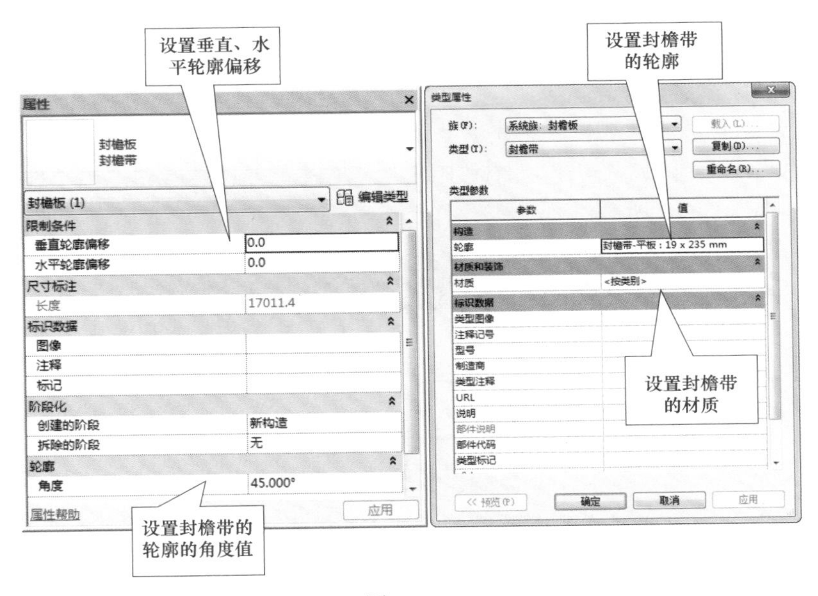

图 2.5–16

选择已创建的封檐带，选项卡自动跳转到“修改/封檐带”选项卡“屋顶封檐带”面板上的“添加/删除线段”“修改斜接”命令，修改斜接的方式有“垂直”“水平”“垂足”三种方式，如图 2.5–17 所示。

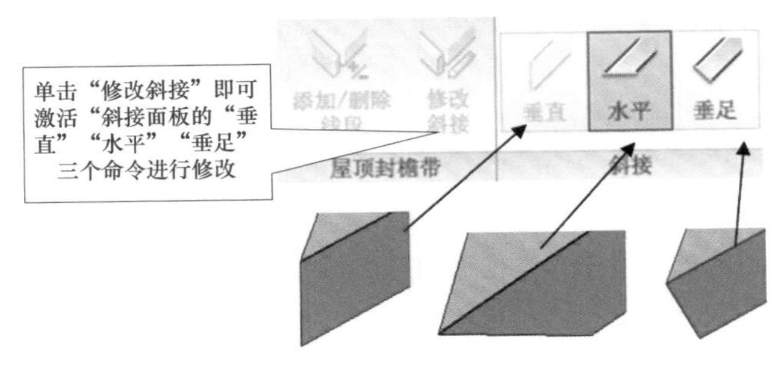

图 2.5–17

3. 檐沟

单击“常用”选项卡“构建”面板下“屋顶”下拉列表，选择“檐沟”命令，进入拾取轮廓线草图模式。

单击拾取屋顶的边缘线，自动以默认的轮廓样式生成“檐沟”，单击“当前完成”命令，完成绘制。

在立面视图中，选择屋檐沟，修改“实例属性”参数“设置轮廓的垂直水平轮廓偏移”，设置屋檐底板与屋顶的相对位置、轮廓的角度值、轮廓样式，以及封檐带的材质显示。

选择已创建的封檐带，选项卡自动跳转到“修改檐沟”选项卡，单击“屋顶檐沟”面板上的“添加/删除线段”命令，修改檐沟路径，单击“当前完成”完成绘制。

注意：封檐带与檐沟的轮廓可以用“公制轮廓–主体”族样板，自己创建适合本项目的二维轮廓族。

2.5.3 天花板

1. 天花板的绘制

单击“常用”选项卡下“构建”面板中的“天花板”工具，自动弹出“放置/天花板”上下文选项卡，如图 2.5–18 所示。

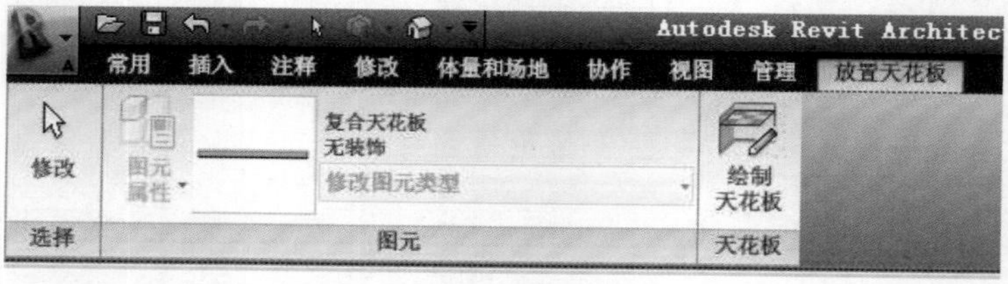

图 2.5–18

单击“图元”面板中的“修改图元类型”工具，可以修改天花板的类型。选定天花板类型后，单击“绘制天花板”工具，进入天花板轮廓草图绘制模式。

单击“创建天花板边界”上下文选项卡下“工具”面板中的“自动创建天花板”工具，可以在以墙为界限的面积内创建天花板，如图 2.5–19 所示；也可以自行创建天花板，单击“绘制”面板中的“边界线”工具，选择边界线类型后就可以在绘图区域绘制天花板轮廓了，如图 2.5–20 所示。

2. 天花板参数的设置

（1）修改天花板安装高度。单击“图元”面板中的“天花板属性”工具，在弹出的“实例属性”对话框中，通过修改“相对标高”一栏的数值，可以修改天花板的安装位置，如图 2.5–21 所示。

（2）修改天花板结构样式。单击“实例属性”对话框中“编辑类型”按钮，在自动弹出的“类型属性”对话框中，单击“结构”栏的“编辑”按钮，在弹出的“编辑部件”对话框中，单击“面层 2 [5]”的“材质”栏，材质名称后会出现带省略号的小方块。单击此小方块，弹出“材质”对话框，在“着色”选项卡下，单击“表面填充图案”的，在弹出的“填充样式”对话框中，有“绘图”与“模型”两种填充图像类型。选择“绘图”类型时，填充图案不支持移动、对齐，会随着视图比例的大小变化而变化；选择“模型”类型时，填充图

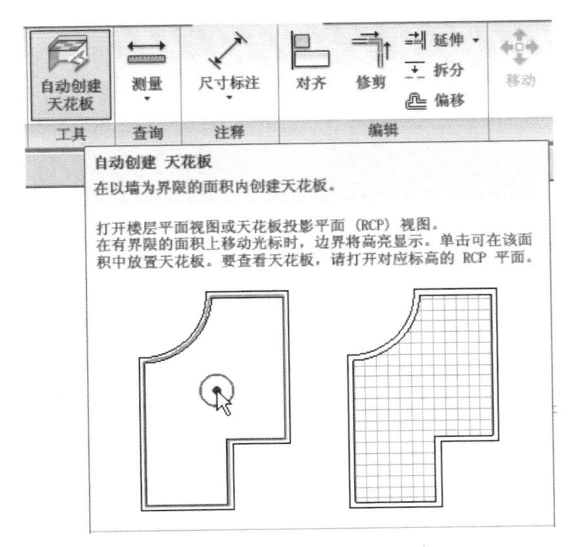

图 2.5–19

图 2.5–20

案可以移动或对齐，不会随比例大小变化而变化，而是始终保持不变。我们选择“模型”类型，进行填充样式的设置，如图 2.5–22 所示。

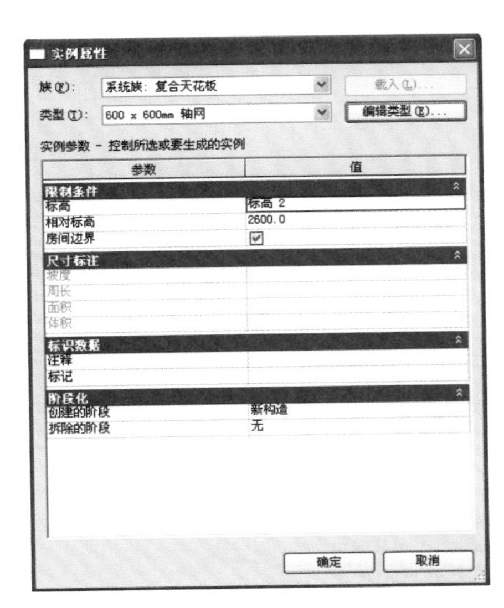

图 2.5–21

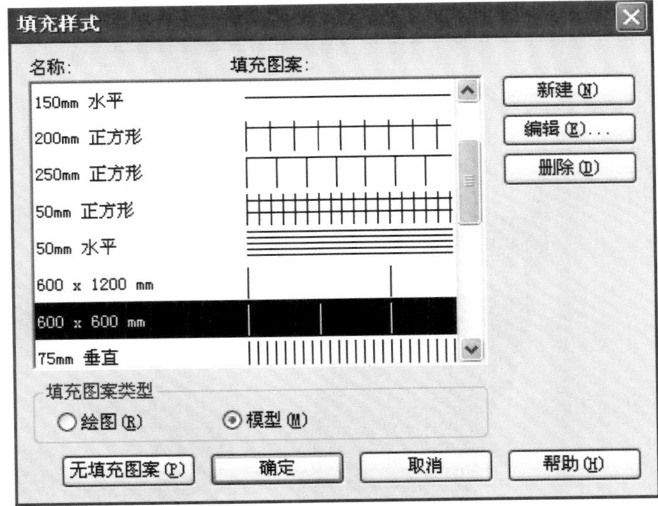

图 2.5–22

3. 为天花板添加洞口或坡度

（1）绘制坡度箭头。选择天花板，单击“修改边界”工具，在自动弹出的“修改|天花板→编辑边界”上下文选项卡下的“绘制”面板中，单击“坡度箭头”工具，绘制坡度箭头。选择坡度箭头，单击“绘制”面板下的“属性”命令，设置“尾高度偏移”或“坡度”值。确定，完成绘制。

（2）绘制洞口。选择天花板，单击“修改边界”工具，在自动弹出的“修改|天花板”→

"编辑边界"上下文选项卡下的"绘制"面板中，单击"边界线"工具，在天花板轮廓上绘制一闭合区域，单击"完成天花板"，完成绘制，即可在天花板上打开洞口。

在建筑中天花板的洞口一般都经过造型处理，可以通过内建族来创建绘制天花板的翻边。

2.6 扶手、楼梯与坡道

本节采用功能命令和案例讲解相结合的方式，详细介绍了扶手楼梯和坡道的创建和编辑的方法。并对项目应用中可能遇到的各类问题进行了细致的讲解。

2.6.1 扶手

1. 扶手的创建

单击"常用"选项卡，"楼梯坡道"面板下的"扶手"命令，进入绘制扶手轮廓模式。需要时，单击"工具"面板下的"设置扶手主体"命令，选择楼板或楼梯作为扶手的主体，这样扶手将和主体相关（如会随楼板的高度变化而变化）。

用"线"绘制工具绘制连续的扶手轮廓线（楼梯扶手的平段和斜段要分开绘制）。单击"完成扶手"创建扶手，如图 2.6–1 所示。

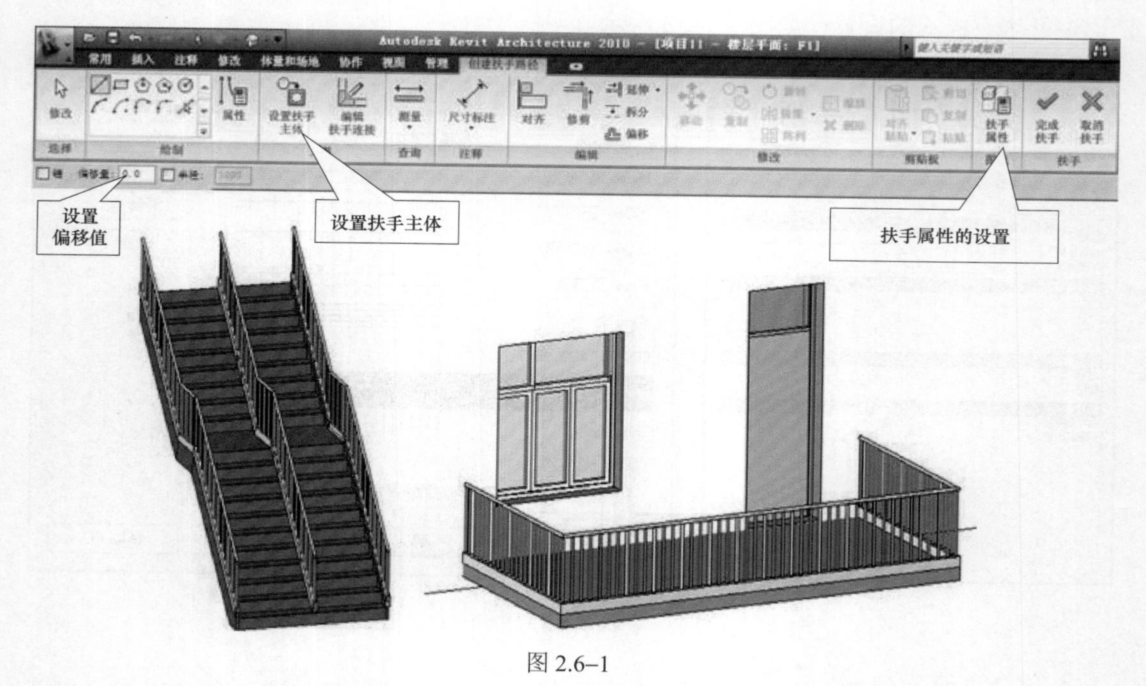

图 2.6–1

2. 扶手的编辑

（1）选择扶手，单击"修改 扶手"选项卡，"编辑"面板下的"编辑路径"命令，编辑扶手轮廓线位置。

（2）属性编辑：自定义扶手，单击"插入"选项卡"从库中载入"面板下的"载入族"命令，载入需要的扶手、栏杆族。单击"常用"选项卡，"楼梯坡道"面板下的"扶手"命令，打开“扶手属性”对话框，编辑类型属性，如图 2.6–2 所示。

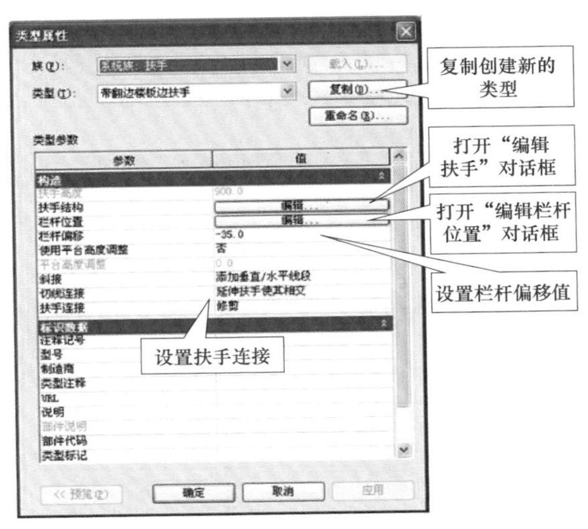

图 2.6–2

单击“编辑”按钮，打开“编辑扶手”对话框，编辑扶手结构：插入新扶手，或复制现有扶手，设置扶手名称、高度、偏移、轮廓、材质等参数，调整扶手上下位置，如图 2.6–3 所示。

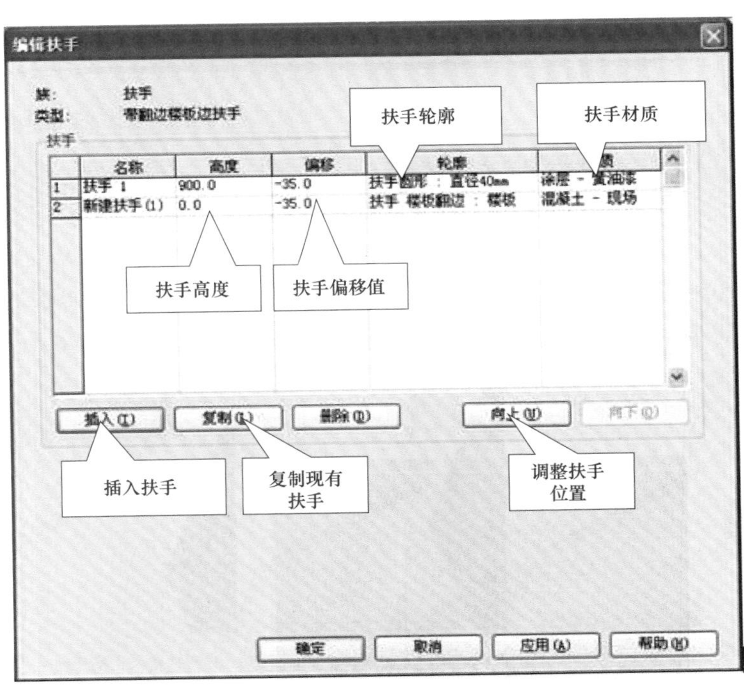

图 2.6–3

单击“编辑”按钮，打开“编辑扶手”对话框，编辑栏杆位置：布置主栏杆样式和支柱样式，设置主栏杆和支柱的栏杆族、基准及偏移、顶及顶部偏移、相对距离、偏移等参数。确定创建新的扶手样式，栏杆主样式及支柱中各对话框与构件的一一对应，如图 2.6–4 所示。

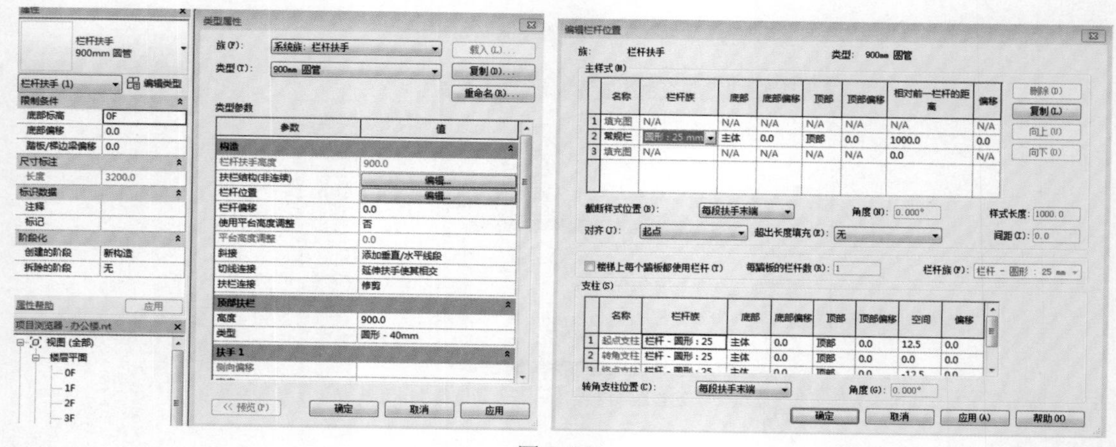

图 2.6–4

3. 扶手连接设置

Revit 允许用户控制扶手的不同连接形式，修改扶手类型属性参数“斜接”“切线连接”“扶手连接”，选择不同的连接形式。

（1）斜接。如果两段扶手在平面内成角相交，但没有垂直连接，Revit 既可以添加垂直或水平线段进行连接，也可以不添加连接件、保留间隙。这样即可创建连续扶手，且从平台向上延伸的楼梯梯段的起点无法由一个踏板宽度显示，如图 2.6–5 所示。

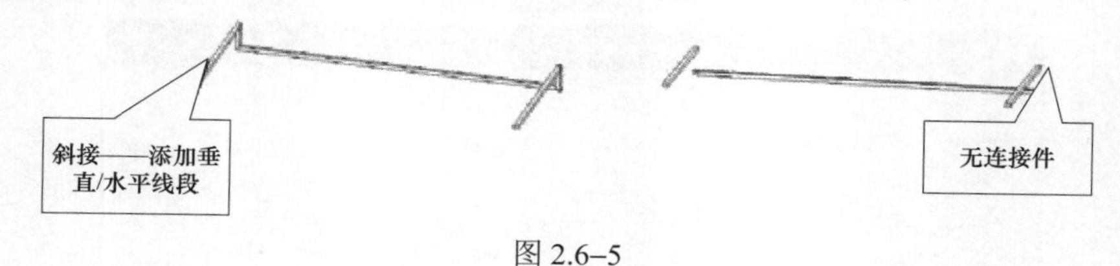

图 2.6–5

（2）切线连接。如果两段相切扶手在平面内共线或相切，但没有垂直连接，Revit 既可以添加垂直或水平线段进行连接，也可以不添加连接件、保留间隙。这样即可在修改了平台处扶手高度或扶手延伸至楼梯末端之外的情况下创建光滑连接，如图 2.6–6 所示。

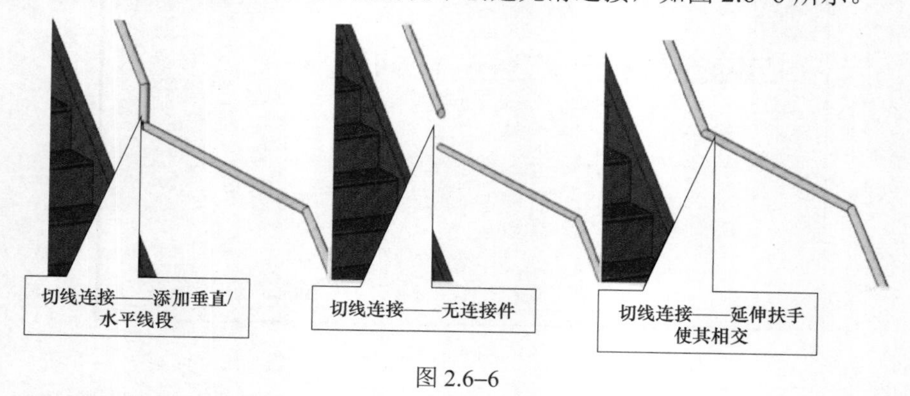

图 2.6–6

（3）扶手连接。分为修剪和结合两种类型。如果要控制单独的扶手接点，可以忽略整体的属性：选择扶手，单击“编辑”面板下的“编辑路径”命令，进入编辑扶手草图模式。单击“工具”面板下的“编辑扶手连接”命令，单击需要编辑的连接点，在选项栏“扶手连接”下拉列表中选择需要的连接方式，如图 2.6–7 所示。

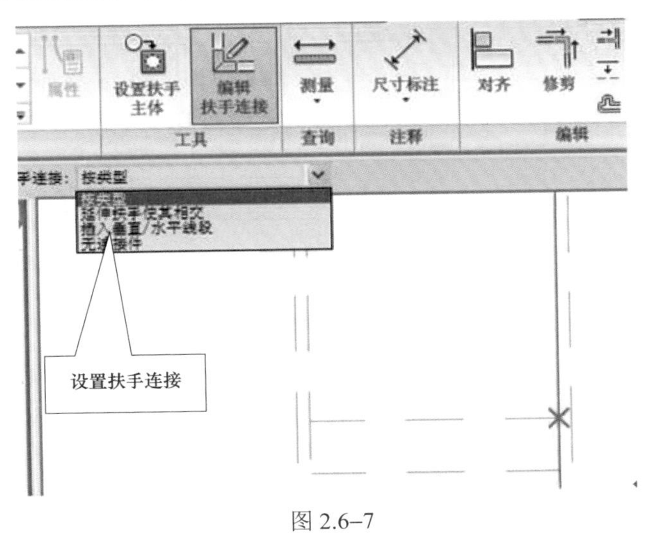

图 2.6–7

2.6.2　楼梯

1. 直梯

（1）用梯段命令创建楼梯。单击“常用”选项卡，“楼梯坡道”面板下的“楼梯”命令，进入绘制楼梯草图模式，自动激活“创建楼梯草图”选项卡。单击“绘制”面板下的“梯段”命令，不做其他设置即可直接开始绘制楼梯。

单击“图元”面板下的“楼梯属性”命令，打开楼梯“实例属性”对话框，单击“编辑类型”按钮，打开“类型属性”对话框，创建自己的楼梯样式，设置类型属性参数：踏板、踢面、梯边梁等的位置、高度、厚度尺寸、材质、文字等，确定。

在“实例属性”对话框中设置楼梯宽度、基准偏移等参数，系统自动计算实际的踏步高和踏步数，确定。

绘制参照平面：起跑位置线、休息平台位置、楼梯半宽度位置。

单击“梯段”命令，捕捉每跑的起点、终点位置绘制梯段。注意梯段草图下方的提示：创建了 10 个踢面，剩余 0 个。

调整休息平台边界位置，完成绘制，楼梯扶手自动生成，如图 2.6–8 所示。

提示：

① 绘制梯段时是以梯段中心为定位线来开始绘制的。

② 请根据不同的楼梯形式（单跑、双跑 U 形、双跑 L 形、三跑楼梯等），绘制不同数量、位置的参照平面，以方便楼梯精确定位，并绘制相应的梯段，如图 2.6–9 所示。

（2）用边界和踢面命令创建楼梯。单击“边界”命令，分别绘制楼梯踏步和休息平台边界。**注意：**踏步和平台处的边界线需分段绘制。否则软件将把平台也当成长踏步来处理。

单击“踢面”命令，绘制楼梯踏步线。同前，注意梯段草图下方的提示，“剩余 0 个”时即表示楼梯跑到了预定层高位置，如图 2.6–10 所示。

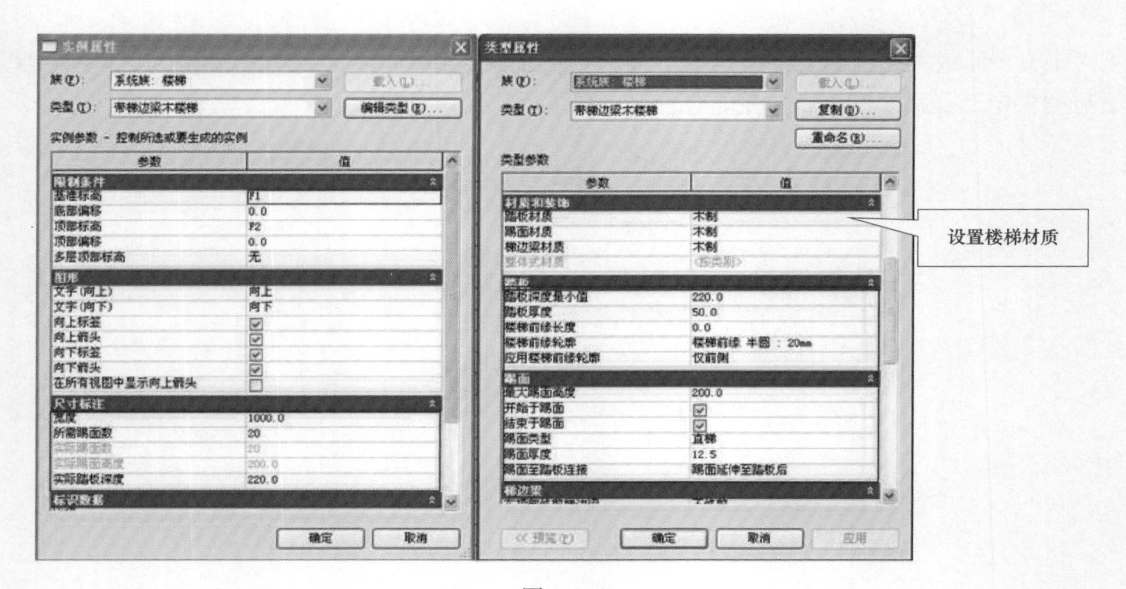

图 2.6–8

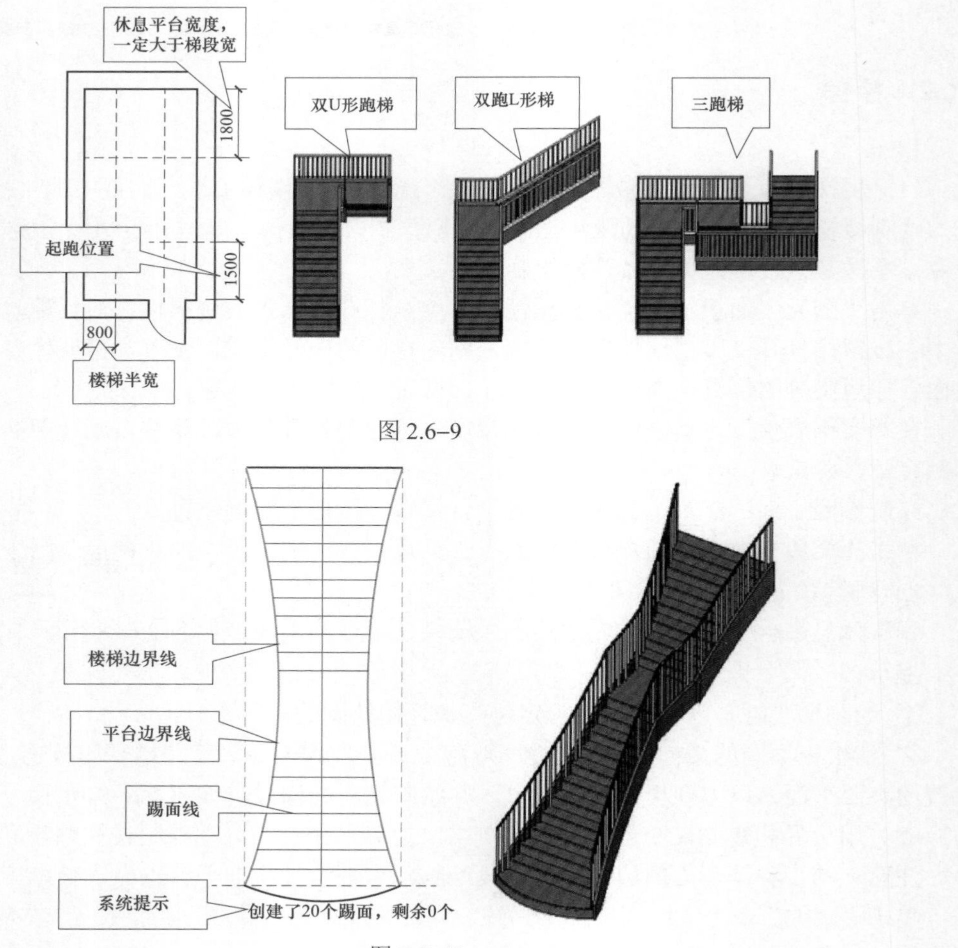

图 2.6–9

图 2.6–10

提示：对比较规则的异形楼梯，如弧形踏步边界、弧形休息平台楼梯等，可以先用“梯段”命令绘制常规梯段，然后删除原来的直线边界或踢面线，再用“边界”和“踢面”命令完成绘制即可，如图 2.6–11 所示。

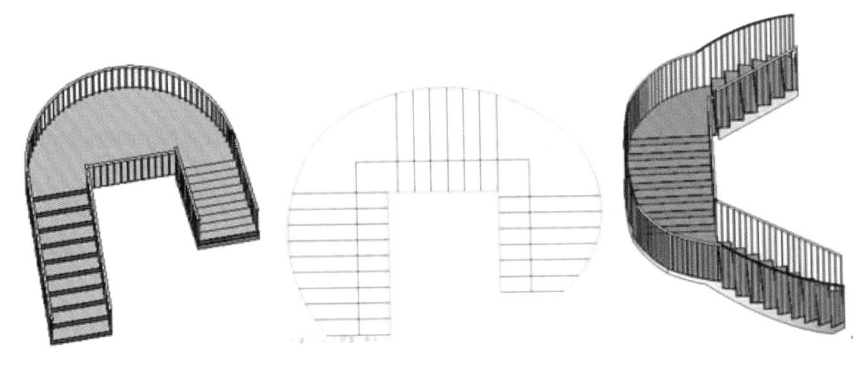

图 2.6–11

2. 弧形楼梯

单击“常用”选项卡，“楼梯坡道”面板下的“楼梯”命令，进入绘制楼梯草图模式。

单击“楼梯属性”→“编辑类型”，创建自己的楼梯样式，设置类型属性参数（踏板、踢面、梯边梁等的高度、厚度尺寸、材质、文字等），确定。

在“实例属性”中设置楼梯宽度、基准偏移等参数，系统自动计算实际的踏步高和踏步数，确定。

绘制中心点、半径、起点位置参照平面，以便精确定位。

单击“绘制”面板下的“梯段”命令，选择 “中心–端点弧”，开始创建弧形楼梯。

捕捉弧形楼梯梯段的中心点、起点、终点位置，绘制梯段，注意梯段草图下方的提示。如有休息平台，请分段绘制梯段。完成楼梯绘制，如图 2.6–12 所示。

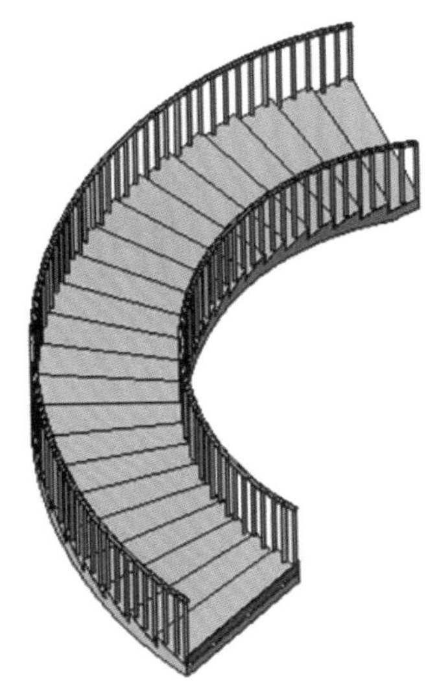

图 2.6–12

3. 旋转楼梯

有了绘制弧形楼梯的基础，我们来创建旋转楼梯。

单击“常用”选项卡，“楼梯坡道”面板下的“楼梯”命令，进入绘制楼梯草图模式。

在楼梯的绘制草图模型下，单击“楼梯属性”→“编辑类型”，使用“复制”命令，创建“旋转楼梯”，并设置其属性（踏板、踢面、梯边梁等的高度、厚度尺寸、材质、文字等）。

在“实例属性”中设置楼梯宽度、基准偏移等参数，系统自动计算实际的踏步高和踏步数。

单击“绘制”面板下“梯段”命令，选择 “中心–端点弧”开始创建旋转楼梯。捕捉旋转楼梯梯段的中心点、起点、终点位置，绘制梯段，如图 2.6–13 所示。

注意：绘制旋转楼梯时，中心点到梯段中心点的距离一定要大于或等于楼梯宽度的一半，因为绘制楼梯时都是从梯段中心线开始绘制的。梯段宽度的默认值一般为 1000mm，所以旋转楼梯的绘制半径要大于或等于 500mm。

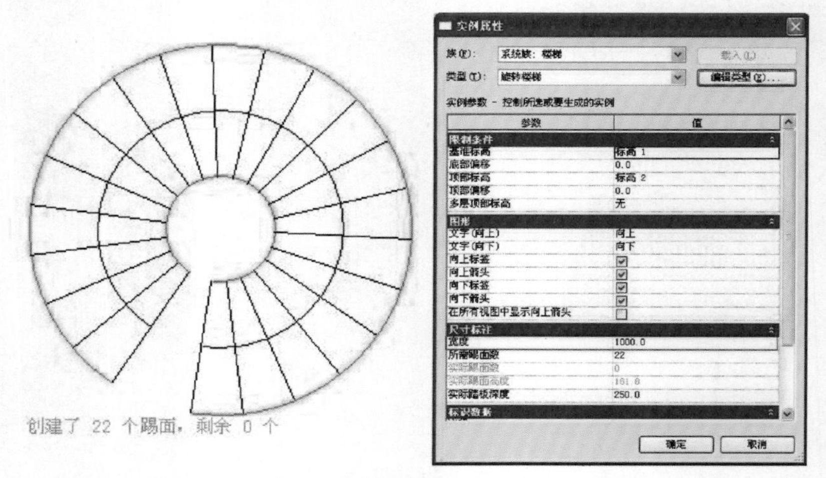

图 2.6–13

完成楼梯绘制，如图 2.6–14 所示。

4. 楼梯平面显示控制

当绘制首层楼梯完毕，平面显示将如图 2.6–15 所示。按照规范要求，通常要设置它的平面显示。

图 2.6–14

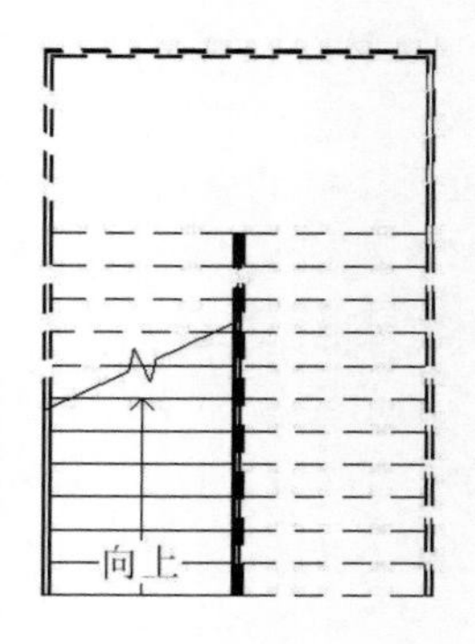

图 2.6–15

右击快捷菜单中“视图属性”→“可见性/图形替换”命令，选择“模型类别”选项卡。从列表中单击“扶手”前的“+”号展开，取消选择“扶手超出截面线”。从列表中单击“楼梯”前的“+”号展开，取消勾选“梯边梁超出截面线”“楼梯超出截面线”，单击“确定”，如图 2.6–16 所示。

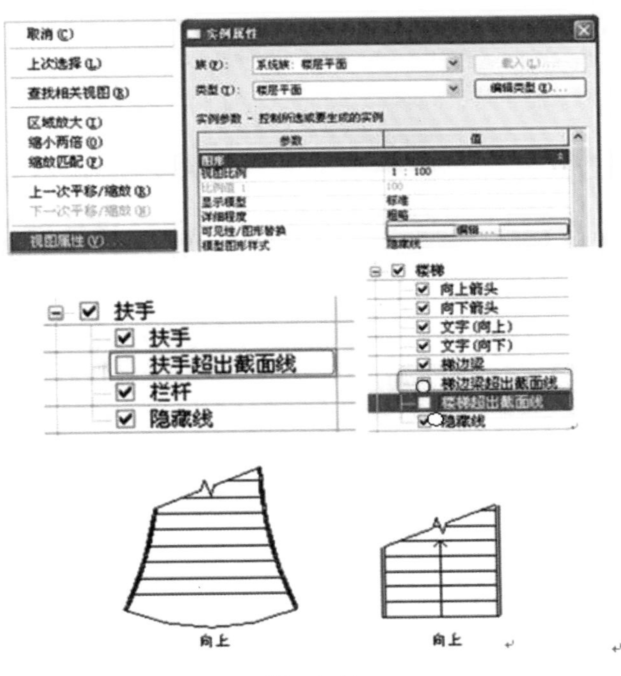

图 2.6–16

根据设计需要，可以自由调整视图的投影条件，以满足平面显示要求。

单击“视图”选项卡中“图形”面板下的“视图属性”命令，打开“视图属性”对话框，单击“范围”下“视图范围”后的“编辑”按钮，弹出“视图范围”对话框。调整“主要范围”的“剖切面”的值，修改楼梯平面显示，如图 2.6–17 所示。**注意：**“剖切面”的值不能低于“底”的值，也不能高于“顶”的值。

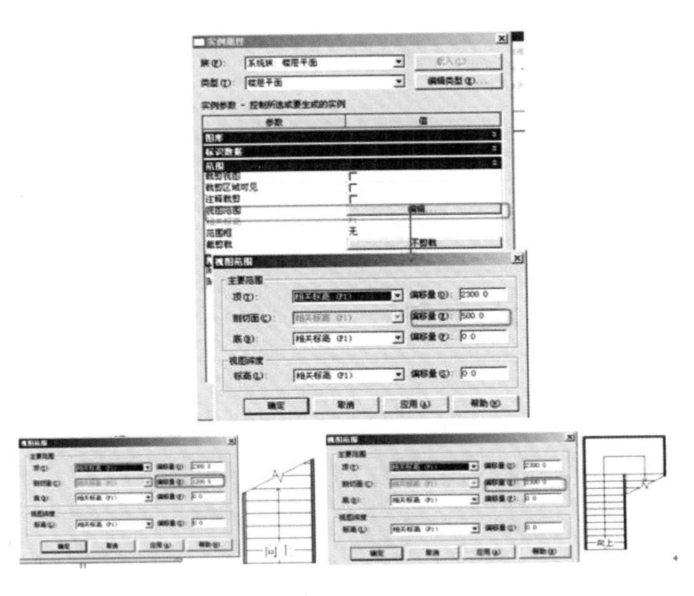

图 2.6–17

5. 多层楼梯

当楼层层高相同时，只需要绘制一层楼梯，然后修改“楼梯属性”的实例参数“多层顶部标高”的值到相应的标高，即可制作多层楼梯，如图 2.6–18 所示。

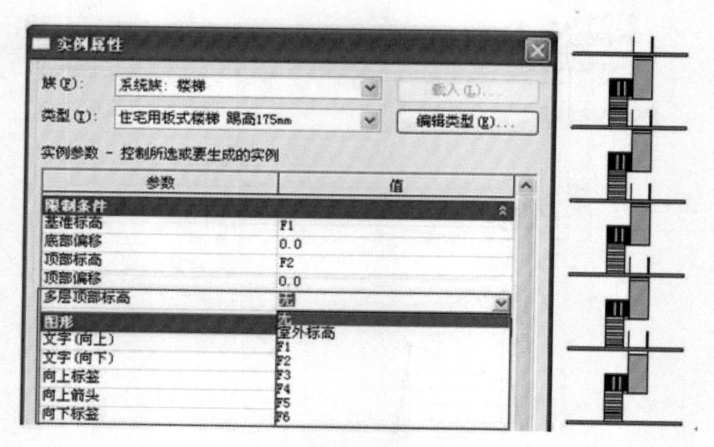

图 2.6–18

建议：多层顶部标高可以设置到顶层的下面一层，因为顶层的平台栏杆需要特殊处理。设置了“多层顶部标高”参数的各层楼梯仍是一个整体，当修改了楼梯和扶手参数后，所有楼层楼梯均会自动更新。

6. 楼梯扶手

楼梯扶手自动生成，但可以单独选择编辑其实例属性、类型属性，创建不同的扶手样式。

2.6.3 坡道

1. 直坡道

单击“常用”选项卡，“楼梯坡道”面板下的“坡道”命令，进入“创建坡道草图”模式。

图 2.6–19

单击“图元”面板下的“坡道属性”命令，单击“编辑类型”，在“类型属性”对话框里单击“复制”按钮，创建自己的坡道样式，设置类型属性参数（坡道厚度、材质、坡道最大坡度、结构等），单击“完成坡道”。

在图元属性对话框中设置坡道宽度、基准标高、基准偏移和顶部标高、顶部偏移等参数，系统自动计算坡道长度，确定，如图 2.6–19 所示。

提示：

1）“顶部标高”和“顶部偏移”属性的默认设置可能会使坡道太长。建议将“顶部标高”和“基准标高”都设置为当前标高，并将“顶部偏移”设置为较低的值。

2）可以用“踢面”和“边界”命令绘制特殊坡道，请参考用“边界”和“踢面”命令创建楼梯。

3） 坡道“实体”“结构板”选项的差异：选择坡道，单击“图元”面板下的“图元属性”下拉按钮，选择“类型属性”并单击，打开“类型属性”对话框。若设置“其他”参数下的“造型”为“实体”，则结果如图 2.6–20（a）所示；若设置“其他”参数下的“造型”为“结构板”，则结果如图 2.6–20（b）所示。

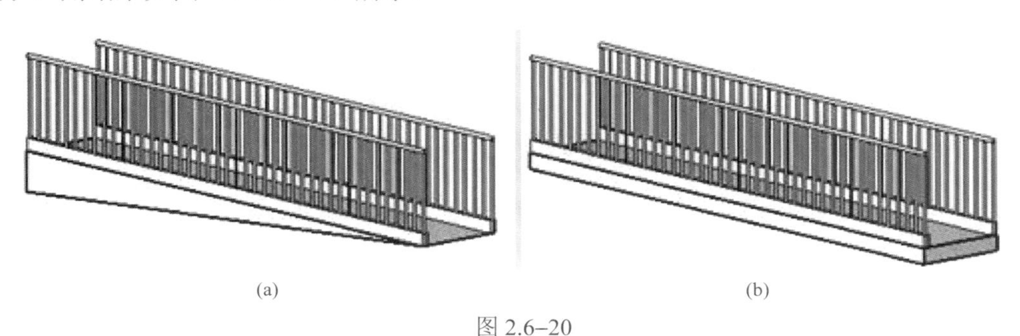

(a)　　(b)

图 2.6–20

2. 弧形坡道

单击“常用”选项卡，“楼梯坡道”面板下的“坡道”命令，进入绘制楼梯草图模式。

单击“图元”面板下的“坡道属性”命令，同前所述设置坡道的类型、实例参数，确定。

绘制中心点、半径、起点位置参照平面，以便精确定位。

单击“梯段”命令，选择选项栏“中心–端点弧”命令，开始创建弧形坡道。

捕捉弧形坡道梯段的中心点、起点、终点位置，绘制弧形梯段；如有休息平台，请分段绘制梯段。

可以删除弧形坡道的原始边界和踢面，并用“边界”和“踢面”命令，绘制新的边界和踢面，创建特殊的弧形坡道。单击“完成坡道”，创建弧形坡道，如图 2.6–21 所示。

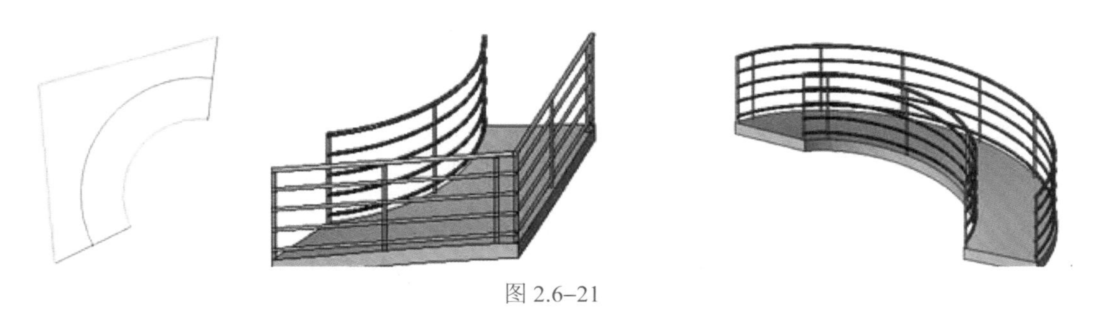

图 2.6–21

2.7 场地的创建

2.7.1 添加地形表面

切换至 F1 楼层平面视图，如图 2.7–1 所示，单击“体量和场地”选项卡“场地建筑”面板中的“地形表面”工具，自动切换至“修改编辑表面”上下文选项卡。

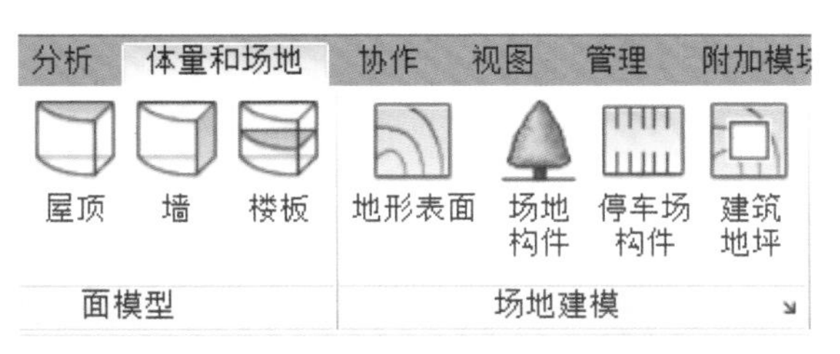

图 2.7–1

如图 2.7–2 所示，单击“工具”面板中的“放置点”工具，设置选项栏中的“高程”值为 0，高程形式为“绝对高程”，即将要放置的点高程的绝对标高为 0。

图 2.7–2

单击放置高程点，Revit 将在地形点范围内创建标高为 0 的地形表面。

单击“属性”面板中“材质”后的“浏览”按钮，打开“材质”对话框。在材质列表中选择“混凝土”，并以该材质为基础复制出名称为“混凝土–现场浇筑”的新材质类型，并选择“混凝土–现场浇筑”作为该场地材质，如图 2.7–3 所示。

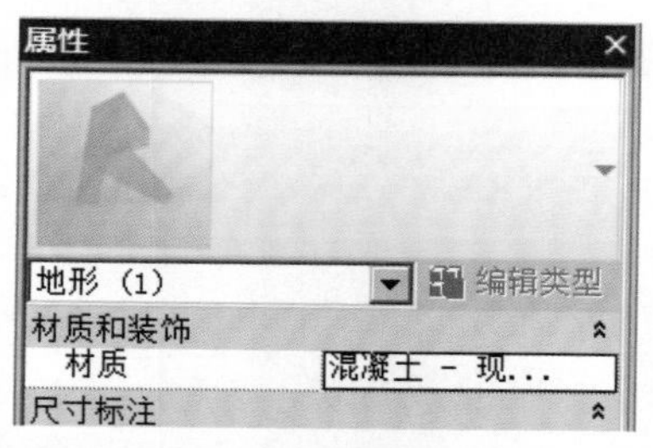

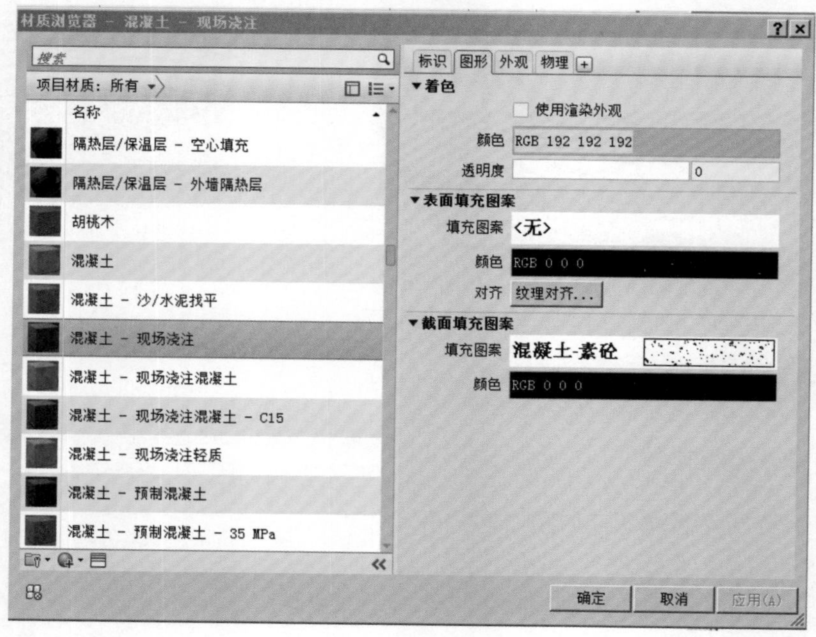

图 2.7–3

单击“表面”面板中的“完成表面”按钮，Revit 将按指定高程生成地形表面模型。

2.7.2 添加建筑地坪

切换至 F1 楼层平面视图，单击“体量和场地”选项卡“场地建模”面板中的“建筑地坪”工具，自动切换至“修改创建建筑地坪边界”上下文选项卡，进入“创建建筑地坪边界”编辑状态，如图 2.7–4 所示。

单击“属性”面板中的“编辑类型”按钮，打开“类型属性”对话框。单击“重命名”按钮，在弹出“重命名”对话框的“新名称”文本框中输入“实验楼–450mm–地坪”，如图 2.7–5 所示，单击“确定”按钮，返回“类型属性”对话框。

图 2.7–4

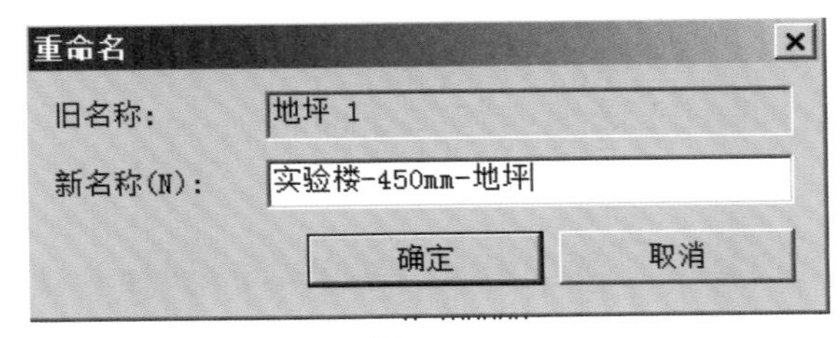

图 2.7–5

单击类型参数列表中“结构”参数后的“编辑”按钮，弹出“编辑部件”对话框，修改第 2 层“结构［1］”厚度为 450，修改材质为“地坪–碎石垫层”，如图 2.7–6 所示。设置完成后单击“确定”按钮，返回“类型属性”对话框。再次单击“确定”按钮，退出“类型属性”对话框。

层

	功能	材质	厚度	包络
1	核心边界	包络上层	0.00	
2	结构 [1]	地坪 - 碎石垫	450.00	☐
3	核心边界	包络下层	0.00	

插入(I)　删除(D)　向上(U)　向下(O)

图 2.7–6

修改“属性”面板中的“标高”为 F1 标高，“标高偏移”值为–150，即建筑地坪顶面到达 F1 标高之下 150mm，该位置为 F1 楼板底部，如图 2.7–7 所示。

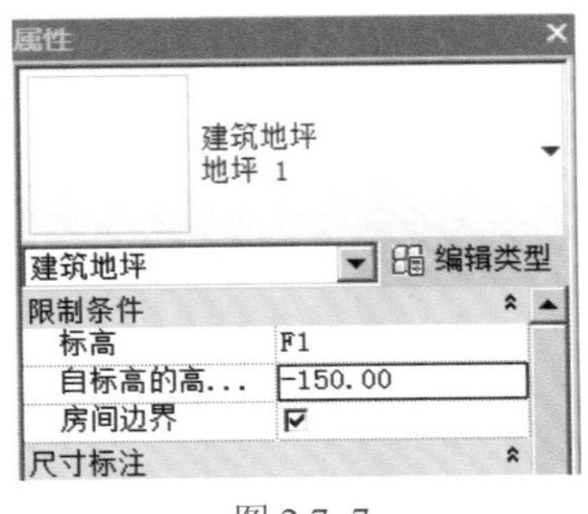

图 2.7–7

确认“绘制”面板中的绘制模式为“边界线”，使用“拾取墙”绘制方式；确认选项栏中的“偏移值”为 0，勾选“延伸到墙中（至核心层）”选项，如图 2.7–8 所示。按照与绘制楼板边界类似的方式分别沿实验楼外墙内侧核心表面拾取，生成建筑地坪轮廓边界线。使用修剪工具使轮廓线首尾相连。

图 2.7–8

完成后，单击“模式”面板中“完成编辑模式”按钮，按指定轮廓创建建筑地坪即可。

2.7.3 创建场地道路与场地平整

1. 创建场地道路

切换至 F1 楼层平面视图，单击“体量和场地”选项卡“修改场地”面板中的“子面域”工具，如图 2.7–9 所示，自动切换至“修改创建子面域边界”上下文选项卡，进入“修改创建子面域边界”状态。

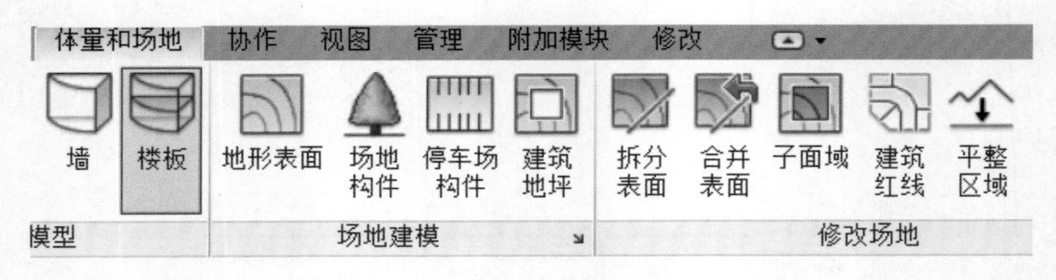

图 2.7–9

使用绘制工具，按照尺寸绘制子面域边界。配合使用“拆分”及“修剪”工具，使子面域边界轮廓首尾相连。

修改“属性”面板中的“材质”为“混凝土–柏油路”，设置完成后，单击“应用”按钮应用该设置。

单击“模式”面板中的“完成编辑模式”按钮，完成子面域。

2. 场地平整

切换至 F1 楼层平面视图，该文件已经通过导入 DWG 文件的方式创建了原始测量地形。

单击“体量和场地”选项卡“修改场地”面板中的“建筑红线”工具，弹出“创建建筑红线”对话框，如图 2.7–10 所示，单击“通过绘制来创建”方式，进入创建建筑红线草图模式，自动切换至“修改创建建筑红线草图”上下文选项卡。

确认“绘制”面板中建筑红线的绘制方式为“直线”，勾选选项栏中的“链”选项，确认“偏移”值为 0，不勾选“半径”选项，如图 2.7–11 所示；依次单击 A 点、B 点、C 点、D 点的参照平面交点，绘制封闭的建筑红线。完成后，单击“模式”面板中的“完成编辑模式”按钮。

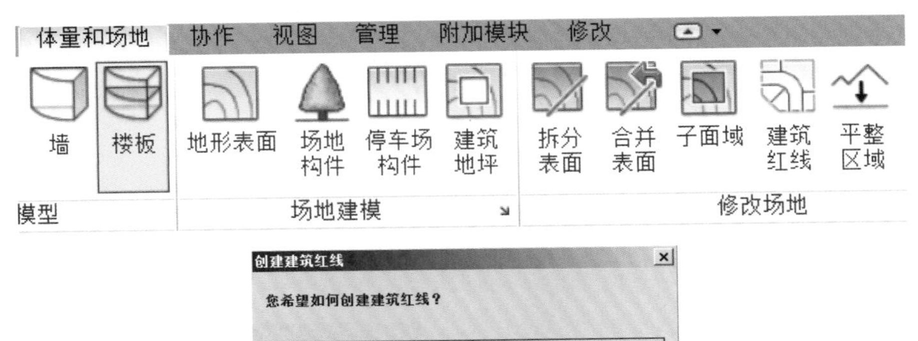

图 2.7–10

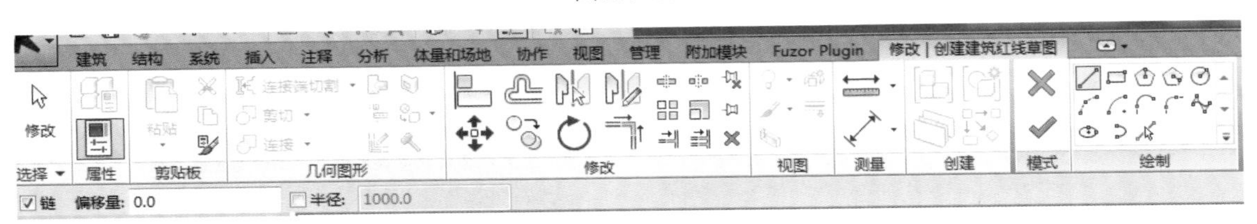

图 2.7–11

选择地形表面图元，修改“属性”面板中的“创建的阶段”为“现有”，即地形表面所在的阶段为“新构造”，其他参数不变，单击“应用”按钮应用该设置。

单击“体量和场地”选项卡“修改场地”面板中的“平整区域”工具，弹出“编辑平整区域”对话框，选择“仅基于周界点新建地形表面”方式，单击拾取地形表面图元，Revit 将进入“修改编辑表面”编辑模式，并沿所拾取地形表面边界位置生成新的高程点。

按 Esc 键两次，退出当前“放置点”工具。选择边界上靠近 A 点位置任意一个高程点，将其拖曳至 A 点的参照平面交点位置。

使用类似的方式，分别选择任意一个边界点，将其拖曳至 B 点、C 点、D 点的参照平面交点位置。选择其他边界点，按 Delete 键将其删除。

框选位于 A 点、B 点、C 点、D 点位置的高程点，修改“属性”面板中的“立面”高程值为 28 000mm（28m），即整平后的地形表面将与建筑红线的形状完全一致，且整平后地形平面设计标高为 28m。

按 Esc 键两次，退出当前选择集。修改“属性”面板的“名称”为“整平场地”。确认场地阶段为“新构造”，其他参数不变。单击“模式”面板中的“完成编辑模式”按钮，完成地形表面编辑。

2.7.4 场地构件

切换至 F1 楼层平面视图，载入场地构件族文件。

切换至“体量和场地”选项卡，单击“场地建模”选项卡中的“场地构件”工具，如图 2.7–12 所示，进入“修改场地构件”上下文选项卡。

使用“场地构件”工具，在类型列表中选择当前构件类型为“RPC 灌木：杜松–0.92 米”，打开“类型属性”对话框，复制出名称为“日本蕨”的新类型。修改其高度为 1600mm，“注释”参数值为“日本蕨”，单击“渲染外观”类型参数后的“浏览”按钮，弹出“渲染外观库”对话框。单击顶部“类别”列表，在列表中选择“灌木（常规）”类别，将在预览窗口中显示所有该类别渲染外观。选择“日本蕨”，设置完成后单击“确定”按钮，返回“类型属性”对话框。

如图 2.7–13 所示，沿花坛方向单击，均匀放置灌木构件。

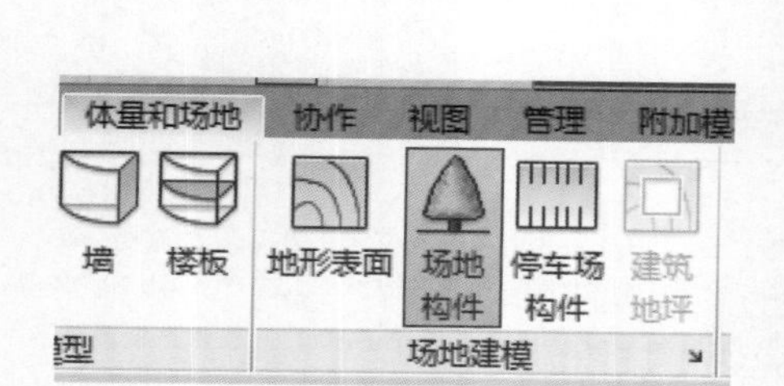

图 2.7–12

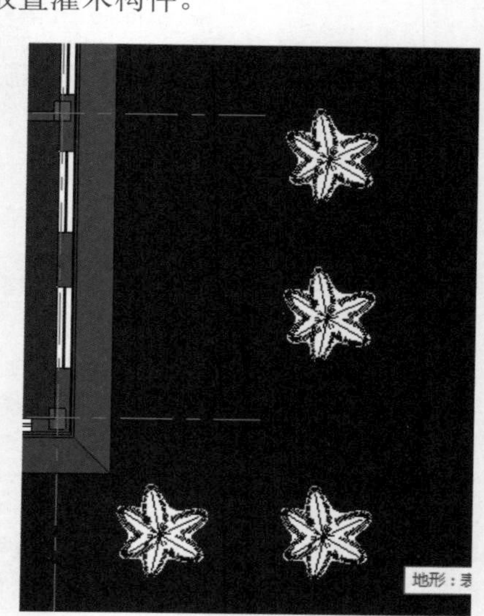

图 2.7–13

切换至室外地坪楼层平面视图，单击“建筑”选项卡“构建”面板中的“构件”工具，选择“路灯”，如图 2.7–14 所示，按空格键旋转路灯方向，沿两侧单击放置路灯构件。

图 2.7–14

2.8 体量的创建

Revit 提供了两种创建概念体量模型的方式：在项目中在位创建概念体量或在概念体量族

编辑器中创建独立的概念体量族。

要在项目中在位创建概念体量，可单击“体量和场地”选项卡“概念体量”面板中的“内建体量”工具，输入概念体量名称，即可进入概念体量族编辑状态，如图 2.8–1 所示。要创建独立的概念体量族，单击“应用程序菜单”按钮，在列表中选择“新建–概念体量”命令，在弹出的“新建概念体量–选择样板文件”对话框中选择“公制体量.rte”族样板文件，单击“打开”按钮即可进入概念体量编辑模式，如图 2.8–2 所示。启动 Revit 时，在“最近使用的文件”欢迎界面中单击族类别中的“新建–概念体量”，同样可以进入概念体量编辑状态。

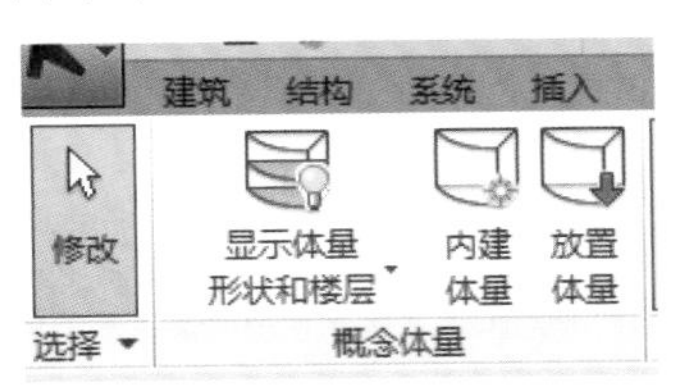

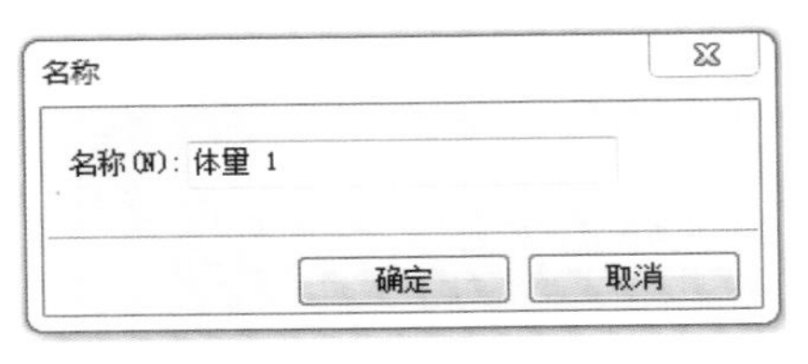

图 2.8–1

图 2.8–2

进入概念体量族编辑状态后，在“公制体量.rte”族样板中提供了基本标高平面和相互垂直且垂直于标高平面的两个参照平面。这几个面可以理解为空间 X、Y、Z 坐标平面，3 个平面的交点可理解为坐标原点。

要创建概念体量模型，必须先创建标高、参照平面、参照点等工作平面，再在工作平面上创建草图轮廓，再将草图轮廓转换成三维概念体量模型。**注意**：在创建体量时，项目的默认长度测量单位为 mm。

1. 创建简单楔形体

（1）启动 Revit，进入创建概念体量模式，默认将进入三维视图。单击“建筑”选项卡“基准”面板中的“标高”工具，如图 2.8–3 所示，进入“修改放置标高”模式。确认勾选选项栏中的“创建平面视图”选项；在三维视图中移动鼠标指针到默认标高之上，当临时尺寸标注显示为 45 000mm 时，如图 2.8–4 所示，单击“放置标高”，完成后按 Esc 键两次，退出“放置标高”模式。

（2）单击“建筑”选项卡“工作平面”面板中的“显示”工具，将以蓝色显示当前激活的工作平面。在视图中单击“标高 1”，“标高 1”将激活作为当前工作平面，如图 2.8–5 所示。

（3）切换至“标高 1”楼层平面视图。设置绘制模式为“模型线”，绘制方式为“矩形”；在绘制面板中设置定位方式为“工作平面”；确认选项栏中的“放置平面”为“标高：标高 1”，其他参数参照图 2.8–6 所示设置。

图 2.8–3

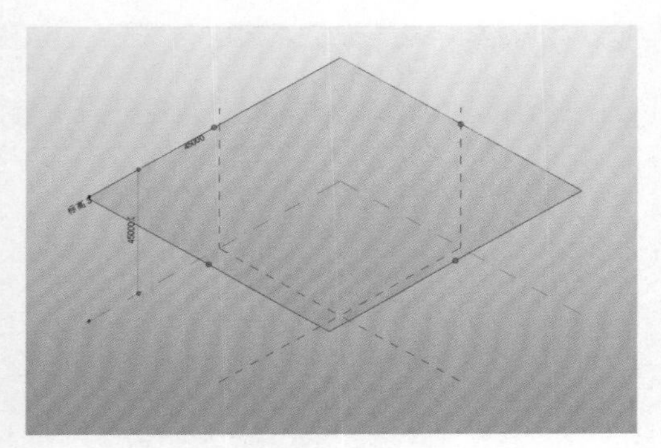

图 2.8–4

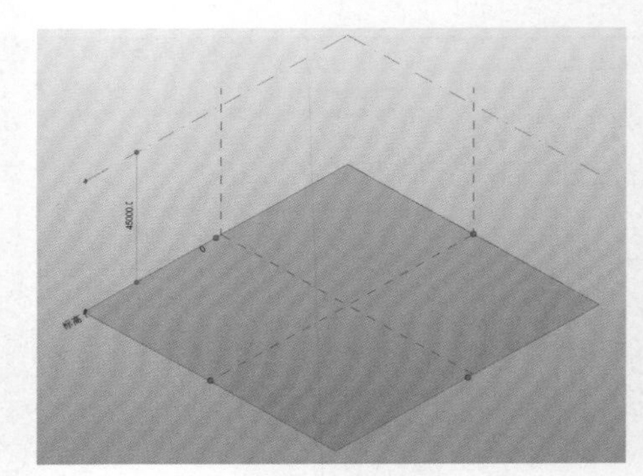

图 2.8–5

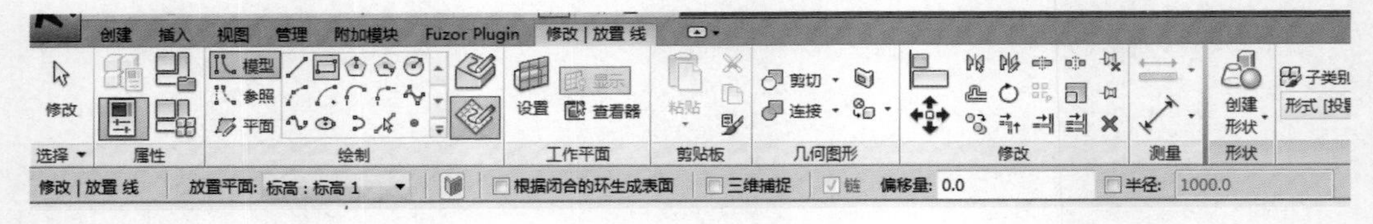

图 2.8–6

（4）按图 2.8–7 所示尺寸在中心参照平面位置绘制矩形。

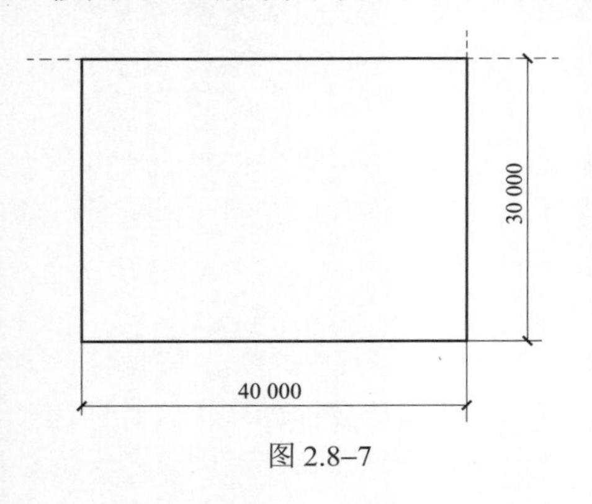

图 2.8–7

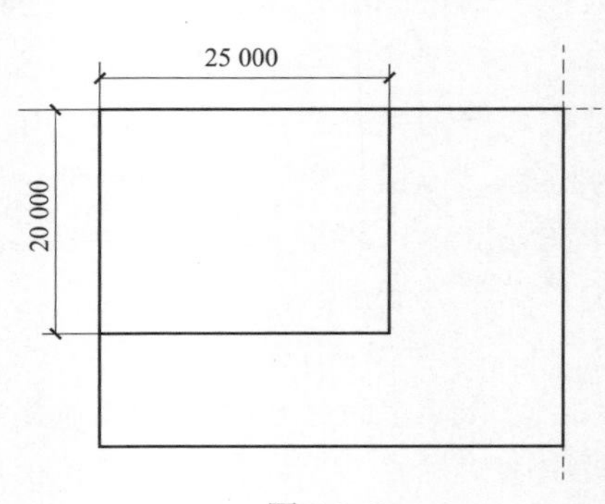

图 2.8–8

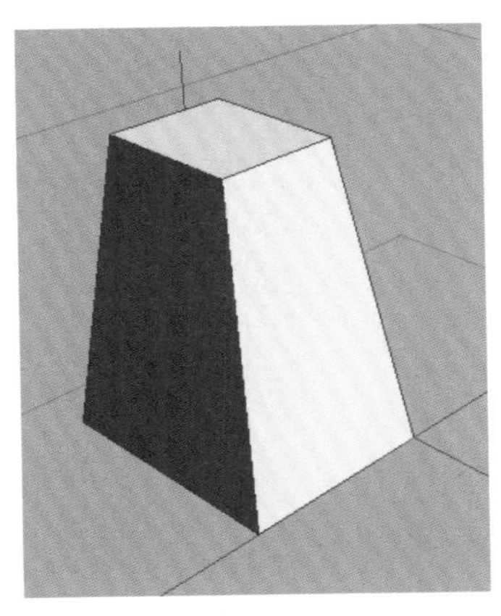

图 2.8–9

（5）切换至“标高 2”楼层平面视图。使用类似方式，在“标高 2”上绘制如图 2.8–8 所示矩形轮廓。

（6）切换至三维视图，按住 Ctrl 键分别选择两个矩形轮廓，单击“形状”面板中的“创建形状”工具下拉列表，在列表中选择“实心形状”选项。Revit 将根据轮廓位置自动创建三维概念体量模型，如图 2.8–9 所示。

（7）设置绘制模式为“模型线”，绘制方式为“直线”，勾选选项栏中的“三维捕捉”选项，如图 2.8–10 所示。依次捕捉上一步中生成的多边形相邻三边的中点，沿各表面绘制封闭的空间三角。完成后按 Esc 键两次，退出绘制模式。

图 2.8–10

（8）选择上一步中创建的封闭空间三角形。单击“形状”面板中的“创建形状”工具下拉列表，在列表中选择“空心形状”选项。Revit 将根据轮廓位置自动创建生成三维概念体量模型。

（9）单击选择“空心体”创建选项，Revit 将使用空心体形状剪切已创建的实心形状。

（10）单击“绘制”面板中的“参照线”选项，切换至绘制参照线模式。确认绘制方式为“直线”，绘制方式为“在面上绘制”，勾选选项栏中的“三维捕捉”选项，如图 2.8–11 所示。

图 2.8–11

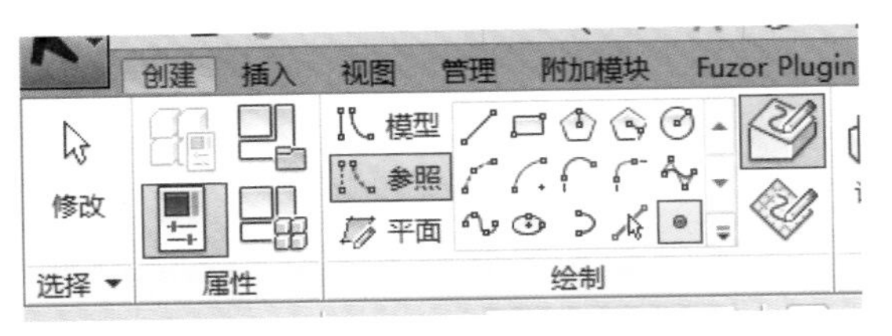

图 2.8–12

（11）依次捕捉斜面空间三角形顶点与空间三角形底边中点，绘制参照线，完成后按 Esc 键两次，退出参照线绘制模式。

（12）再次使用参照线绘制模式。选择“点图元”绘制方式，如图 2.8–12 所示。移动鼠标指针至上一步绘制的参照线的任意位置单击，在参照线上放置点图元，完成后按 Esc 键两次，退出绘制模式。

（13）单击上一步中创建的点图元，Revit 将以该点作为工作平面。该工作平面垂直于该点所在的参照线。修改“属性”面板中的“规格化曲线参数”值为 0.5，“测量”方式为“起点”，即修改该点自参照线起点开始至参照线总长度 50%的位置（即参照线的中点）。

（14）单击“工作平面”面板中的“查看器”工具，弹出“工作平面查看器”窗口，如图 2.8–13 所示。该窗口将显示垂直于当前工作平面的视图，以方便用户在绘制时准确定位。

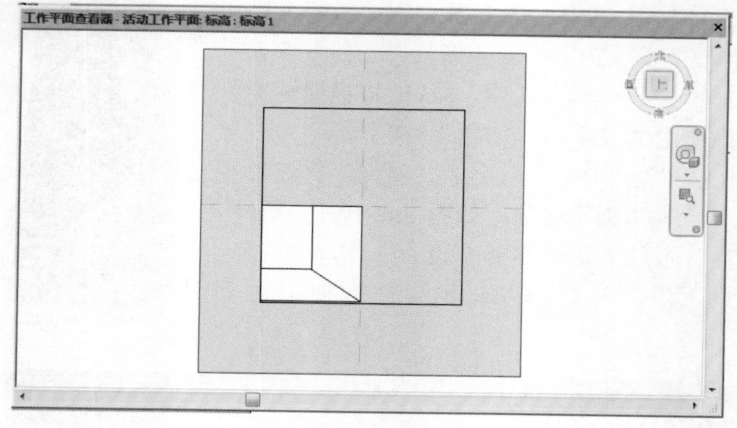

图 2.8–13

（15）使用“绘制”面板中的“模型线”工具，绘制方式为“矩形”；不勾选选项栏中的“三维捕捉”选项。激活“工作平面查看器”窗口，捕捉窗口中定位参照平面的交点作为矩形起点，绘制长度为 2500、宽度为 1500 的矩形。配合使用旋转和移动工具，修改矩形位置。

（16）在“工作平面查看器”窗口中单击选择矩形轮廓。单击“形状”面板中的“创建形状”工具，Revit 将以矩形为基础创建拉伸实体。保持实体顶面处于选择状态，修改临时尺寸线值为 8000，修改拉伸实体高度为 8000。按 Esc 键两次，退出所有选择集，关闭并不保存该文件，退出体量创建模式。

2. 创建各种形状

使用“创建形状”工具，可以创建两种类型的体量模型对象：实体模型和空心模型。一般情况下，空心模型将自动剪切与之相交的实体模型，也可以自动剪切已创建的实体模型。使用“修改”选项卡“编辑几何图形”面板中的“剪切几何图形”和“取消剪切几何图形”工具，可以控制空心模型是否剪切实体模型。

“创建形状”工具将自动分析所拾取的草图。通过拾取草图形态可以生成拉伸、旋转、放样、融合等多种形态的对象。

3. 创建和编辑曲面

（1）启动 Revit，进入创建概念体量族模式。切换至“标高 1”楼层平面视图，使用参照平面工具，在“中心（左/右）”两侧 30m 位置绘制参照平面，完成后按 Esc 键，完成参照平面绘制，如图 2.8–14 所示。

（2）切换至三维视图，单击“建筑”选项卡“工作平面”面板中的“显示”工具，高亮显示当前工作平面。单击激活“中心（左/右）”参照平面，将该参照平面设置为当前工作平面。

（3）单击 ViewCube 中的“右”立面，切换视图方向至“右”侧三维视图方向。单击“建筑”选项卡“绘制”面板中的“中心–端点弧”工具，默认将进入模型线绘制模式，自动切换至“修改放置线”上下文选项卡。拾取标高于参照平面交点并单击作为圆心，依次拾取中心参照平面两侧标高作为起点和终点，绘制半径为 30m 的半圆弧。完成后按 Esc 键两次，退出绘制模式。

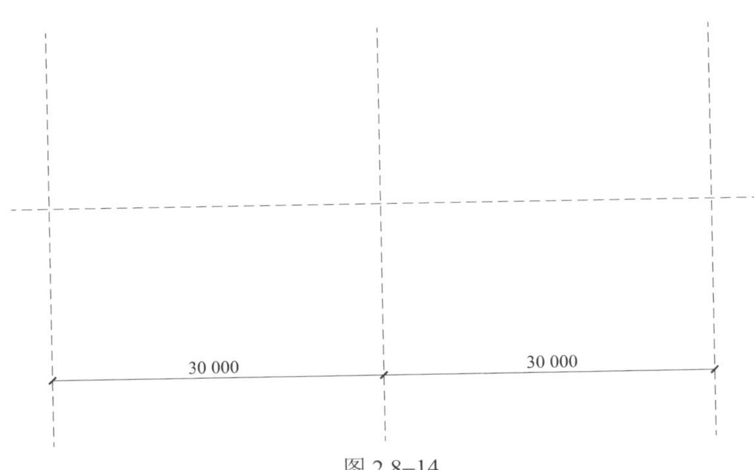

图 2.8–14

（4）单击 ViewCube 任意角点，切换三维视图方向至任意等轴测视图。选择上一步中创建的圆弧，单击“形状”面板中的“创建形状”工具，Revit 将以该圆弧为基础，创建曲面。

（5）切换至 F1 楼层平面视图，配合使用 Tab 键，选择曲面位于“中心（左/右）”参照平面处的圆弧轮廓边。Revit 将显示彩色坐标系，按住坐标系红色箭头并移动鼠标，将沿红色坐标方向（X 方向）移动边界轮廓，当边界轮廓捕捉至右侧 30m 参照平面位置时，松开鼠标按键。使用类似的方式修改另外一侧边界轮廓至左侧 30m 参照平面位置。

（6）切换至默认三维视图。选择曲面，Revit 自动切换至“修改形式”上下文选项卡。单击“形状图元”面板中的“透视”工具，Revit 将以透视的方式显示曲面。

（7）保持曲面处于选择状态。单击“形状图元”面板中的“添加轮廓”工具，在曲面中任意一点单击，Revit 将在拾取点位置沿曲面表面生成新轮廓曲线。

（8）切换至“标高 1”楼层平面视图，选择上一步中添加的轮廓曲线，将其修改至“中心（左/右）”参照平面位置。

（9）切换至默认三维视图，选择上一步中添加的轮廓曲线，Revit 将给出该圆弧半径长度的临时尺寸标注。修改该圆弧半径为 15m。

（10）切换至“标高 1”楼层平面视图。Revit 将显示所有可编辑图元。选择左下方“参照点控制”，使用“移动”工具，沿水平向右移动 10m，切换至三维视图，移动该点时，将修改原边界曲线的形状。

（11）切换至“标高 1”楼层平面视图，选择“曲面图元”，单击“形状图元”面板中的“添加边”工具，移动鼠标指针至“中心（前/后）”参照平面附近单击，将沿曲面方向添加边界，完成后按 Esc 键两次，退出添加边模式。Revit 会自动在轮廓线与边交点处添加新控制点。

（12）选择上一步中添加的边，使用移动工具，捕捉边界线与“中心（左/右）”参照平面轮廓交点，将其移动至“中心（左/右）”与“中心（前/后）”参照平面交点处。

（13）切换至“标高 1”楼层平面视图。选择“点图元”。使用“移动”工具沿水平方向向右移动 6m。Revit 将重新调整轮廓曲线并调整曲面形状，以适应修改后点图元的位置。

（14）使用“点图元”工具，分别捕捉左右两轮廓曲线中点，单击“放置点图元”。

（15）单击上一步中创建的①号点，将该点激活为当前工作平面。使用“绘制”面板中的“圆形”工具，捕捉该点作为圆心，绘制半径为 1000 的圆形轮廓，完成后按 Esc 键退出绘制模式。

（16）配合 Ctrl 键，分别选择圆形及①号点所在边界的所有曲线，单击“形状”面板中的“创建形状”工具，绘制放样形状。

（17）使用类似的方式以②号点位工作平面和圆心，绘制半径为 1000 的圆形轮廓，并创建放样。

（18）单击“绘制”面板中的“矩形”工具，勾选选项栏中的“三维捕捉”选项，并勾选“跟随表面”选项，设置“投影类型”为“跟随表面 UV”，如图 2.8–15 所示。

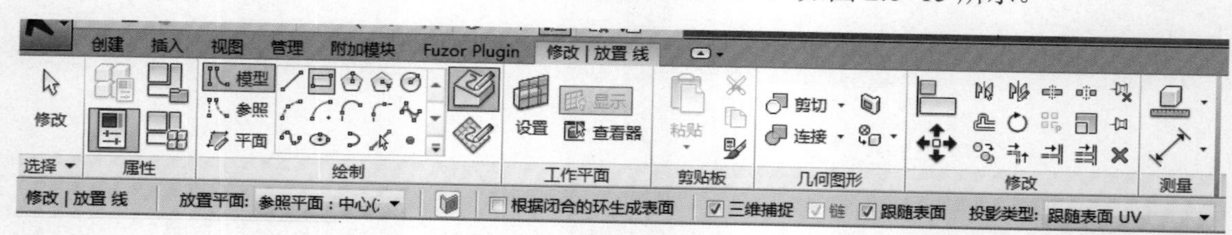

图 2.8–15

（19）移动鼠标指针至曲面表面，当曲面表面高亮显示时，在任意位置单击作为矩形第 1 点，沿曲面移动鼠标指针，在适当位置单击作为矩形第 2 点，完成矩形绘制，该矩形将自动投影至矩形表面。

（20）选择上一步中绘制的矩形，使用“空心形状”工具，Revit 将生成空心“面”。单击选择该“面”，继续使用“空心形状”工具，将创建空心体，按 Esc 键两次，完成当前操作。Revit 将利用空心形状剪切曲面。单击曲面，再单击“形状图元”面板中的“透视”工具，取消曲面透视，保存该文件。

项目三　族的基本概念和创建

3.1　族的基本概念

族（Family）是构成 Revit 项目的基本元素。族有系统族和可载入族两种形式。系统族是指已在 Revit 中预定义且保存在样板和项目中，用于创建项目的基本图元，如墙、楼板、天花板、楼梯等。系统族还包含项目和系统设置，这些设置会影响项目环境，如标高轴网、图纸和视图等。可载入族为由用户自行定义创建的独立保存为.rfa 格式的族文件。Revit 不允许用户创建、复制、修改或删除系统族，但可以复制和修改系统族中的类型，以便创建自定义系统族类。由于可载入族的高度灵活的自定义特性，因此在使用 Revit 进行设计时最常创建和修改的族为可载入族。Revit 提供了族编辑器，允许用户自定义任何类别、任何形式的可载入族。

可载入族分为 3 种类别：体量族、模型类别族和注释类别族。模型类别族用于生成项目的模型图元、详图构件等；注释类别族用于提取模型图元的参数信息。

族属于 Revit 项目中的某一个对象类别，如门、窗、环境等。在定义 Revit 族时，必须指定族所属的对象类别。Revit 提供后缀名为“.rft”的族模板文件。该样板决定所创建的族所属的对象类别，根据族的不同用途与类型提供了多个对象类别的族模板。在模板中预定义了构件图元所属的族类别和默认参数。当族载入到项目中时，Revit 会根据族定义的所属对象类别归类到相应的对象类别中。在族编辑器中创建的每个族都可以保存为独立的格式为“.rfa”的族文件。

Revit 的模型类别族分为独立个体族和基于主体的族。独立个体族是指不依赖于任何主体的构件，如家具、结构柱等。基于主体的族是指不能独立存在而必须依附于主体的构件，如门、窗等图元必须以墙体为主体而存在。基于主体的族可以依附的主体有墙、天花板、楼板、屋顶、线、面，其中分别提供了基于这些主体图元的族样板文件。

族的创建一般按照如下步骤进行。

（1）族创建构思。

（2）族创建初期设置。

（3）族几何形体的绘制和参数化设置。

（4）族的其他特性设置。

（5）族文件的测试。

3.2　族的创建

3.2.1　标记族

打开公制窗标记，如图 3.2–1 所示。因为此样板文件就是窗标记，单击“族类别和族参数”，如图 3.2–2 所示。

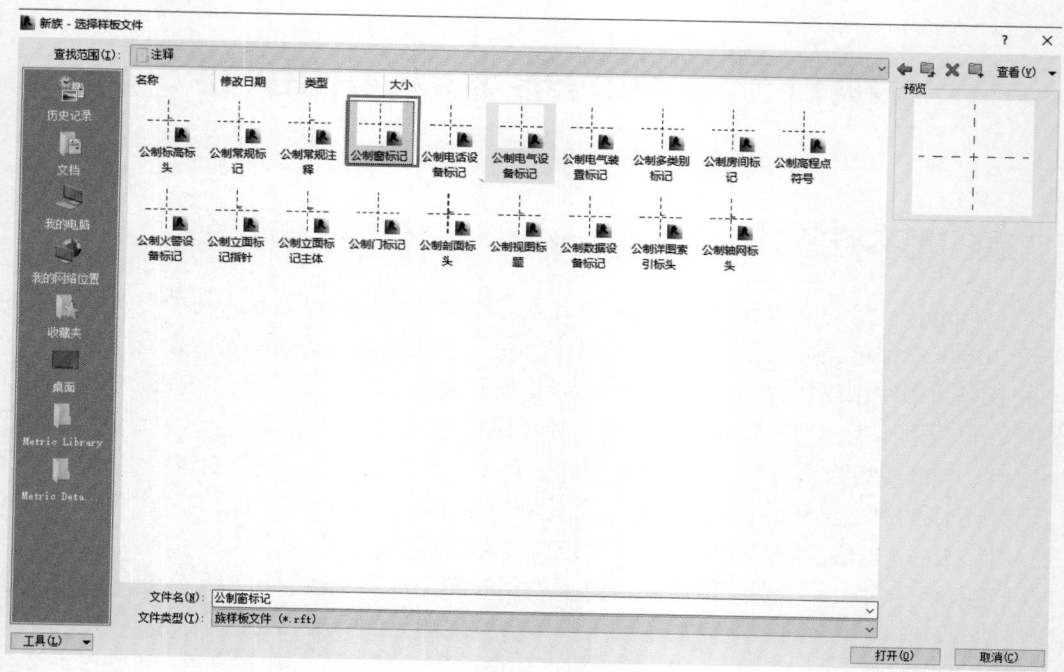

图 3.2–1

族类别和族参数

族类别(C)

过滤器列表: <全部显示>

注释记号标记
火警设备标记
灯具标记
点荷载标记
照明设备标记
电气装置标记
电气设备标记
电缆桥架标记
电缆桥架配件标记
电话设备标记
空间标记
窗标记
立面标记

族参数(P)

参数	值
随构件旋转	☐

确定　取消

图 3.2–2

选择“创建”→“标签”，如图 3.2–3 所示。

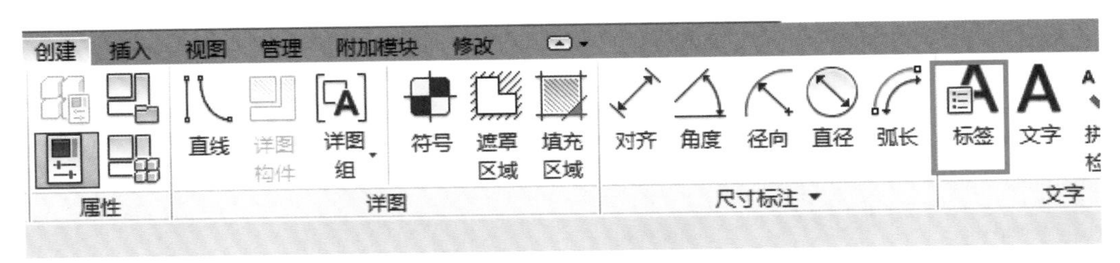

图 3.2–3

鼠标指针变成带有标签标识形状后，在参照平面交点处单击。引出“编辑标签”对话框。选择“类型注释”单击“添加”按钮，如图 3.2–4 所示。单击“确认”，关闭对话框。

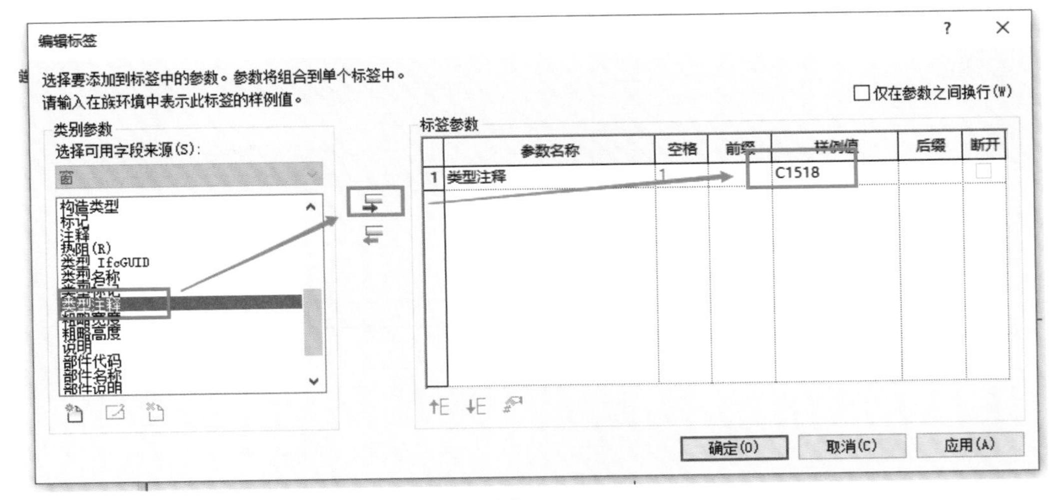

图 3.2–4

可以调整标签位置。也可以通过“属性”→“编辑类型”修改参数，如图 3.2–5 所示。

类型属性

族(F): 系统族：标签　　载入(L)...

类型(T): 3mm　　复制(D)...

重命名(R)...

类型参数

参数	值
图形	
颜色	紫色
线宽	1
背景	不透明
显示边框	☐
引线/边界偏移量	2.0320 mm
文字	
文字字体	Arial
文字大小	3.0000 mm
标签尺寸	12.7000 mm
粗体	☐
斜体	☐
下划线	☐
宽度系数	1.000000

<< 预览(P)　确定　取消　应用

图 3.2–5

完成后，保存窗标记族。载入项目，通过窗标记，如图 3.2–6 所示。完成族的制作和使用。

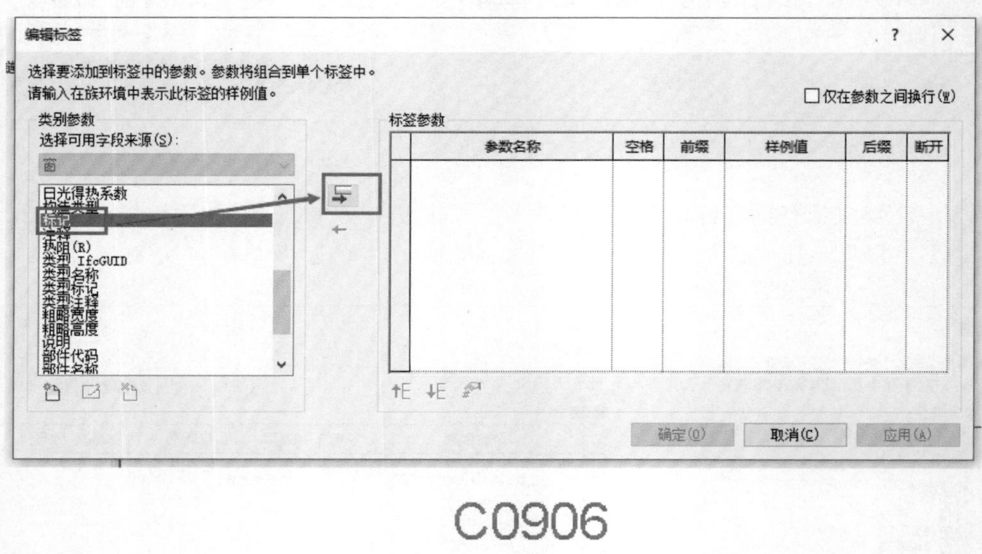

图 3.2–6

3.2.2 窗户族的创建

打开基于墙的公制常规模型，如图 3.2–7 所示。

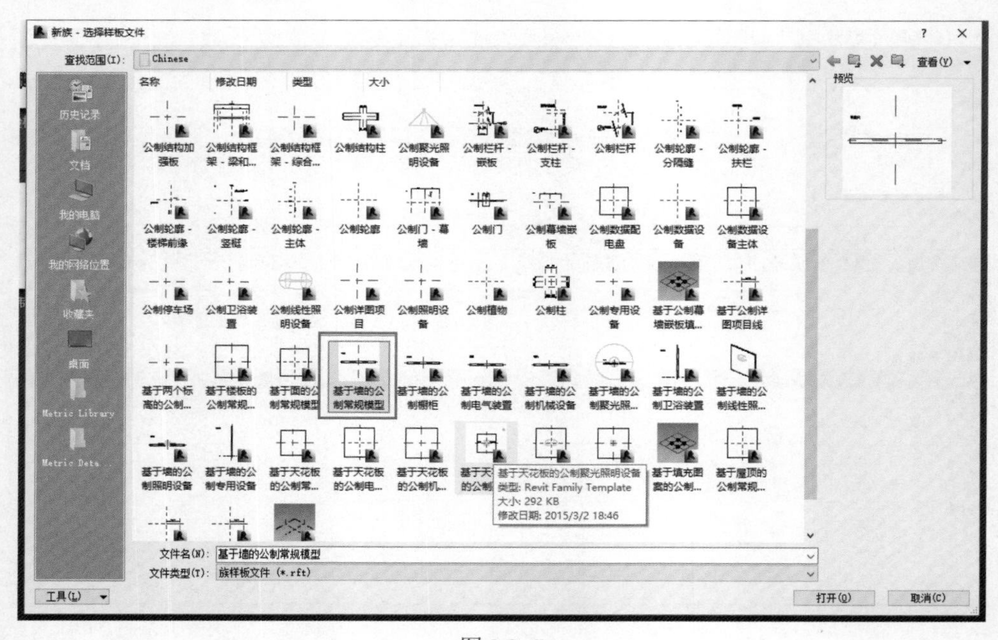

图 3.2–7

由于此样板文件是基于墙的广义模型，首先定义族的类别。族的类别为窗，定义后绘制参照平面，并用标注其尺寸，对左右参照平面定义标签，如图 3.2–8～图 3.2–11 所示。

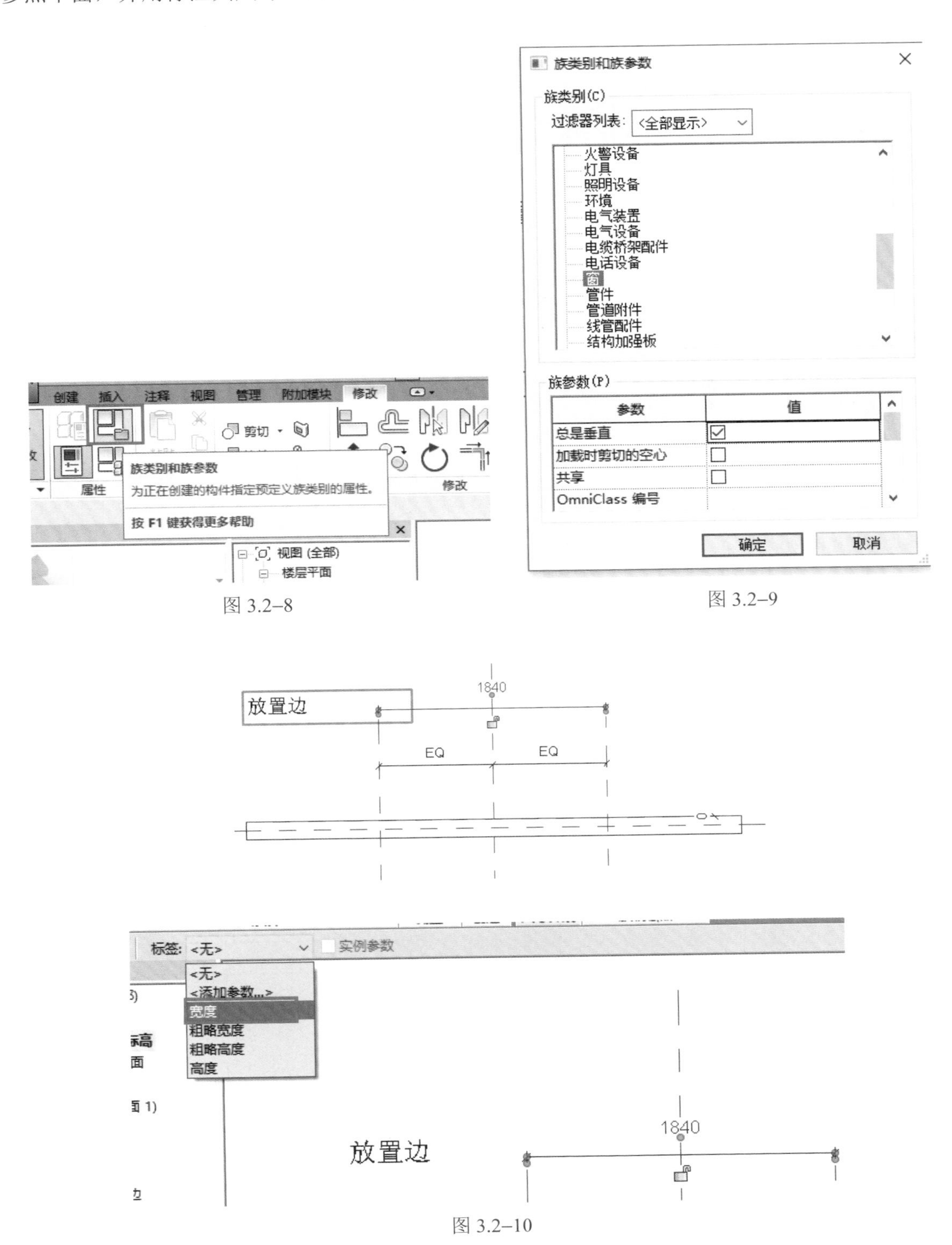

图 3.2–8

图 3.2–9

图 3.2–10

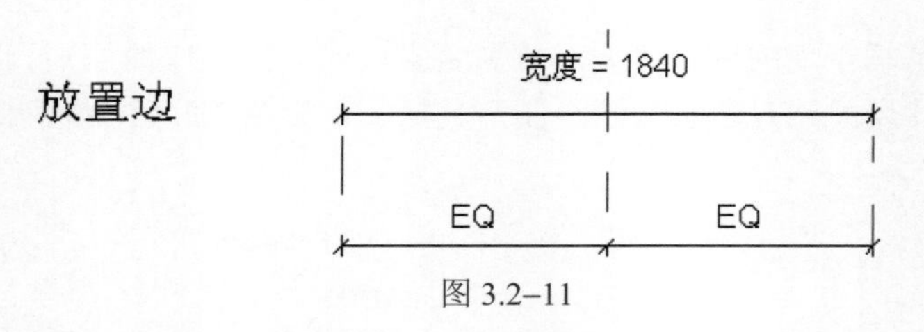

图 3.2–11

打开放置边立面图，绘制两条参照平面用来定义窗高度，如图 3.2–12 所示。

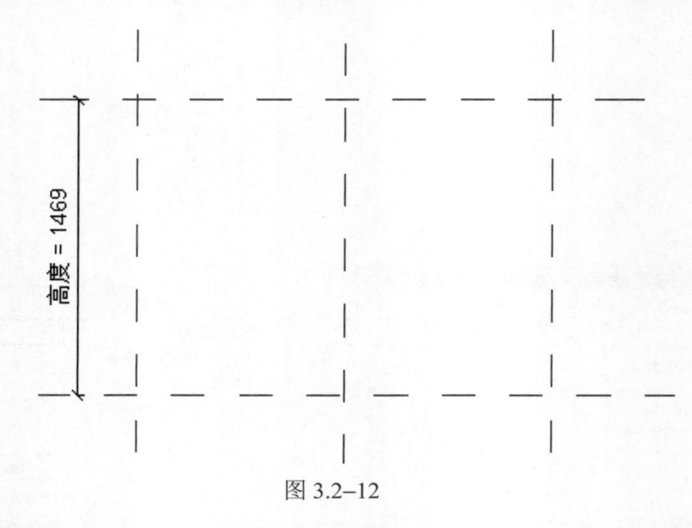

图 3.2–12

通过工具栏“标签”→“添加标签”添加窗台高度标签，如图 3.2–13 所示。为了确保参数驱动，需要将窗台高度标注锁定，如图 3.2–14 所示。

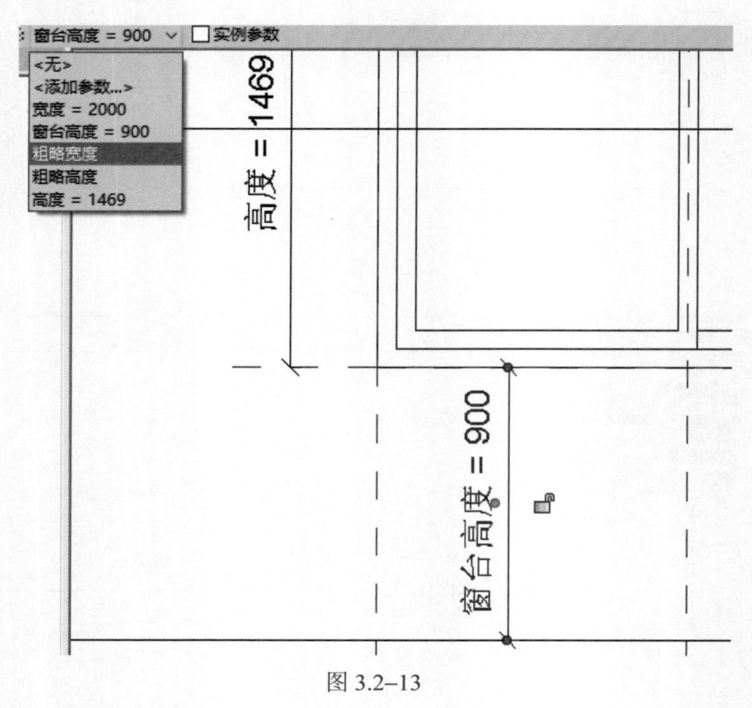

图 3.2–13

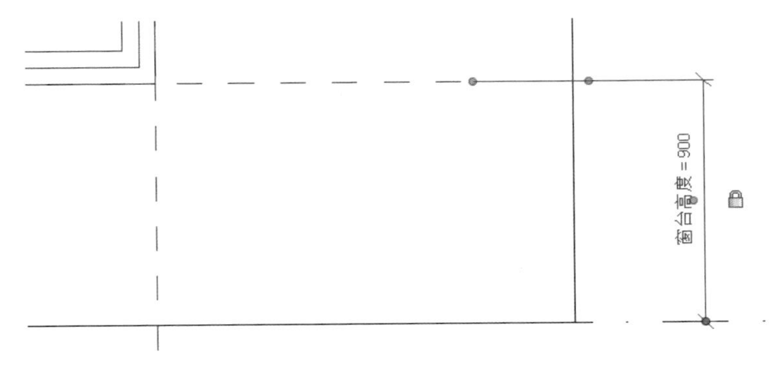

图 3.2–14

利用“创建”→“洞口”沿着新参照平面绘制洞口，如图 3.2–15 所示。洞口绘制完成后，确认完成编辑模式。

切换至立面图，“创建”→“拉伸”生成窗边框，如图 3.2–16 所示。

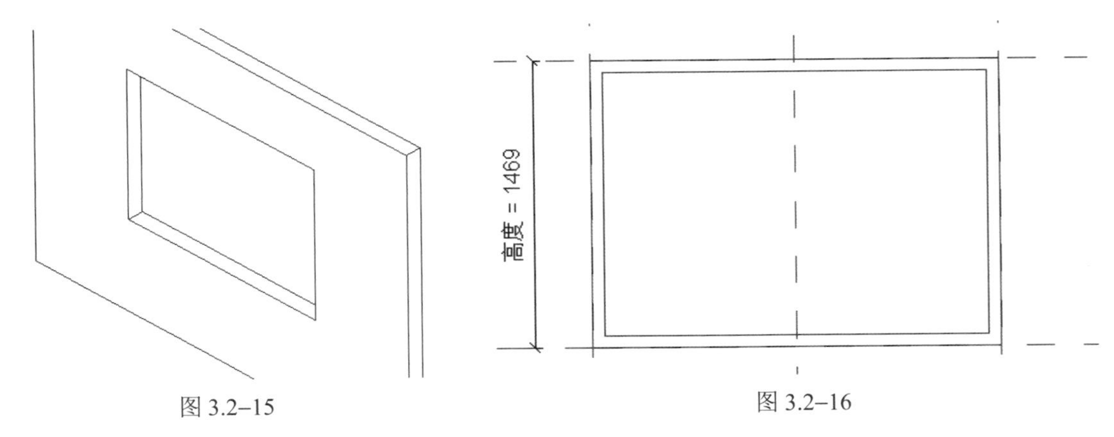

图 3.2–15　　图 3.2–16

沿着洞口边界创建窗框外边界，使用偏移命令将矩形边界向内偏移 60mm，确认完成编辑模式。利用偏移命令，配合 Tab 键拾取矩形，向内偏移。如果 Tab 键无效，可以在工具栏单击确保 Tab 键用于拾取切换状态。

修改拉伸属性，拉伸起点、终点分别为 40、–40，如图 3.2–17 所示。

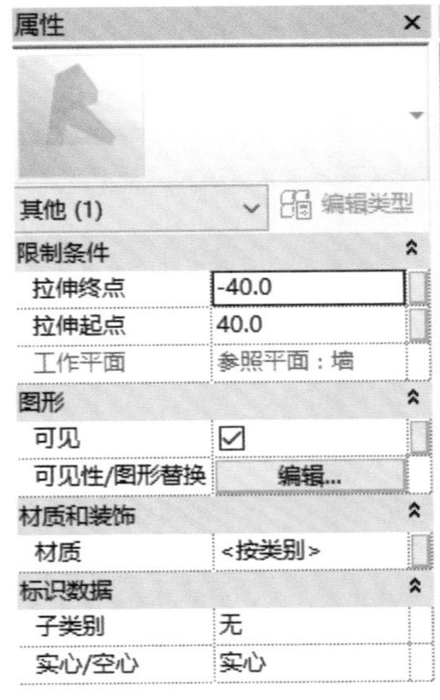

图 3.2–17

外边框绘制完成。按同样的方法绘制内边框。

内边框绘制完成后，修改拉伸属性：左侧窗扇拉伸起点、终点分别为 40、0，右侧窗扇拉伸起点、终点分别为 0、–40。

通过“创建”→“拉伸”命令，在窗框内生成玻璃：左侧窗扇拉伸起点、终点分别为 22、18，右侧窗扇拉伸起点、终点分别为–22、–18，如图 3.2–18 所示。

接下来定义子类别、窗边框及玻璃材质。

单击窗框，在属性框点击“子类别”，选择“框架/

竖梃”，如图 3.2–19 所示。“材质”的滑块引出新的对话框。单击“添加参数”，“名称”修改为窗框材质，如图 3.2–20 所示。

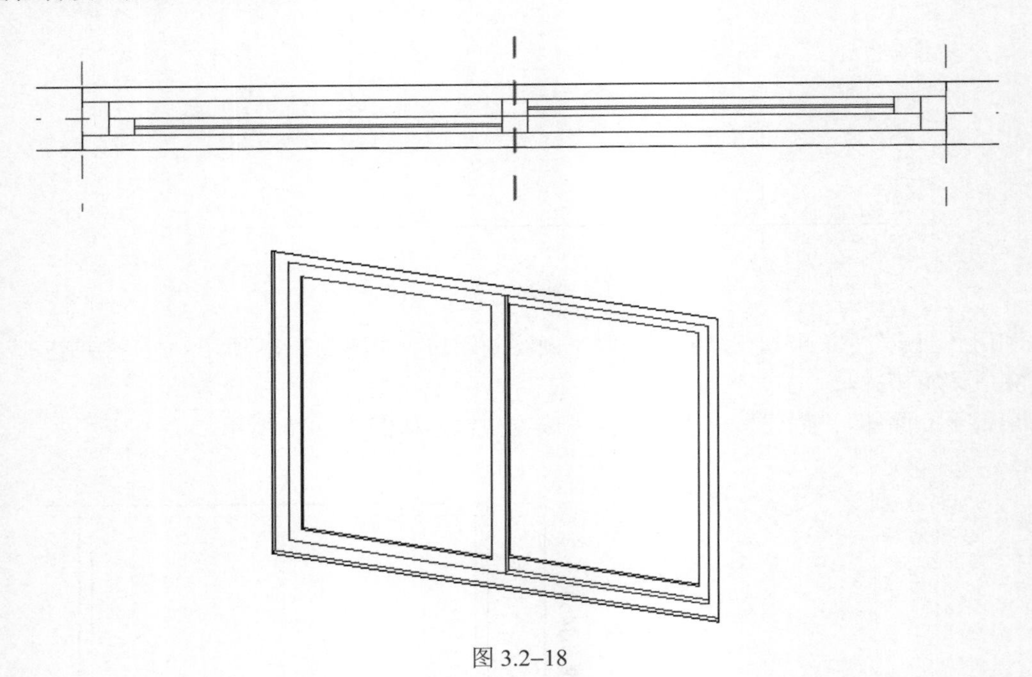

图 3.2–18

以同样的方法修改玻璃的“子类别”，选择“玻璃”。“材质”的滑块引出新的对话框。单击“添加参数”，“名称”修改为玻璃材质。

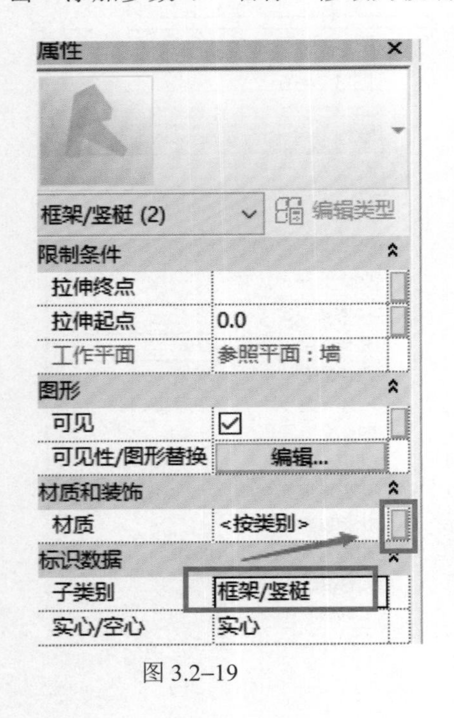

图 3.2–19

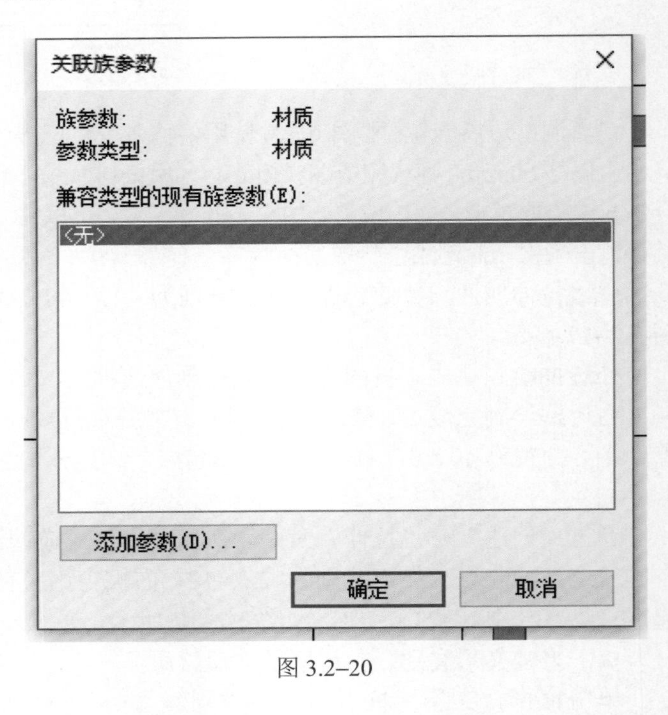

图 3.2–20

至此，窗的族定义完成，打开“族类型”对新建族进行测试，如图 3.2–21 所示。

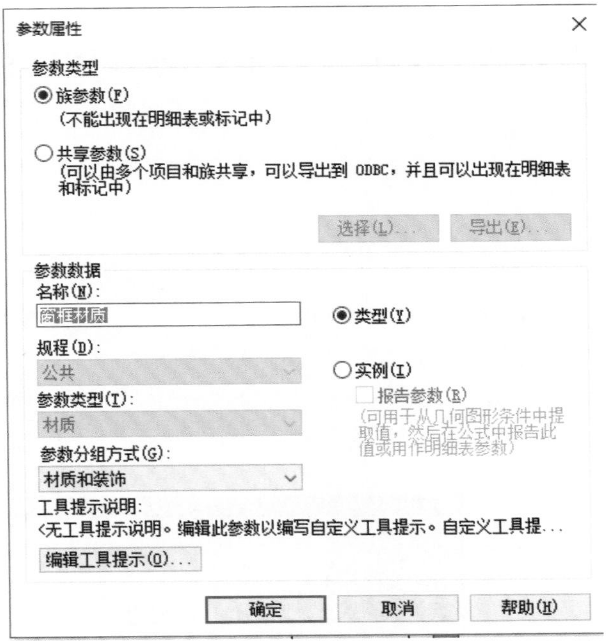

参数属性 ×

参数类型

◉ 族参数(F)

（不能出现在明细表或标记中）

○ 共享参数(S)

（可以由多个项目和族共享，可以导出到 ODBC，并且可以出现在明细表和标记中）

选择(L)... 导出(E)...

参数数据

名称(N)：

窗框材质

◉ 类型(Y)

规程(D)：

公共

○ 实例(I)

报告参数(R)

（可用于从几何图形条件中提取值，然后在公式中报告此值或用作明细表参数）

参数类型(T)：

材质

参数分组方式(G)：

材质和装饰

工具提示说明：

<无工具提示说明。编辑此参数以编写自定义工具提示。自定义工具提...

编辑工具提示(O)...

确定 取消 帮助(H)

图 3.2–21

任意修改宽度、高度，正确的族会随之改变，如图 3.2–22 所示。测试正确后，可以载入项目使用。

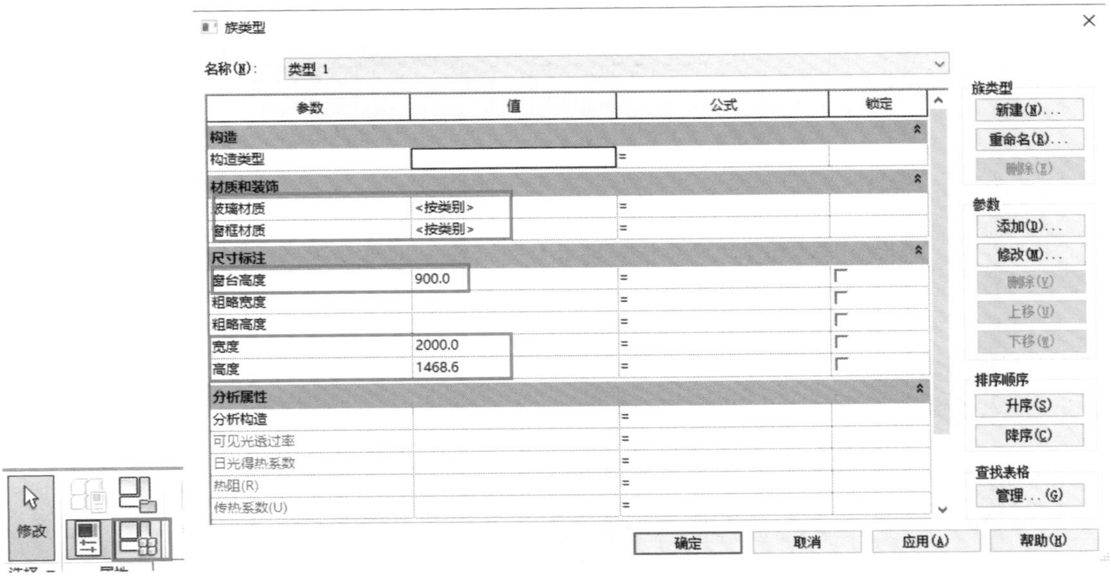

族类型 ×

名称(N)： 类型 1

参数	值	公式	锁定
构造			
构造类型		=	
材质和装饰			
玻璃材质	<按类别>	=	
窗框材质	<按类别>	=	
尺寸标注			
窗台高度	900.0	=	☐
粗略宽度		=	☐
粗略高度		=	☐
宽度	2000.0	=	☐
高度	1468.6	=	☐
分析属性			
分析构造		=	
可见光透过率		=	
日光得热系数		=	
热阻(R)		=	
传热系数(U)		=	

族类型：新建(N)... 重命名(R)... 删除(E)

参数：添加(D)... 修改(M)... 删除(V) 上移(U) 下移(W)

排序顺序：升序(S) 降序(C)

查找表格：管理...(G)

确定 取消 应用(A) 帮助(H)

修改

图 3.2–22

项目四　结构模型创建

4.1　项目链接

1. 文件的导入

单击“插入”选项卡“连接”面板下“链接 Revit”命令，选择需要链接的“rvt”文件，在“导入/链接 RVT”对话框中有关于“定位”的如下选项。

（1）选择“定位”→“自动–中心到中心”时会按照在当前视图中链接文件的形心与当前文件的形心对齐，如图 4.1–1 所示。

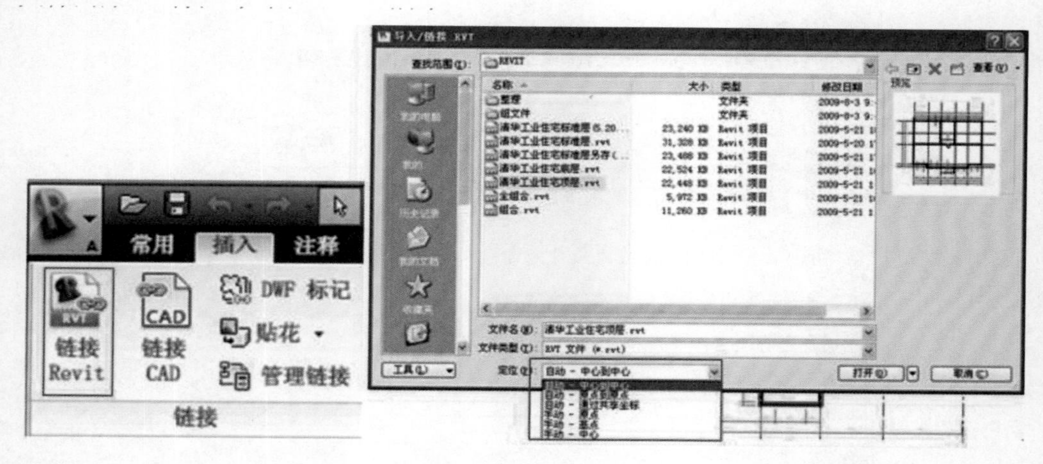

图 4.1–1

（2）选择“定位”→“自动–原点到原点”时会将链接文件的原点与当前文件的原点对齐。

（3）选择“定位”→“自动–通过共享坐标”时，如果链接文件与当前文件没有进行坐标共享的设置，该选项会无效，系统会以“中心到中心”的方式来自动放置链接文件。

注意：为了绘图的方便，最好将链接文件调整好各视图的显示状态再插入。

2. 管理链接

当导入了链接文件之后，可以通过单击“管理”选项卡→“管理项目”面板下“管理链接”命令，打开“管理链接”对话框，并选择“Revit”栏进行设置，如图 4.1–2 所示。

3. “参照类型”的设置

在该栏的下拉选项中有“覆盖”和“附着”两个选项。

注意：打开“参照类型”设置的方法，还可以通过选择链接文件并单击其图元属性，在类型属性的“其他”栏的“类型参照”进行“覆盖”和“附着”两个选项的选择，如图 4.1–3 所示。

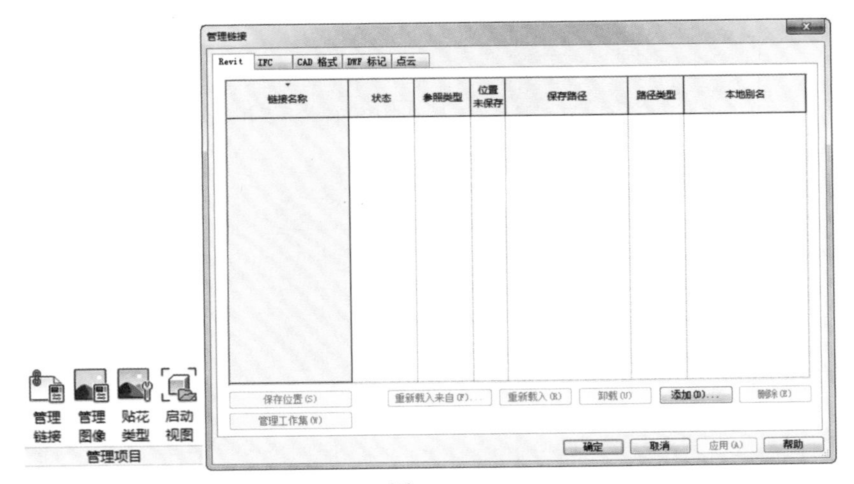

图 4.1–2

类型属性

族(F): 系统族：链接的 Revit 模型 | 载入(L)...

类型(T): 清华工业住宅标准层(2010).rvt | 复制(D)...

重命名(R)...

类型参数

参数	值
限制条件	
房间边界	☐
其他	
参照类型	覆盖
阶段映射	覆盖 附着

图 4.1–3

选择“覆盖”不载入嵌套链接模型（因此项目中不显示这些模型），选择“附着”则显示嵌套链接模型。

（1）如图 4.1–4 所示，显示项目 A 被链接到项目 B 中（因此，项目 B 是项目 A 的父模型）。项目 A 的“参照类型”设置为“在父模型（项目 B）中覆盖”，因此将项目 B 导入项目 C 中时，将不显示项目 A。

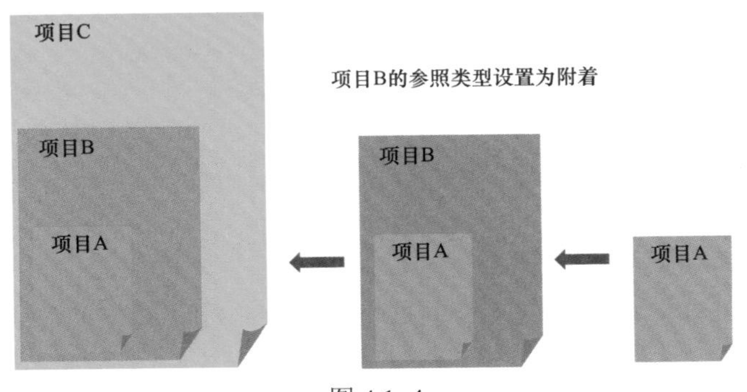

图 4.1–4

（2）如图 4.1–5 所示，如果将项目 A（位于其父模型项目 B 中）的“参照类型”设置修改为“附着”，则将项目 B 导入项目 C 中时，嵌套链接（项目 A）将会显示。

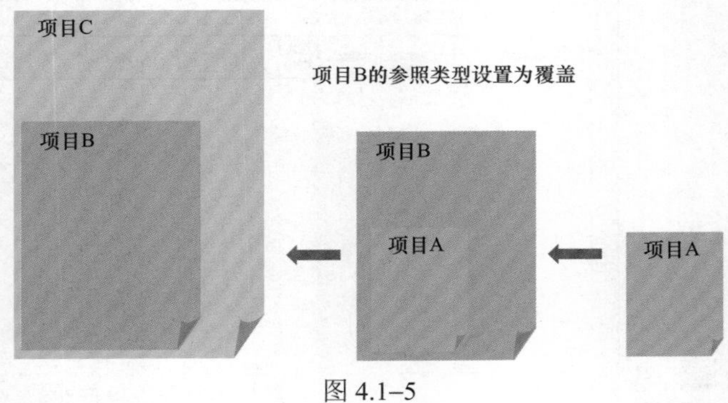

图 4.1–5

当链接文件被载入后，选择“管理”选项卡→“管理项目”面板下“管理链接”命令，选择“Revit”会发现载入的链接文件存在，选择载入的文件时会在窗口下方出现以下命令，如图 4.1–6 所示。

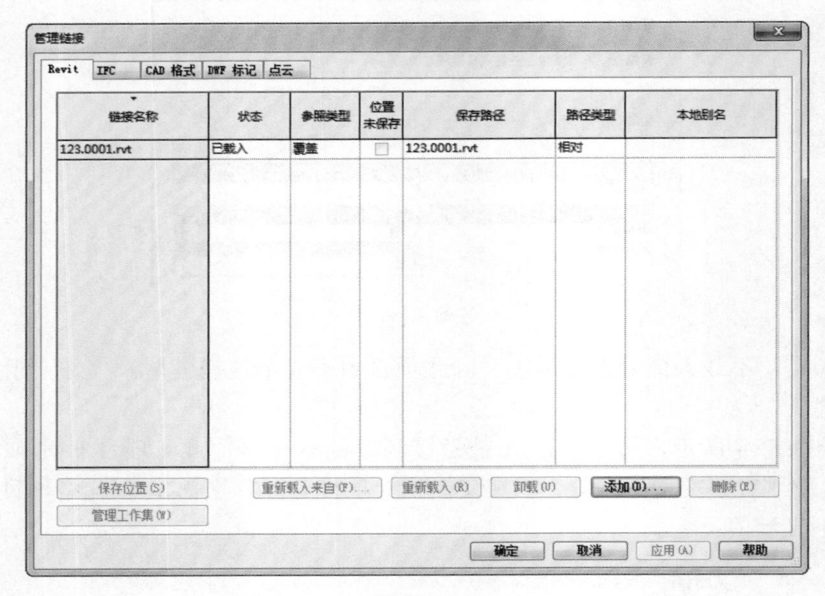

图 4.1–6

（1）“重新载入来自”：用来对选中的链接文件进行重新选择，替换当前链接的文件。

（2）“重新载入”：用来重新从当前文件位置载入选中的链接文件，以重现链接卸载了的文件。

（3）“卸载”：用来删除所有链接文件在当前项目文件中的实例；但保存其位置信息。

（4）“删除”：在删除了链接文件在当前项目文件中的实例的同时，也从“链接管理”对话框的文件列表中删除选中的文件。

4. 绑定

在视图中选中链接文件的实例，并单击“选项栏”中出现的“绑定”按钮，可以将链接文件中的对象以“组”的形式放置到当前的项目文件中。在绑定时会出现“绑定链接选项”

对话框，供用户选择需要绑定的除模型元素之外的元素，如图 4.1–7 所示。

5. 修改各视图显示

在导入链接文件的绘图区域，单击右键选择“视图属性”命令，在“实例属性”对话框中，单击“可见性/图形替换”后的编辑按钮，在打开的“可见性/图形替换”对话框中选择“revit 链接”选项卡，选择要修改的链接模型或链接模型实例，单击“显示设置”列中的按钮，在打开的“RVT 链接显示设置”对话框中，做相应设置，如图 4.1–8 所示。

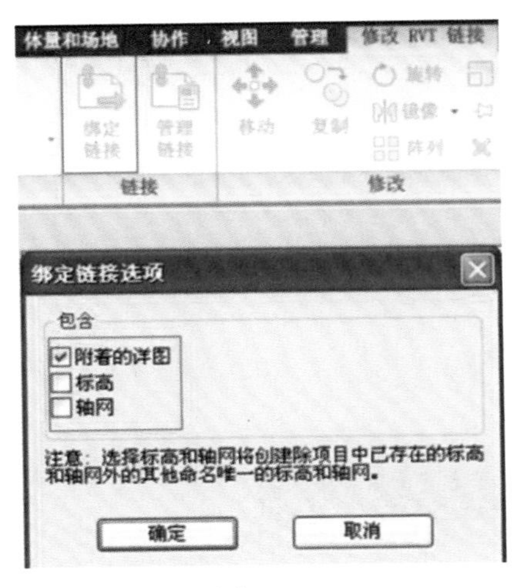

图 4.1–7

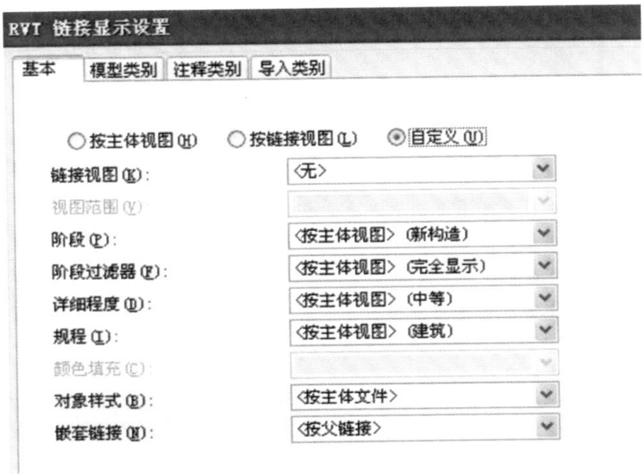

图 4.1–8

（1）“按主体视图”：选择此选项后，嵌套链接模型会使用在主体视图中指定的可见性和图形替换设置。

（2）“按链接视图”：选择此选项后，嵌套链接模型会使用在父链接模型中指定的可见性和图形替换设置；也可以选择要为链接模型显示的项目视图。

（3）“自定义”：从“嵌套链接”列表中，选择下列选项。

1）“按父链接”，父链接的设置控制嵌套链接。例如，如果父链接中的墙显示为蓝色，则嵌套链接中的墙也会显示为蓝色。**注意：**仅能控制既存在于嵌套链接中、也存在于父链接中的类别。

2）单击“模型类别”选项卡，在“模型类别”后选择“自定义”即可激活视图中的模型类别，此时可以控制连接模型在主模型中的显示情况，关闭或打开连接文件中的模型；同理，“注释类别”与“导入类别”也可以按如上方法进行处理显示，如图 4.1–9 所示。

注意：立面、剖面等视图均用此方法来处理其显示情况，立面需要关闭链接文件的标高、参照平面等构件的显示。

例：导入的链接文件应用了“按链接视图”，其平面和立面在调整显示前后的变化。具体步骤：单击“插入”选项卡→“连接”面板下“链接 Revit”命令，选择需要链接的“rvt”文件。在该视图上单击右键选择“视图属性”，打开“实例属性”对话框，单击“可见性与图形替换”按钮，如图 4.1–10 所示。也可通过直接单击“视图”选项卡→“图形”面板下“可见性/图形”命令，如图 4.1–11 所示。

图 4.1–9

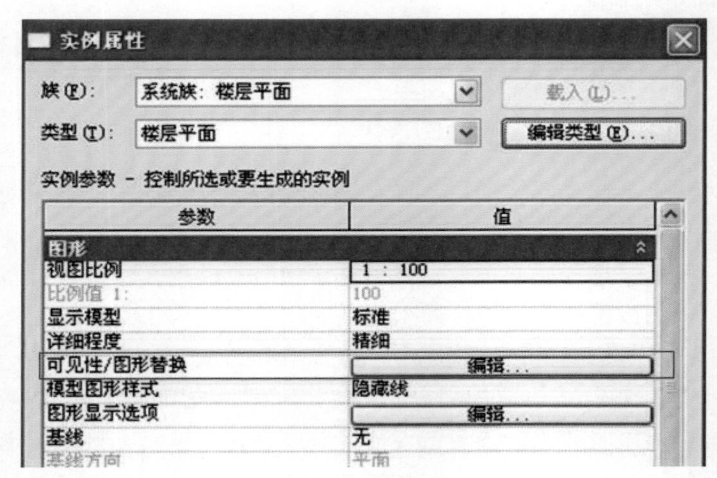

图 4.1–10

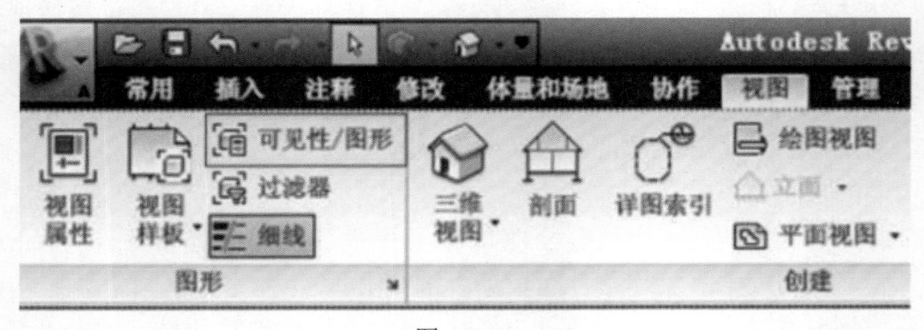

图 4.1–11

选择“Revit 链接”窗口，单击“按主体视图”，如图 4.1–12 所示。选择“按链接视图”模式下，在链接视图选项下选择对应的视图名称，单击“确定”，完成设置，如图 4.1–13 所示。

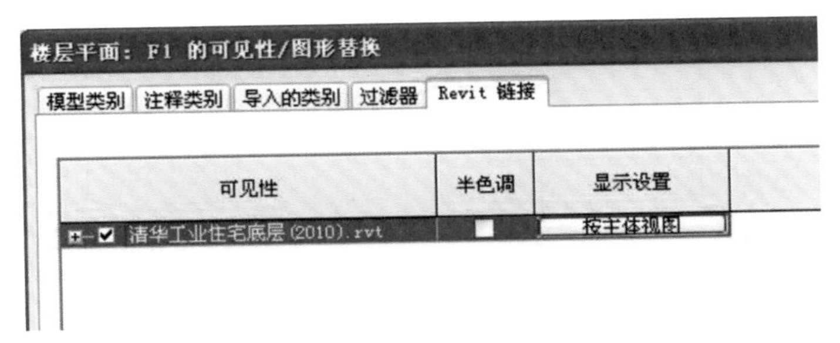

图 4.1–12

RVT 链接显示设置

基本 | 模型类别 | 注释类别 | 导入类别

○按主体视图(H) ◉按链接视图(L) ○自定义(U)

链接视图(K)： 楼层平面：F1

视图范围(V)： <按链接视图>

阶段(P)： <按链接视图>（新构造）

阶段过滤器(F)： <按链接视图>（完全显示）

详细程度(D)： <按链接视图>（精细）

规程(I)： <按链接视图>（建筑）

颜色填充(C)： <按链接视图>

图 4.1–13

平面处理结果如图 4.1–14、图 4.1–15 所示。

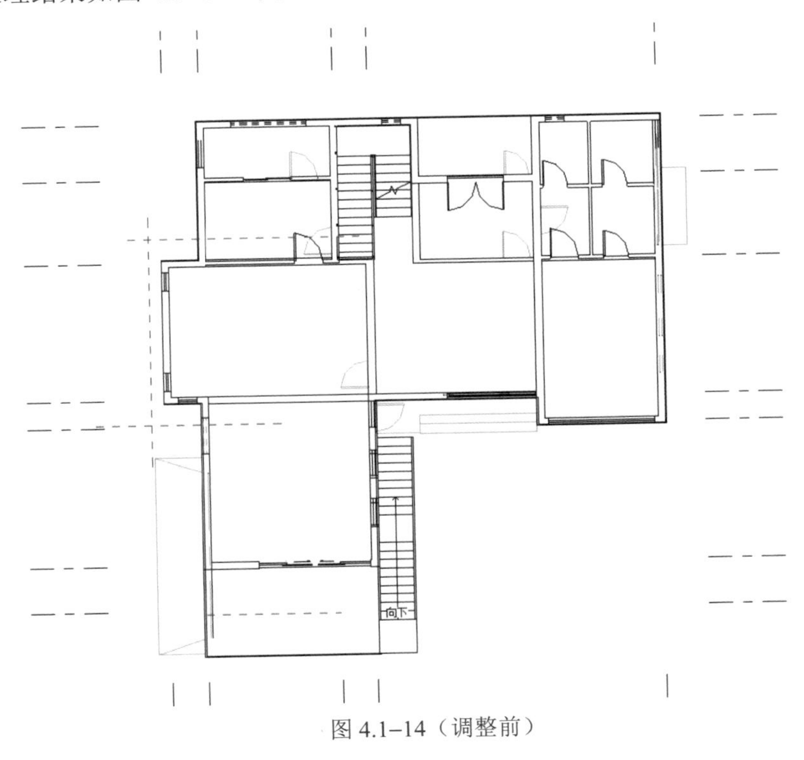

图 4.1–14（调整前）

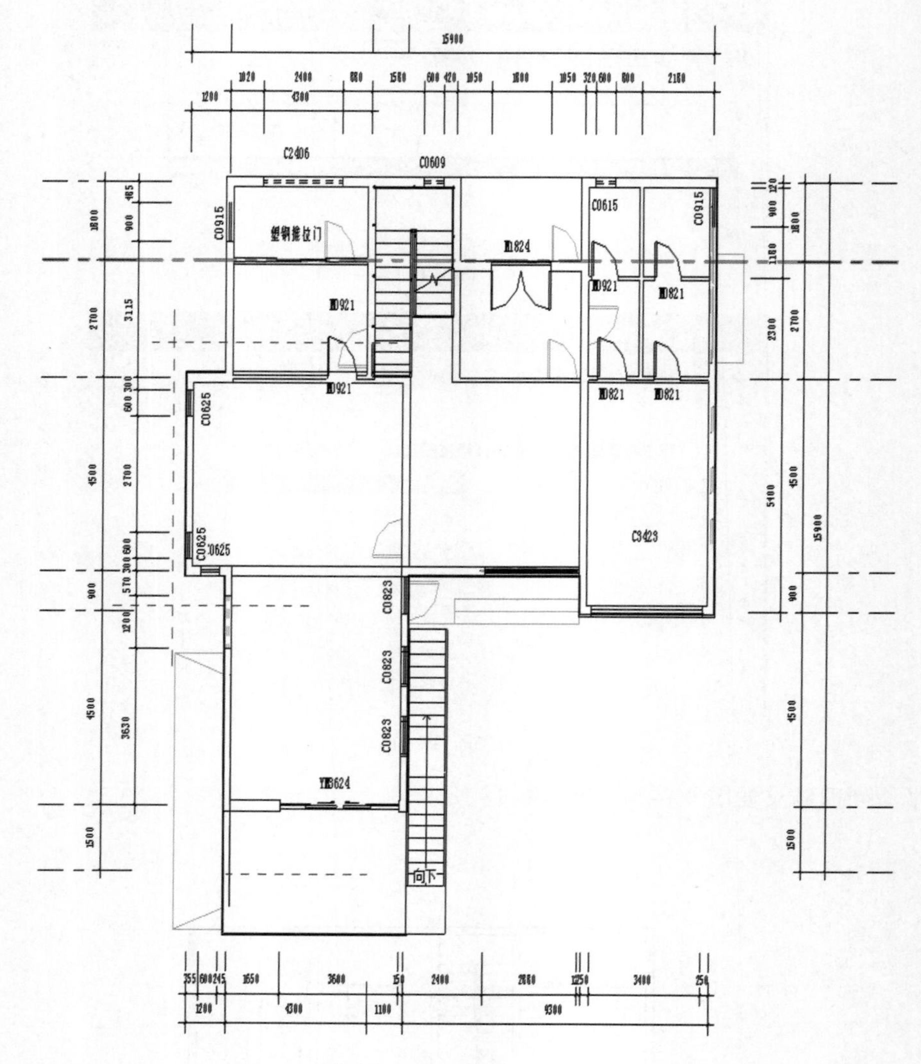

图 4.1–15（调整后）

立面的处理的方法与平面相同，需要注意的是在“链接视图”选项下一定要选择对应的立面视图，如图 4.1–16 所示。立面处理结果如图 4.1–17、图 4.1–18 所示。

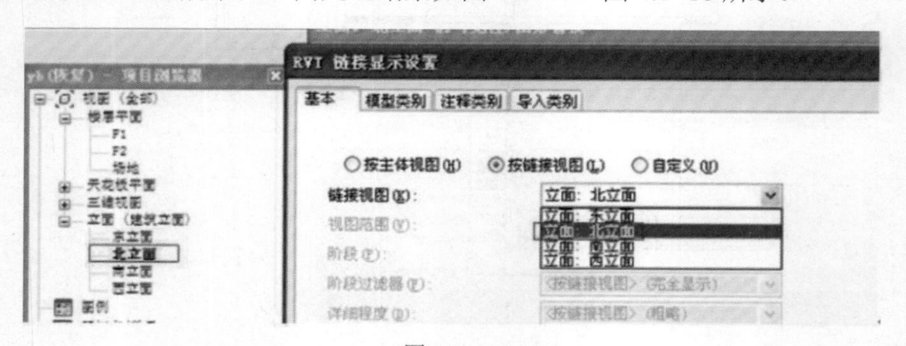

图 4.1–16

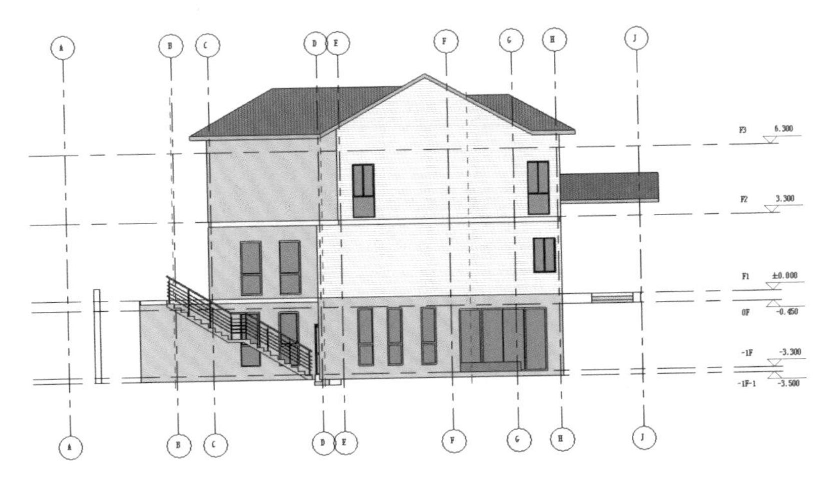

图 4.1–17（调整前）

图 4.1–18（调整后）

4.2 结构构件创建

4.2.1 柱的创建

1. 结构柱

（1）添加结构柱。单击“常规”选项卡中“构建”面板下，“柱”工具下拉箭头“结构柱”命令。

从类型选择器中选择适合尺寸规格的柱子类型，如没有则单击“图元属性”按钮，打开组织属性对话框，编辑柱子属性，点“编辑/新建–复制”命令创建新的尺寸规格，修改长度、宽度尺寸参数。

如没有需要的柱子类型，则需要单击“插入”选项卡，“从库中载入”面板下“载入族”工具，打开相应族库进行族文件载入。

在结构柱的属性对话框中，设置柱子高度尺寸（深度/高度、标高/未连接、尺寸值）。

单击“结构柱”，使用“轴网交点”命令，从右下角向左上角交叉框选轴网，在 放置结构柱 > 在轴网交点处 上下文选项卡中选择“放置结构柱>在轴网交点处”中的“完成”按钮即可。

（2）编辑结构柱。柱的实例属性可以调整柱子基准、顶标高、顶、底部偏移，设置柱是否随轴网移动，此柱是否设为房间边界，以及柱子的材质。单击“编辑类型”按钮，在类型属性中设置长度、宽度参数，如图 4.2–1 所示。

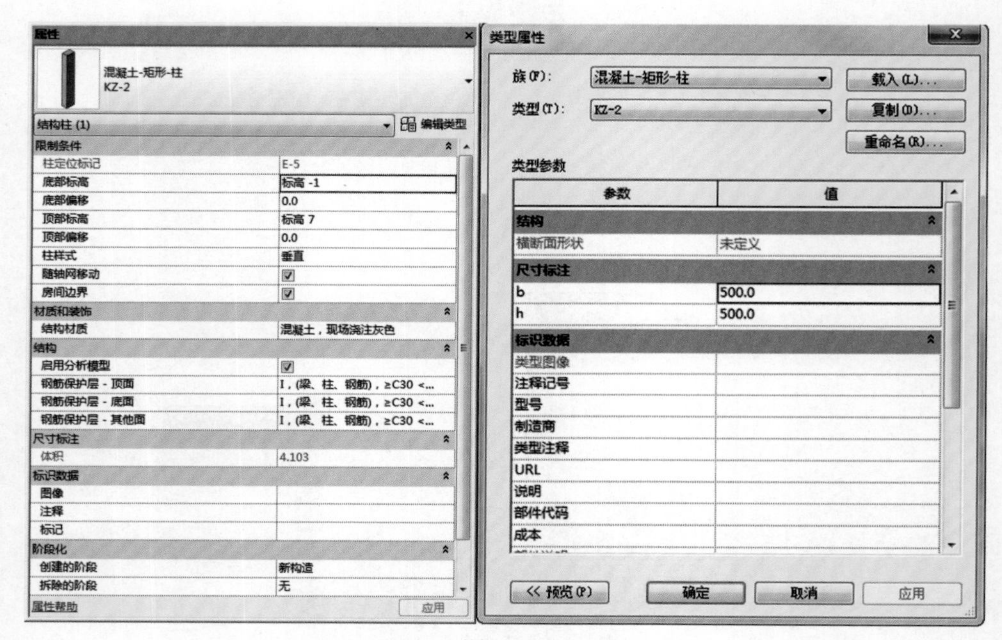

图 4.2–1

2. 建筑柱

（1）添加建筑柱。从类型选择器中选择适合尺寸规格的建筑柱类型，如没有则单击“图元属性”按钮，打开组织属性对话框，编辑柱子属性，单击“编辑/新建→复制”命令，创建新的尺寸规格，修改长度、宽度尺寸参数。

如没有需要的柱子类型，则需要单击“插入”选项卡，“从库中载入”面板下“载入族”工具，打开相应族库进行族文件载入。单击插入点，插入柱子。

（2）编辑建筑柱。同结构柱，柱的实例属性可以调整基准、顶标高、顶、底部偏移，设置柱是否随轴网移动，此柱是否设为房间边界。单击“编辑类型”按钮，在类型属性中设置柱子的粗略比例填充样式、材质、长度、宽度参数，以及偏移基准、偏移顶的设置，如图 4.2–2 所示。

建筑柱的属性与墙体相同，修改粗略比例填充样式只能影响没有与墙相交的建筑柱。需要注意的是，建筑柱适用于砖混结构中的墙垛、墙上突出等结构。

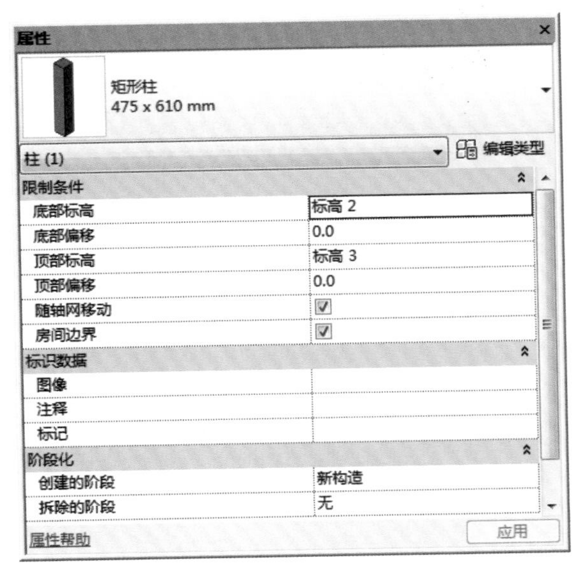

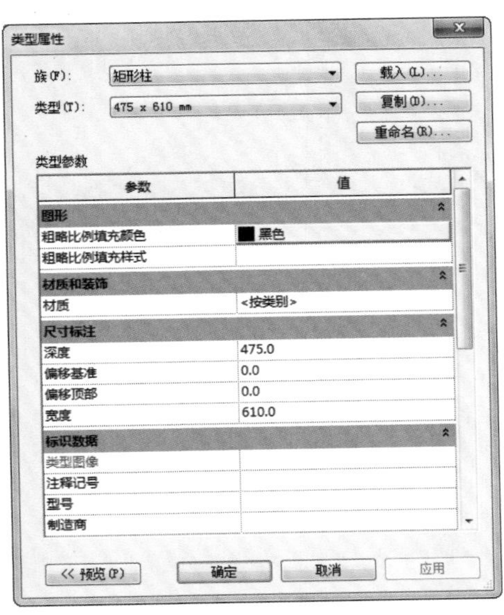

图 4.2–2

4.2.2 梁的创建

1. 常规梁

单击“常用”选项卡“结构”面板下“梁”工具命令，从类型选择器的下拉列表中选择需要的梁类型，如没有请从库中载入。

选项栏上选择梁的放置平面，从“结构用途”下拉箭头中选择梁的结构用途或让其处于自动状态，结构用途参数可以包括在结构框架明细表中，这样便可以计算大梁、托梁、檩条和水平支撑的数量。

使用“三维捕捉”选项，通过捕捉任何视图中的其他结构图元，可以创建新梁。这表示可以在当前工作平面之外绘制梁和支撑。例如，在启用了三维捕捉之后，无论高程如何，屋顶梁都将捕捉到柱的顶部。

要绘制多段连接的梁，请选择选项栏中的“链”，如图 4.2–3 所示。

单击起点和终点来绘制梁，当绘制梁时，光标会捕捉其他结构构件；也可使用“轴网”命令，拾取轴网线或框选、交叉框选轴网线，单击“完成”，系统自动在柱、结构墙和其他梁之间放置梁。

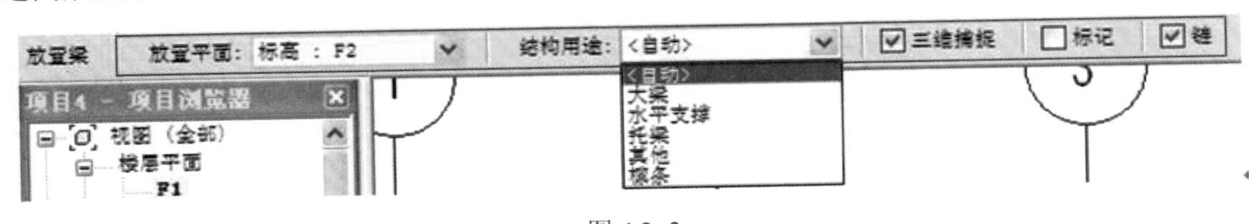

图 4.2–3

2. 梁系统

结构梁系统可创建多个平行的等距梁，这些梁可以根据设计中的修改进行参数化调整，如图 4.2–4 所示。

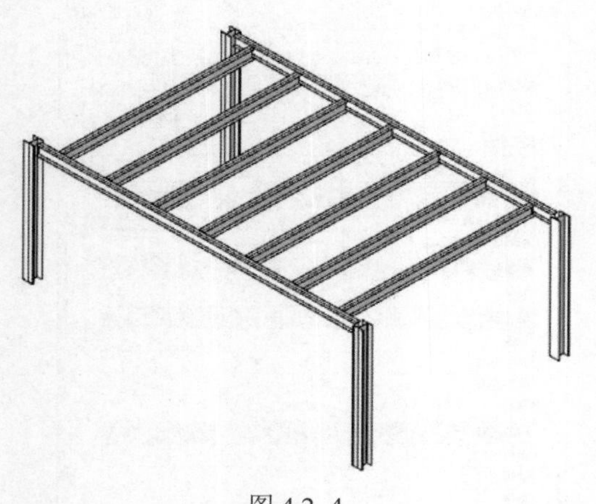

图 4.2–4

打开一个平面视图，单击“常用”选项卡“结构”面板下“梁”工具下拉箭头，选择“梁系统”工具命令，进入定义梁系统边界草图模式。

单击“绘制”中“边界线”“拾取线”或“拾取支座”命令，拾取结构梁或结构墙，并锁定其位置，形成一个封闭的轮廓作为结构梁系统的边界；也可以用“线”绘制工具，绘制或拾取线条作为结构梁系统的边界。

如要在梁系统中剪切一个洞口，请用“线”绘制工具在边界内绘制封闭洞口轮廓。绘制完边界后，可以用“梁方向边缘”命令选择某边界线作为新的梁方向（默认情况下，拾取的第一个支撑或绘制的第一条边界线为梁方向，如图 4.2–5 所示。

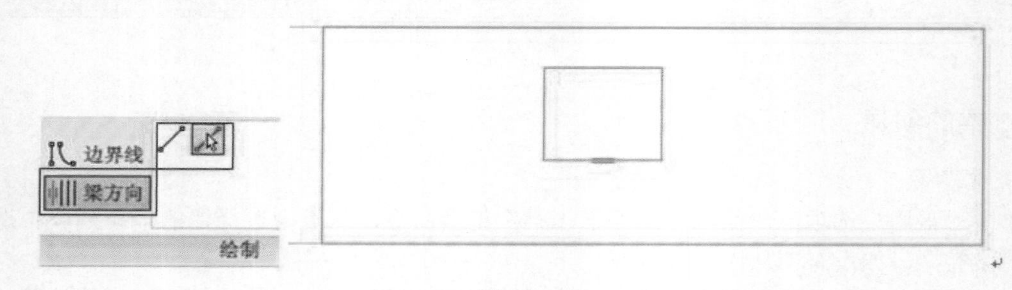

图 4.2–5

单击“梁系统属性”打开属性对话框，设置此系统梁在立面的偏移值，是否在编辑时三维视图中显示该构件以及其布局规则；按设置的规则确定相应数值和梁的对齐方式，并选择梁的类型，如图 4.2–6 所示。

属性

结构梁系统
结构框架系统

结构梁系统 (1)　编辑类型

参数	值
限制条件	
3D	☐
立面	700.0
工作平面	标高 : 标高 1
填充图案	
布局规则	固定距离
固定间距	1500.0
中心线间距	1500.0
对正	中心
梁类型	UB-常规梁 : 305x165x40UB
标识数据	
在视图中标记新构件	楼层平面: 标高 1
图像	
注释	

属性帮助　应用

图 4.2–6

3. 编辑梁

操纵柄控制：选择梁，端点位置会出现操纵柄，拖曳操纵柄调整其端点位置。

属性编辑：选择梁，自动激活上下文选项卡“修改 结构框架”，单击“图元”面板上的“图元属性按钮”打开图元属性对话框，修改其实例、类型参数，可改变梁的类型与显示。

提示：如果梁的一端位于结构墙上，则“梁起始梁洞”和“梁结束梁洞”参数将显示在“图元属性”对话框中。如果梁是由承重墙支撑的，请启用该复选框。选择后，梁图形将延伸到承重墙的中心线。

4.2.3 结构支撑

可以在平面视图或框架立面视图中添加支架。支架会将其自身附着于梁和柱，并根据建筑设计中的修改进行参数化调整。

打开一个框架立面视图或平面视图，单击“常用”选项卡“结构“面板下的“支撑”命令。

从类型选择器的下拉列表中选择需要的支撑类型，如没有请从库中载入。

拾取放置起点、终点位置，放置支撑，如图 4.2–7 所示。

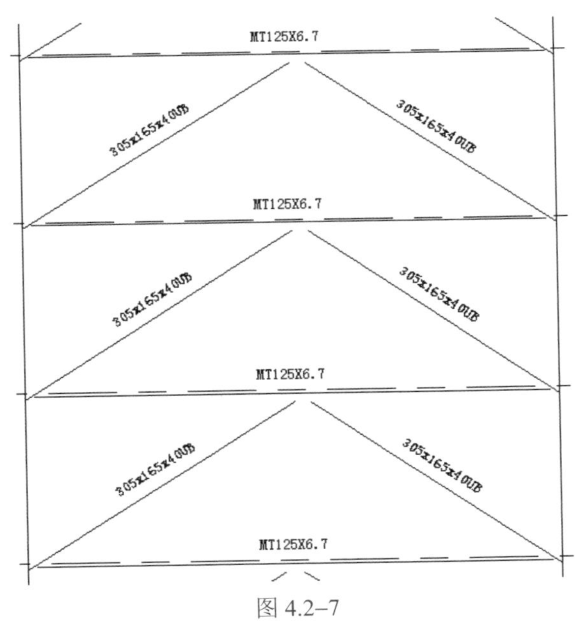

图 4.2–7

注意：由于软件默认的详细程度为粗略，绘制的支撑显示为单线，将详细程度改为精确就会显示会有厚度的支撑。

选择支架，自动激活上下文选项卡“修改 结构框架”，单击“图元”面板上的“图元属性按钮”打开图元属性对话框，修改其实例、类型参数。

项目五 设备模型创建

5.1 给排水系统

5.1.1 水管类型和系统的创建

1. 管道类型命名

在 Revit MEP 工作界面左下角的“项目浏览器”→双击“族”选项→双击“管道”选项→双击“管道类型”选项→右键单击“管道类型”中“PVC—U”的“复制”，将复制的“PVC—U2”重命名为项目中的管道名称，如“给水管”。同理复制得到其他管道类型命名。

2. 管件的选取

双击新建的“管道名称”按钮，如“给水管”→双击“给水管”，在弹出的“类型属性”窗口中找到“管段和管件”栏，单击“布管系统配置”编辑栏，弹出如图 5.1–1 所示的对话框。

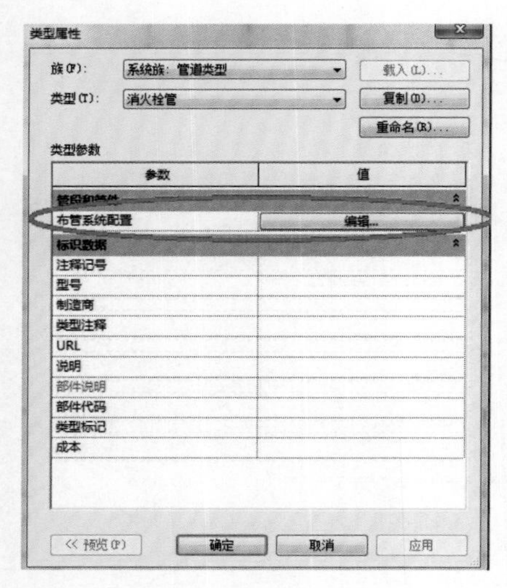

图 5.1–1

“管段和尺寸”选项可以增加管材和其中的尺寸，包括添加公称直径、内径、外径；

“载入族”选项可以载入项目中所需的管件、附件、机械设备等族；

“管段”选项下面可以修改管道的管材；

“弯头”选项可修改管道连接时弯头的类型，此项目中采用“弯头_焊接”；

“连接”选项可以选择三通的类型，此项目中采用“三通–焊接”；

其他选项可根据图片上的设置相应的选择。同理设置其他管道类型。

3. 管道系统的命名

选择“项目浏览器”→“族”→“管道系统”→“管道系统”选项，右键单击“管道系统”中的任意一项（如“干式消防系统”）的“复制”，得到“干式消防系统 2”，右键单击“干式消防系统 2”的“重命名”，将“干式消防系统 2”修改为项目中管道名称对应的系统名称如“给水系统”。同理复制得到其他管道系统命名。

4. 添加管道系统颜色

双击上面已设置的管道系统名称，弹出管道系统的类型属性对话框，如图 5.1–2 所示，单击“图形”栏下的“图形替换|编辑”，单击“颜色”栏选项即可出现颜色的选择界面，在此可为管道系统添加颜色，如图 5.1–3 所示。

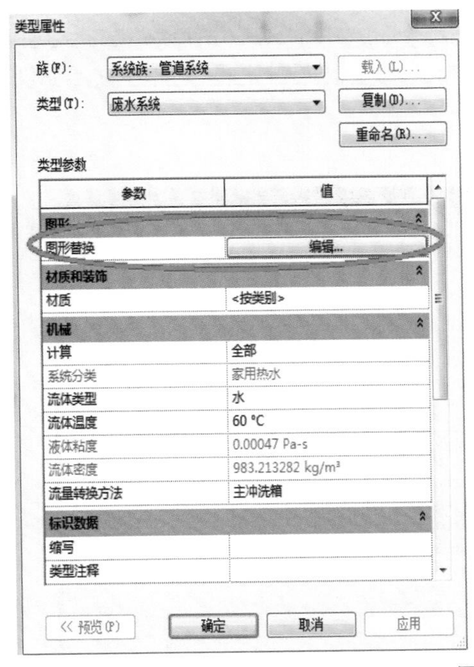

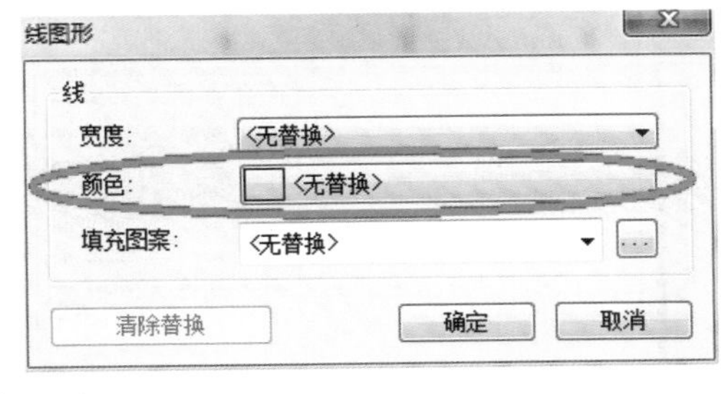

图 5.1–2

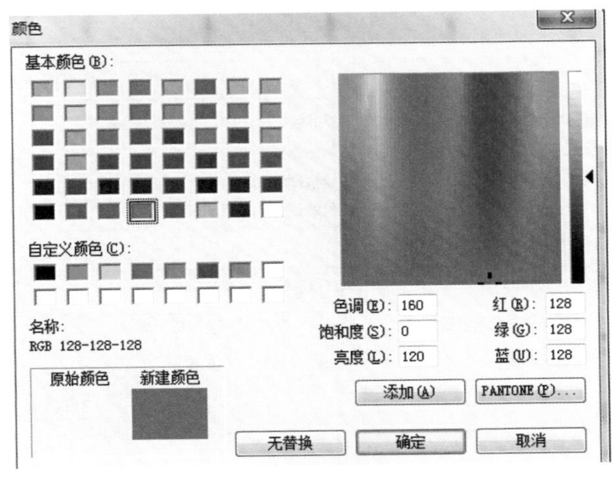

图 5.1–3

也可通过管道添加材质为管道添加颜色，如图 5.1– 4 所示，在“管理”选项卡中选择“MEP设置”→“机械设置”，为不同的管道类型设置材质。

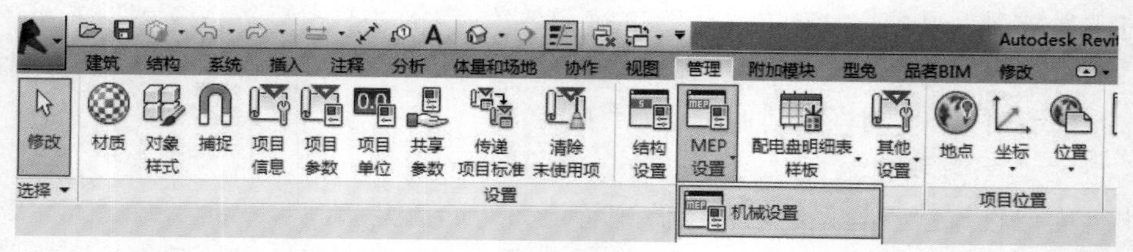

图 5.1–4

在弹出的对话框中选择“管段和尺寸”即可对管道材质进行编辑，如图 5.1–5 所示。在对话框右侧单击“新建”按钮，可以创建新的管道材质，如图 5.1–6 所示。在新建管段“对话框中可以通过“材质”一栏右侧的按钮点开“材质浏览器”对话框添加材质，如图 5.1–7 所示，材质添加的问题这里不再详述。

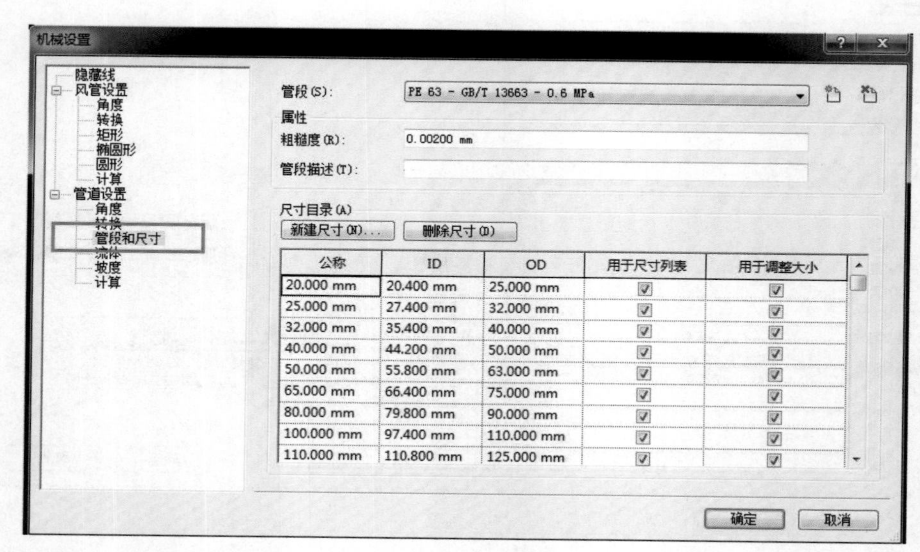

图 5.1–5

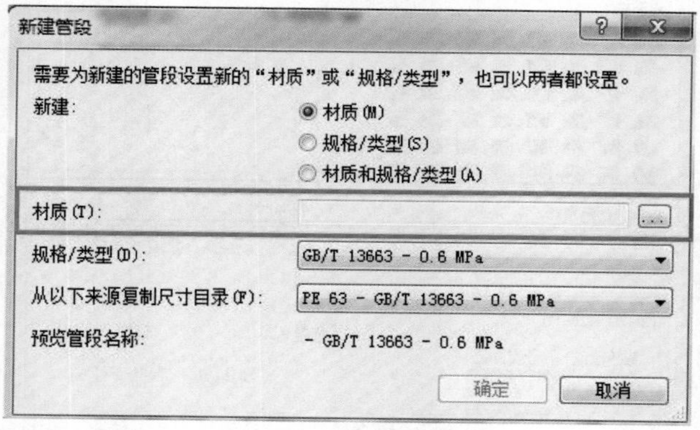

新建管段

需要为新建的管段设置新的“材质”或“规格/类型”，也可以两者都设置。

新建:
- 材质(M)
- 规格/类型(S)
- 材质和规格/类型(A)

材质(T):

规格/类型(D): GB/T 13663 - 0.6 MPa

从以下来源复制尺寸目录(F): PE 63 - GB/T 13663 - 0.6 MPa

预览管段名称: - GB/T 13663 - 0.6 MPa

确定 取消

图 5.1–6

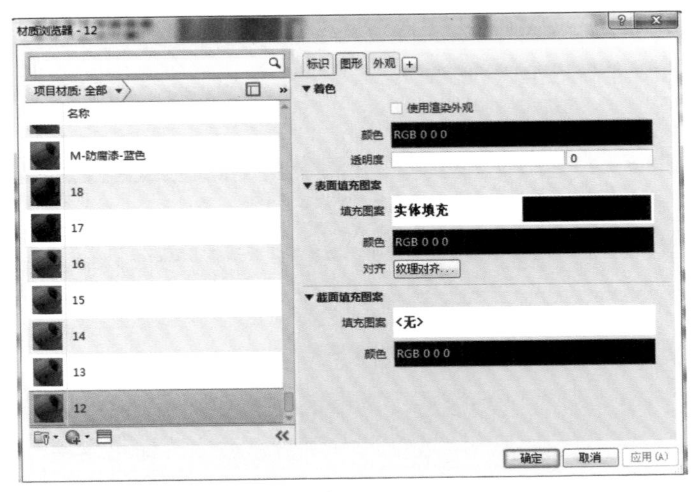

图 5.1–7

5.1.2 水管的绘制

1. 无坡度水管的绘制

根据管道类型查看所需绘制的管道标高，以消火栓管为例，在项目中单击“系统”→“管道”（快捷键为 PI）。在“属性”栏中选择对应的管道名称，在“系统类型”中选择对应的管道系统名称；再根据图纸要求绘制管道，如图 5.1–8 所示。

图 5.1–8

2. 有坡度水管的绘制

给排水专业中的卫生间和厨房的污废水管以及屋顶的雨水管都为重力排水管，有一定的坡度，绘制此类管道，在选择对应的管道类型及管道系统之后，在“修改”一栏中找到“带坡度管道项”，根据图纸上管道的走向选择坡度的坡向。“向上坡度”为以输入的标高为起始点并根据坡度标高逐渐提高，“向下坡度”与其相反。单击“坡度值”可下拉选择坡度的大小，如图 5.1–9 所示。

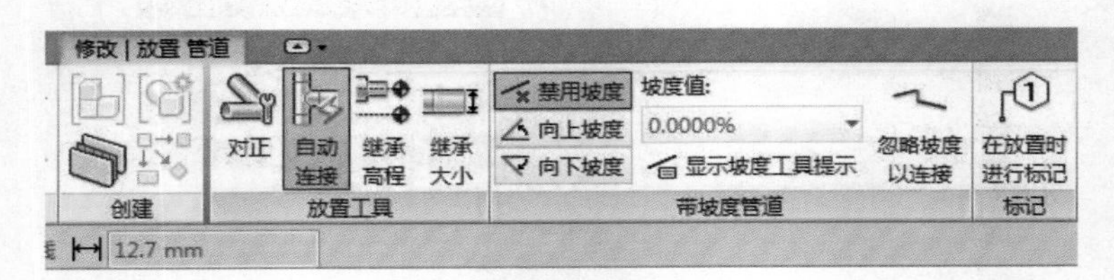

图 5.1–9

如坡度值的选项中没有所需的坡度值，可单击“管理”→“MEP 设置”→“机械设置”（快捷键 MS），在弹出的界面中点击“坡度”→“新建坡度”即可新建一个所需的坡度值。在绘制有坡度的管道时需按照坡向将管道一直绘制到底并对齐管道。如图 5.1–10 所示。

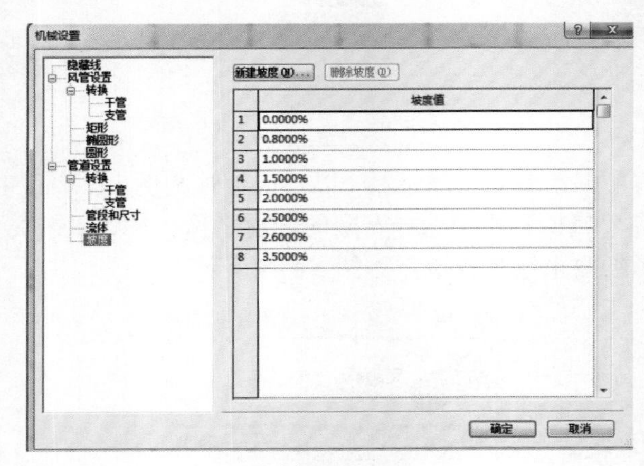

图 5.1–10

3. 水管立管的绘制

选择所需创建立管的管道类型，选定一个标高和管径，绘制一小段管道，再选择另一标高值相差较大的高度再绘制一小段管道，连接这两段管道，系统根据标高差会自动形成一段立管，删除两段横管，点击立管可修改管道顶部和底部标高，如图 5.1–11 所示。

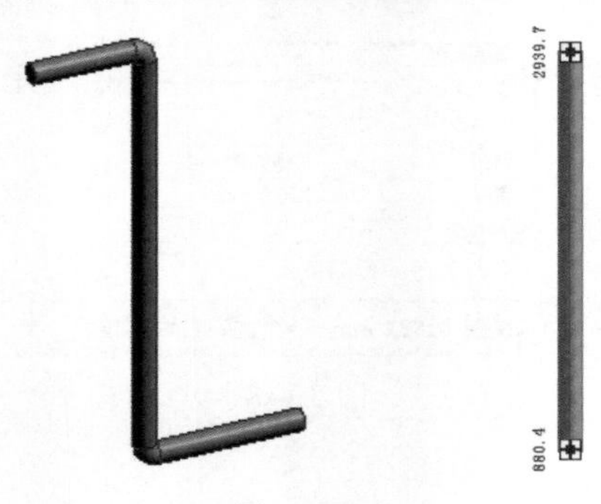

图 5.1–11

这里以一个卫生间为例演示一下管道的绘制，如图 5.1–12 所示。

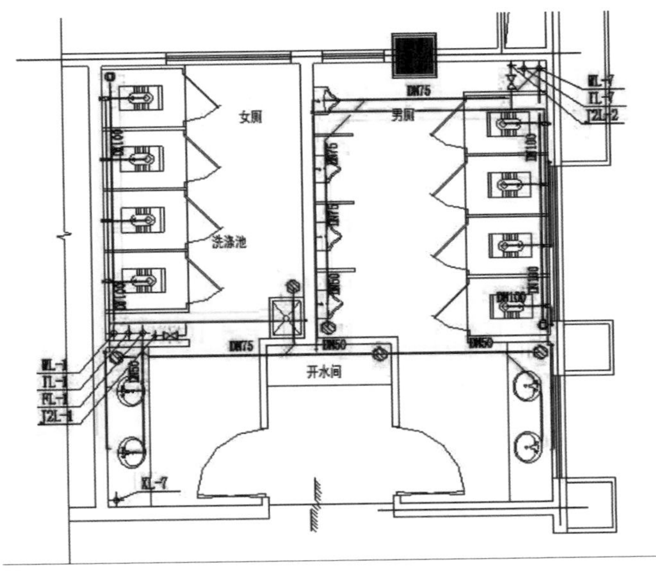

图 5.1–12

CAD 图纸导入到 Revit 软件中，在平面图中单击管道绘制命令，在属性栏中点击“污水管”的“系统类型”下拉菜单，选择“污水系统”按钮，这里以最末端的座便器对应管道为绘制起点，选择“向下坡度”，坡度值选择 1.0%，在状态栏中选择污水管直径（DN100），“偏移量”中输入–300（单位为 mm）。根据图纸中污水管的走向进行绘制。

由于支管也有坡度，且坡度方向与主管的坡向相反，所以一般在绘制重力管时，先将主管绘制完成，再绘制支管。绘制支管的时候运用“拆分图元”（快捷键 SL）命令将主管打断，选择管接头并记住其偏移量，此处为–303.2，如图 5.1–13 所示。然后删除这个管接头，选择“向上坡度”，坡度值选择 1.0%，按照 CAD 图纸路径继续绘制支管。完成后的管道如图 5.1–14 所示。

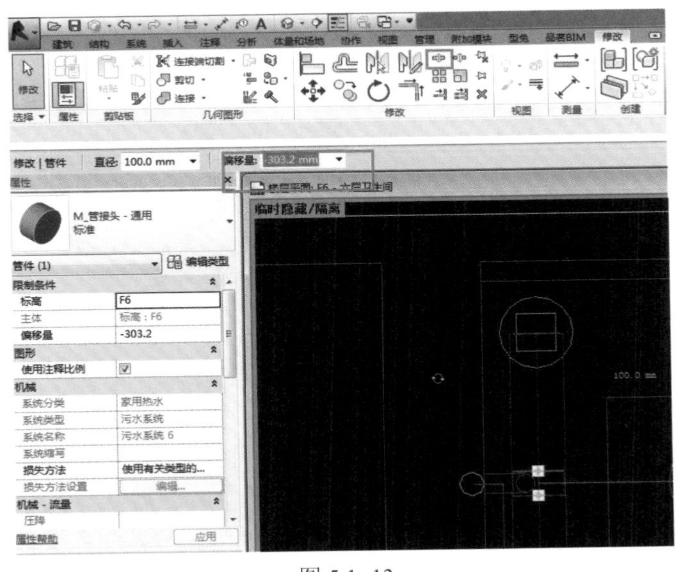

图 5.1–13

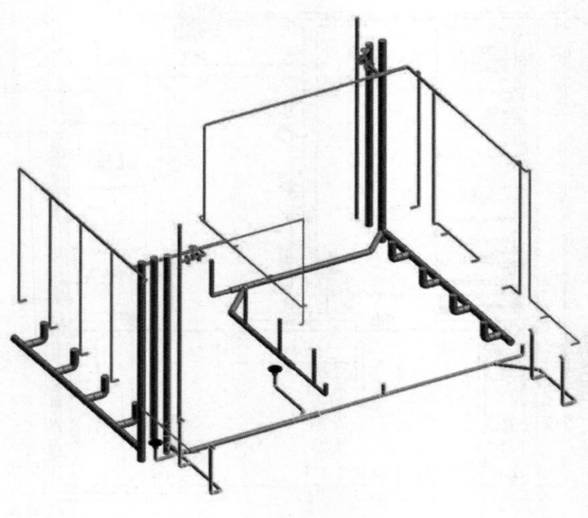

图 5.1–14

5.1.3 管路附件、设备的添加

1. 添加水管附件

单击“插入”→“载入族”，载入项目中需要安装的管路附件；载入族之后单击“常用”→“管路附件”（快捷命令“PA”），从属性栏中选出需要放置的阀门，在平面图中确定要添加阀门的位置，拾取管道的中心线后，左键单击完成安装（安装完成后阀门与管道为一个系统），如图 5.1–15 所示。

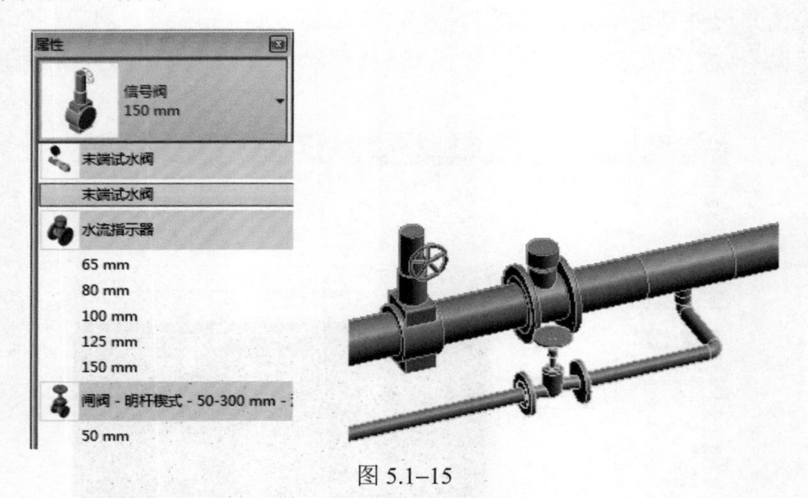

图 5.1–15

2. 消火栓箱、喷头的添加

采用上述同样的方法载入消火栓箱的族后，在平面放置消火栓箱，消火栓箱距建筑完成面为 100mm，灭火器放置于建筑完成面。消火栓箱放置完成后需要绘制管道使其与系统相连。可以通过添加剖面的方法，消火栓箱与管道连接的高度为距离建筑完成面 820mm，管道直径为 65mm，完成连接的模型如图 5.1–16 所示。

图 5.1–16

淋喷头顶部需与天花齐平，如果无天花则与就近天花齐平，在此项目中喷头的高度定为 2400mm，喷头需要一段立管与支管相连，立管绘制完成后可以通过“系统”→“喷头”命令在平面中添加喷头，修改喷头的偏移量，可在剖面中拉动立管一端使其与喷头连接，完成后的模型如图 5.1–17 所示。

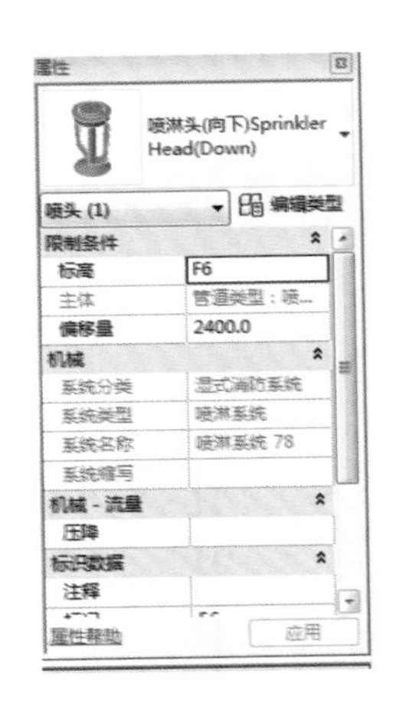

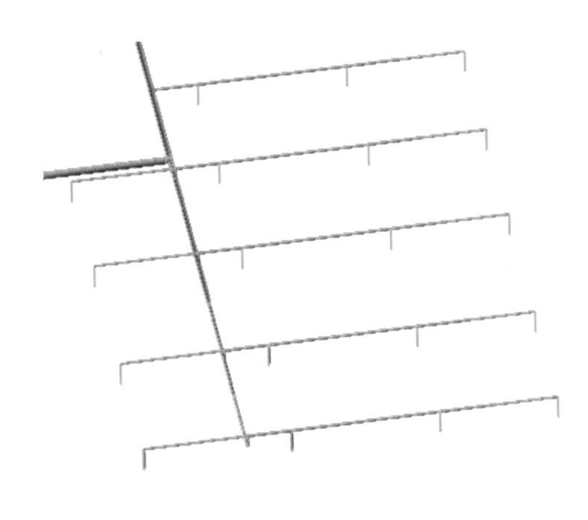

图 5.1–17

3. 卫浴装置的添加

污水管主管与支管绘制完成后，需要先在支管的末端绘制一段立管，如图 5.1–18 所示。单击“系统”→“卫浴装置”（快捷键 PX），在平面视图中放置坐便器，坐便器的偏移量与楼层完成面齐平，在平面中对齐立管与坐便器管道接口位置即可，如图 5.1–19 所示。

在剖面中拉动立管的一端移动到坐便器接口，位置准确是会出现拾取的图标，如图 5.1–20 所示，完成连接之后坐便器会与管道系统连成一体。其他卫浴装置的添加方法类同。

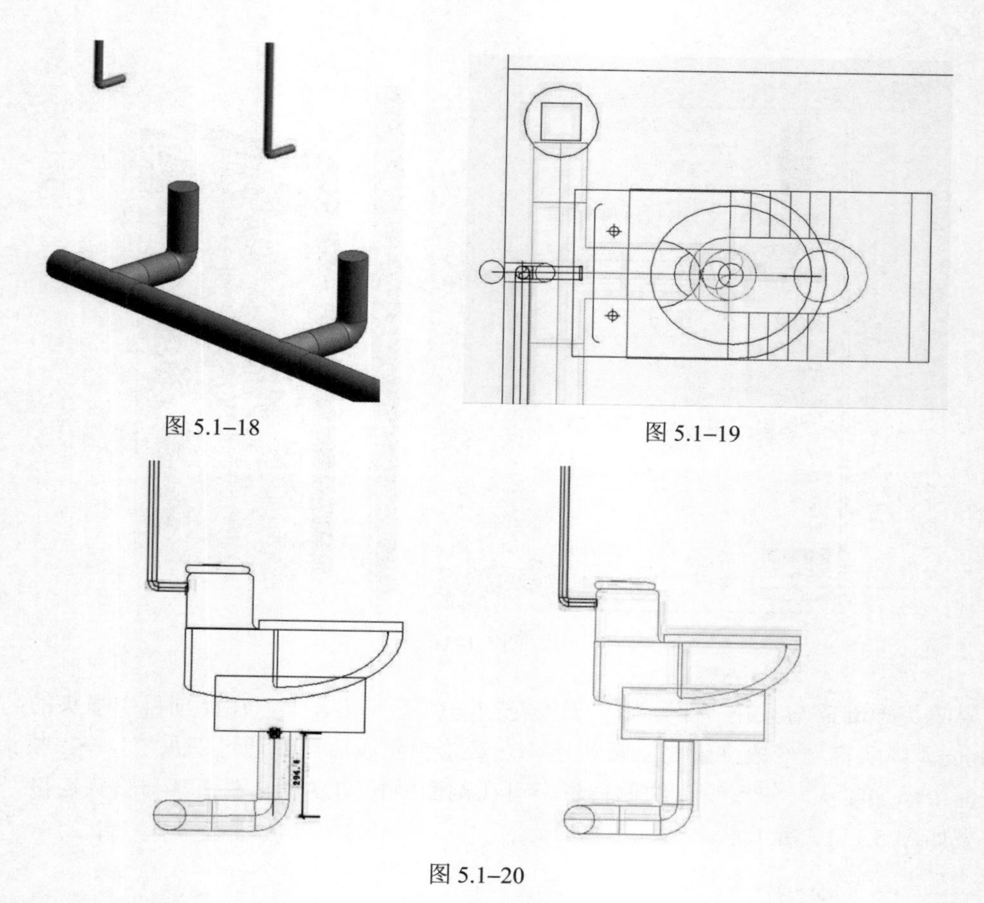

图 5.1–18

图 5.1–19

图 5.1–20

完成后的模型如图 5.1–21 所示。

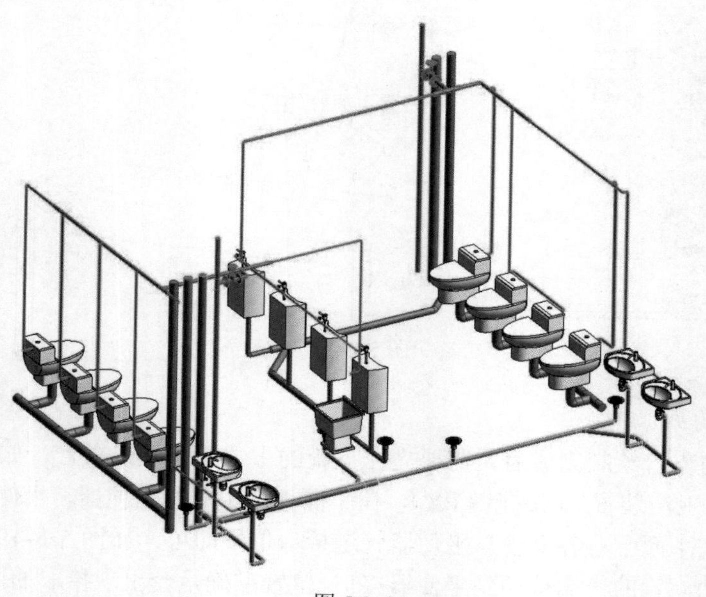

图 5.1–21

5.2 电气系统

工程中的电气系统一般分为两大类：强电系统和弱电系统。强电系统一般包括电气照明系统、动力用电系统、防雷接地系统等；弱电系统一般包括网络系统、电话系统、电视系统、火灾自动报警系统、广播系统、安保监控系统、楼宇自动控制系统等。本节所介绍的电气照明系统为电气系统中最常用最普遍的一部分，掌握电气照明系统模型的创建也是构建其他电气项目模型的基础。

5.2.1 电气照明系统模型创建

电气照明系统建模的步骤如下：新建项目样板→修改项目样板→创建视图样板→链接 Revit 模型→绘制电缆桥架及配件→线管的绘制→设置配电设备、灯具及开关。

（1）新建项目样板。单击“应用程序菜单按钮”→“新建”→“项目”命令按钮，打开“新建项目”对话框，单击“浏览”按钮，将项目样板选为“<无>”，单击对话框中“新建”→“项目样板”按钮，便得到一个未设置任何参数的空白项目样板，如图 5.2–1 所示。

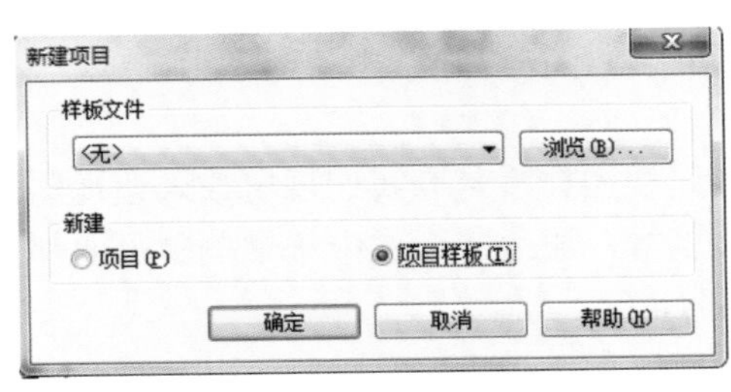

图 5.2–1

为了便于节约绘图的时间和工作量，我们一般选择系统自带的项目样板，对其进行相关修改，如图 5.2–2 所示。在“新建项目”对话框中，单击“浏览”按钮，选择 Electrical-DefaultCHSCHS 样板文件。该样板文件的设置如图 5.2–3 所示，默认了两个标高±0.000 和 4.000，平面视图中默认为两层，如“1–照明”“2–照明”或“1–电力”“2–电力”。

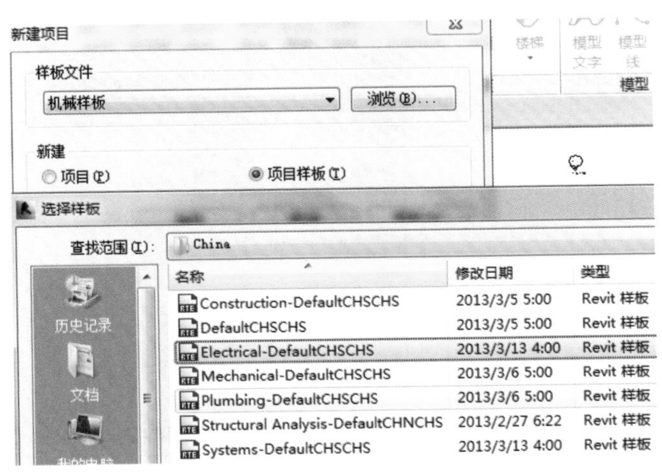

图 5.2–2

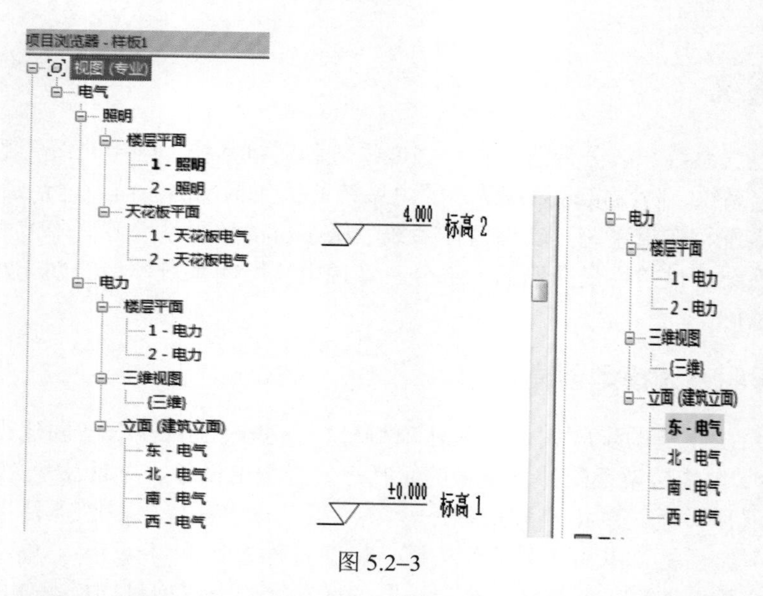

图 5.2–3

（2）修改项目样板。主要是对“属性”和“项目浏览器”工具栏的修改。“属性”工具栏中可以通过“视图比例”“可见性/图形替换”“图形显示选项”“视图名称”“视图范围”“截剪裁”等选项进行设置。

（3）创建视图样板。创建视图样板是为我们规定载入该视图样板后，视图平面上各种族是否显示以及显示的详细程度等，避免在工作中每个单独平面都要对视图的可见性等设置逐一调整，节约大量的工作时间。

单击“视图”→“视图样板”→“将样板属性应用于当前视图”，弹出“应用视图样板”对话框，如图 5.2–4 所示。单击对话框左下方“复制”按钮，重命名“照明样板”，如图 5.2–5 所示。修改“照明样板”中的设置，一般设置“V/G 替换模型”，单击“编辑”按钮，在“照明样板可见性/图形替换”对话框中，勾选掉“护理呼叫中心”“数据设备”“火警设备”“电气装置”“电话设备”“通讯设备”，单击“确定”按钮，如图 5.2–6 所示。将不需要显示的项目勾选掉，即得到需要的照明样板。

应用视图样板

视图样板

规程过滤器:
<全部>

视图类型过滤器:
楼层、结构、面积平面

名称:
卫浴平面
建筑平面
机械平面
电气平面

显示视图

视图属性

分配有此样板的视图数：2

参数	值	包含
阴影	编辑...	☑
照明	编辑...	☑
摄影曝光	编辑...	☑
基线方向	平面	☐
视图范围	编辑...	☑
方向	项目北	☑
阶段过滤器	全部显示	☑
规程	电气	☑
颜色方案位置	背景	☐
颜色方案	<无>	☐
系统颜色方案	编辑...	☐
截剪裁	不剪裁	☑
子规程	电力	☑

确定　取消　应用属性　帮助(H)

图 5.2–4

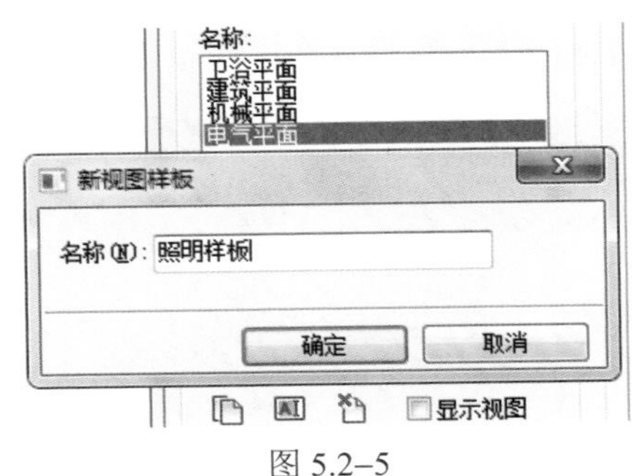

图 5.2–5

图 5.2–6

（4）链接 Revit 模型。单击“应用程序菜单按钮”→“新建”→“项目”命令，打开“新建项目”对话框，单击“浏览”按钮，将项目样板选为“之前所做的项目样板”，单击“确定”按钮，如图 5.2–7 所示。

图 5.2–7

打开项目后，插入链接模型。单击“插入”→“链接 Revit”命令，打开“导入/链接 RVT”对话框，选择需要链接的 Revit 模型，打开“定位”下拉列表，选择“自动–原点到原点”选项，如图 5.2–8 所示。单击功能区“修改”→“锁定”按钮（快捷键 PN），如图 5.2–9 所示，将链接的 Revit 模型锁定到位，锁定图元后，将不能对其进行移动，除非将图元设置为随附近的图元一同移动或它所在的标高上下移动。

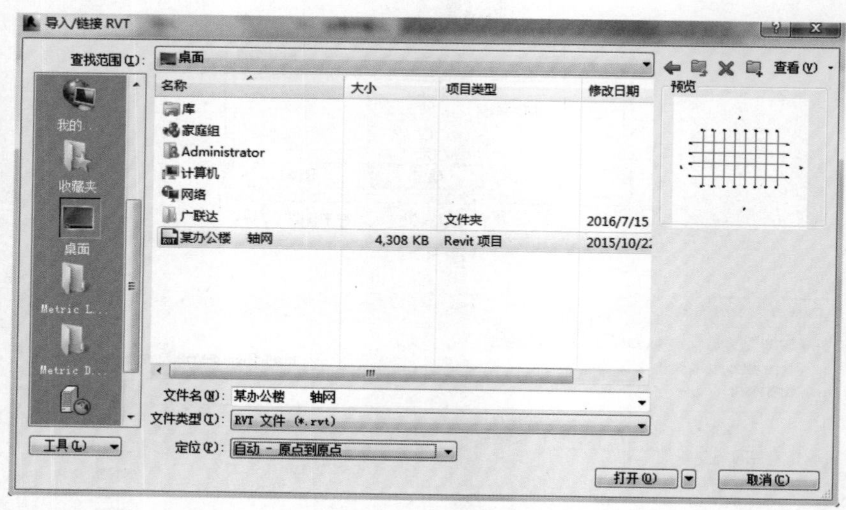

图 5.2–8

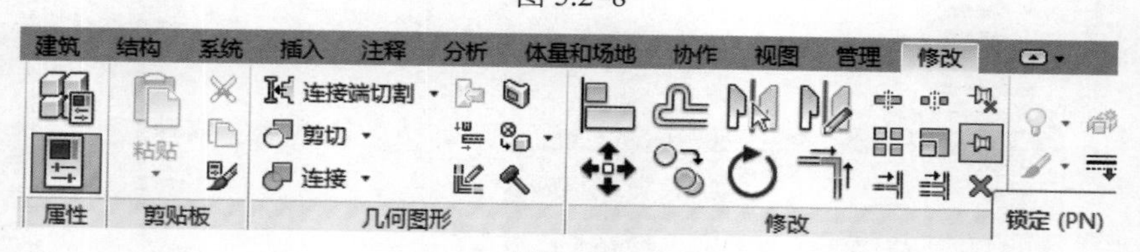

图 5.2–9

单击功能区“管理”→“管理链接”命令，弹出“管理链接”对话框，如图 5.2–10 所示。“参照类型”有两个选项“覆盖”和“附着”，选择“覆盖”选项时，当父链接模型链接到其他模型中时，不载入嵌套链接模型，选择“附着”选项时将显示嵌套模型。单击功能区“视图”→“可见性/图形替换”命令，系统弹出“可见性/图形替换”对话框，如图 5.2–11 所示。选择“Revit 链接”→“按主体视图”选项，将会弹出“RVT 链接显示设置”对话框。选择“基本”选项并勾选“按链接视图”，打开下拉菜单，设为相应标高平面，如图 5.2–12 所示。“按主体视图”链接模型及嵌套链接模型的显示按主体项目视图设置，“按链接视图”链接模型及嵌套链接模型的显示按其链接模型本身的视图设置。

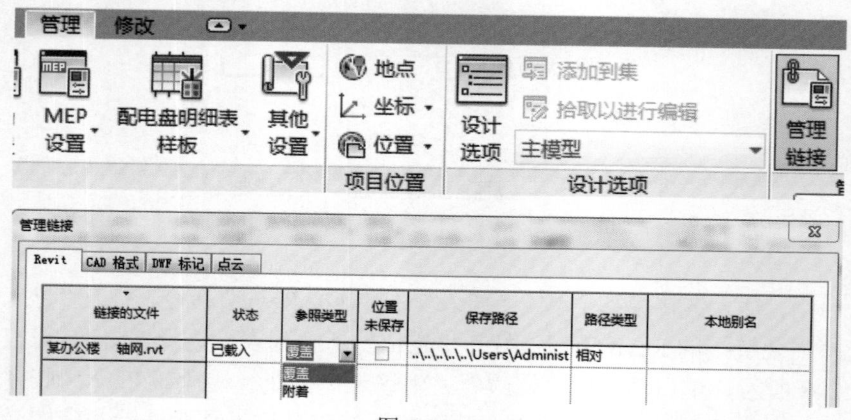

图 5.2–10

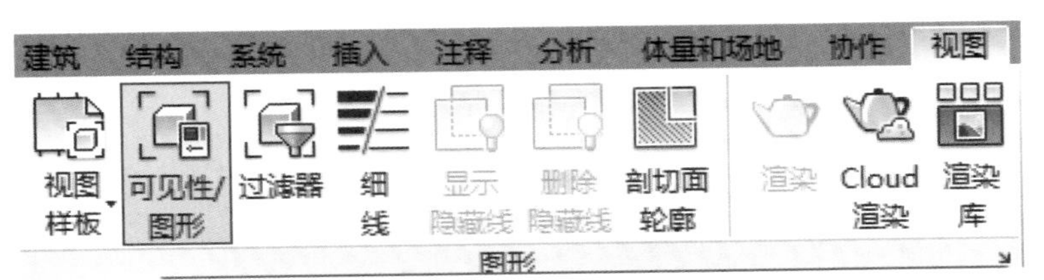

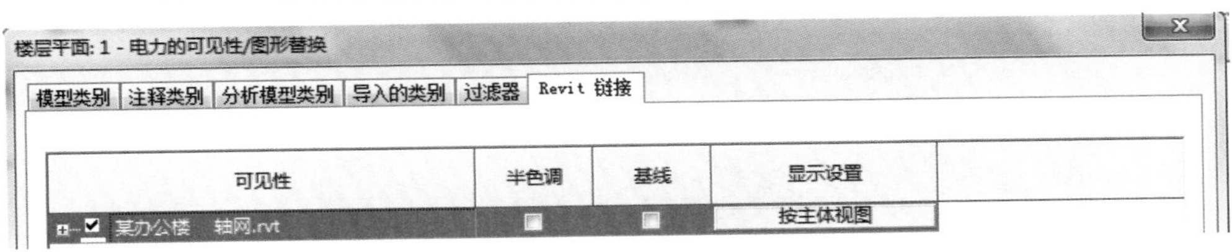

图 5.2–11

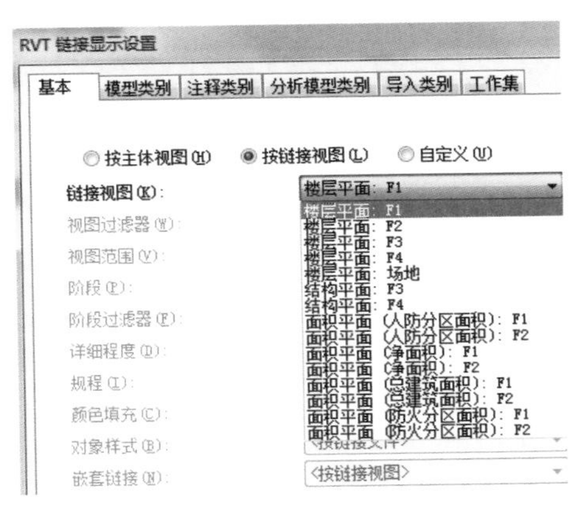

图 5.2–12

5.2.2 电缆桥架的绘制

在电气照明系统设计中，线路的敷设是很重要的组成部分，目前电缆桥架和线管是常用的布线方式。

1. 电缆桥架的类型

电缆桥架作为电气设计中重要的布线方式，在楼宇建筑中应用广泛。电缆桥架分为槽式、托盘式和梯架式、组合式等结构类型，由支架、托臂和安装附件等组成，如图 5.2–13 所示。这里的桥架配件只是将直线段桥架连接在一起的连接件，如弯头、T 形三通、Y 形三通、四通和其他活接头等。

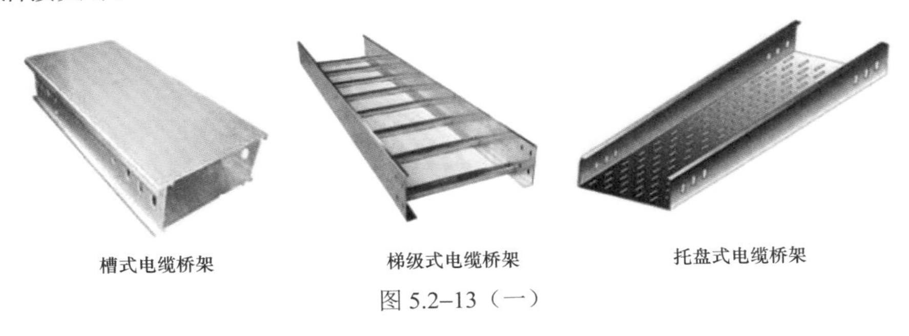

槽式电缆桥架　　梯级式电缆桥架　　托盘式电缆桥架

图 5.2–13（一）

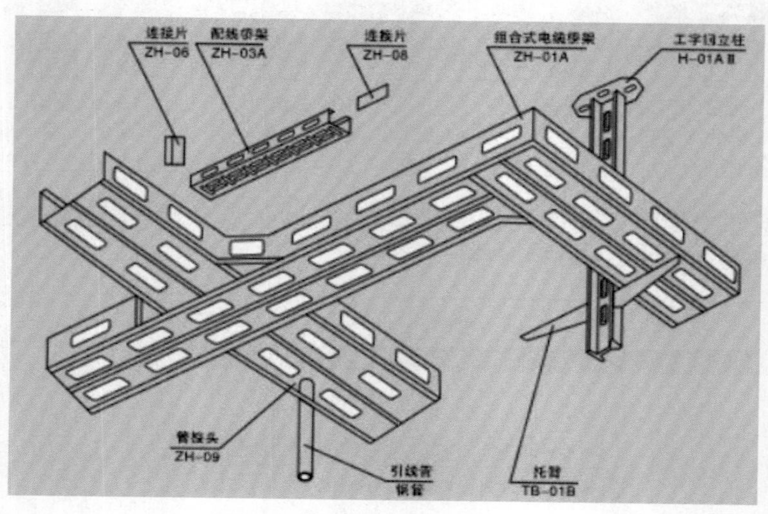

图 5.2–13（二）

软件提供了两种电缆桥架形式，分别是“带配件的电缆桥架”和“无配件的电缆桥架”。绘制“带配件的电缆桥架”时，桥架直段和配件间有分隔线分为各自的几段；绘制“无配件的电缆桥架”时，转弯处和直段之间并没有分隔，桥架交叉时，桥架自动被打断，桥架分支时也是直接相连而不插入任何配件。

2. 电缆桥架配件族

电缆桥架配件族一般不单独绘制。在绘制桥架时，会在转角处自动生成所需要的配件，配件的角度根据施工过程中的真实情况生成。若不符合工程要求时，该配件族将不会生成，即当提示所绘制桥架无法完成连接时，表示所绘制的桥架出现问题，应加以调整。软件提供了多种电缆桥架配件族类型，如图 5.2–14 所示。

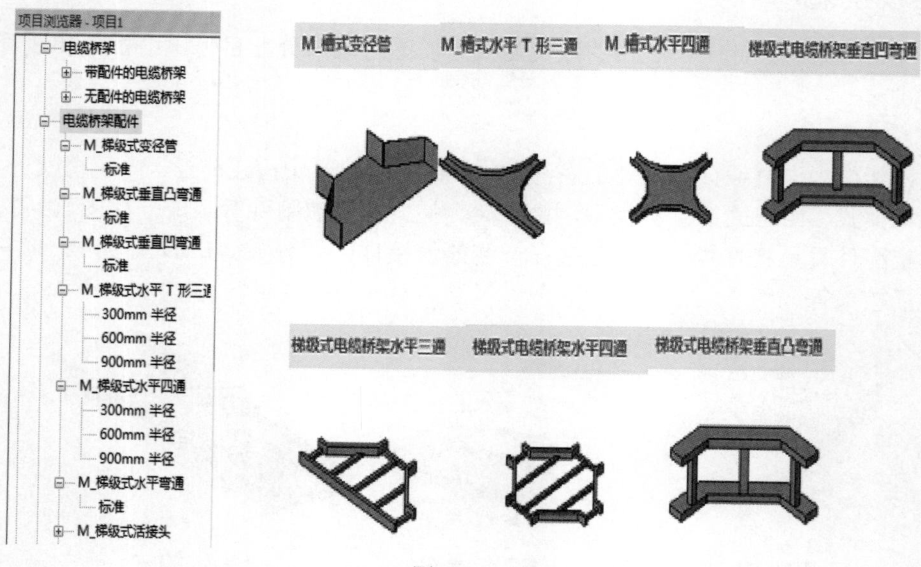

图 5.2–14

3. 绘制电缆桥架

在平面视图、立面视图、剖面视图和三维视图中均可以绘制水平、垂直和倾斜的电缆桥架。绘制电缆桥架的具体步骤包括基本绘制操作、电缆桥架对正、自动连接。

（1）基本绘制操作。

1）选中电缆桥架类型。单击功能区中“系统”→“电缆桥架”命令（快捷键 CT），在“属性”面板中选择需要的电缆桥架类型，如图 5.2–15 所示。

图 5.2–15

2）选中电缆桥架尺寸。在“修改|放置 电缆桥架”选项栏中，单击“宽度”和“高度”下拉菜单，选择需要的桥架尺寸，也可以直接输入，如图 5.2–16 所示。

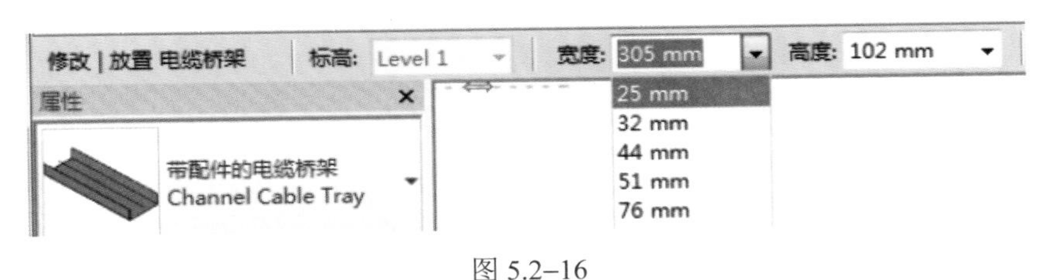

图 5.2–16

3）指定电缆桥架偏移。单击“修改|放置 电缆桥架”选项栏中 “偏移量”下拉菜单，选择需要的偏移量，也可以直接输入。“偏移量”是指电缆桥架中心线相对于当前平面标高的距离，如图 5.2–17 所示。

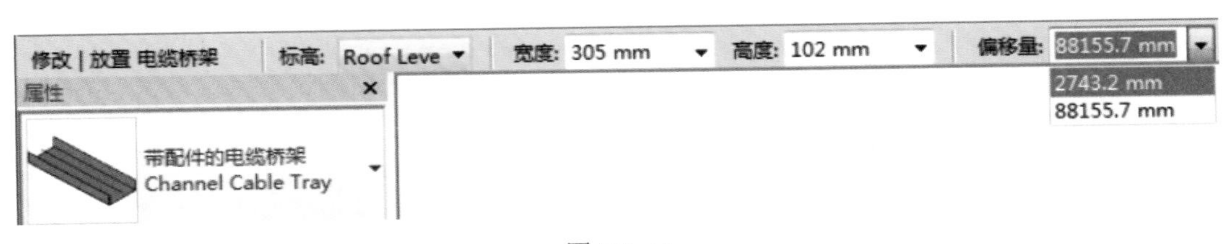

图 5.2–17

4）指定电缆桥架起点和终点。在绘图区域单击指定电缆桥架的起点，移动至终点位置再次单击，完成一段电缆桥架的绘制。绘制完成后，按 Esc 键或者在鼠标右键菜单中单击“取消”命令，均可退出桥架绘制的操作。垂直桥架可以在立面视图或剖面视图中直接绘制。

（2）电缆桥架对正。在平面视图和三维视图中绘制桥架时，可以通过“修改|设置电缆桥架”选项卡中“放置工具”对话框的“对正”按钮指定电缆桥架的对齐方式。单击“对正”按钮，弹出“对正设置”对话框，如图 5.2–18 所示。

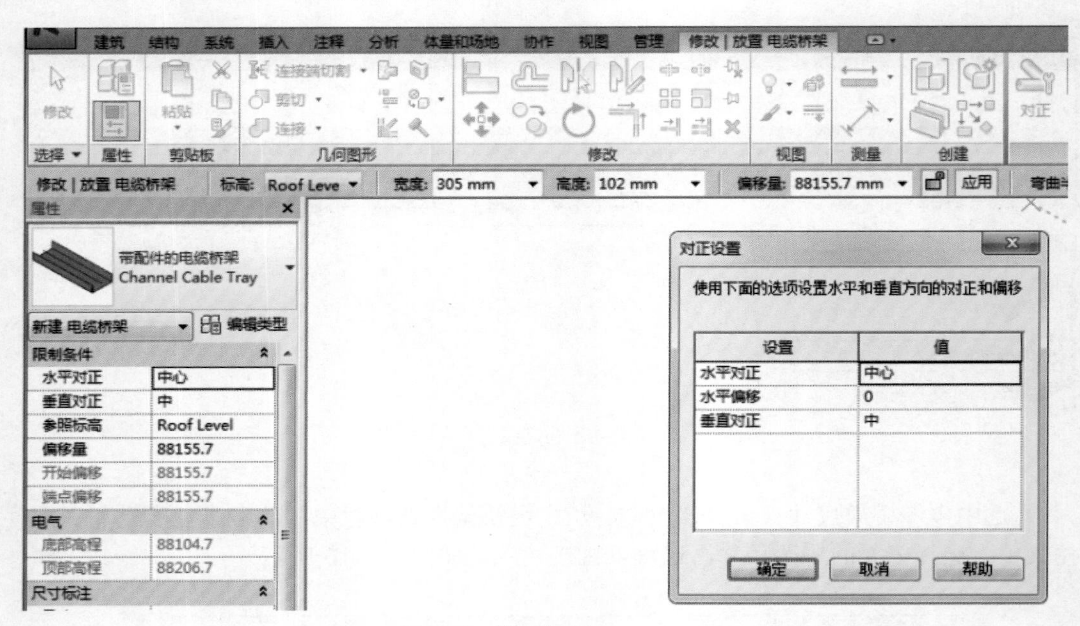

图 5.2–18

（3）自动连接。在“修改|放置电缆桥架”选项卡中有“自动连接”选项，该选项默认为选中的状态，如图 5.2–19 所示。若选中“自动连接”时，允许在管段开始或结束时通过连接捕捉构件，这在连接不同高程上的管段时非常有用。一般绘制桥架时，不勾选“自动连接”，以避免在绘制一个管段（与另一个有不同偏移的管段在同一条路径上）时无意中建立连接。

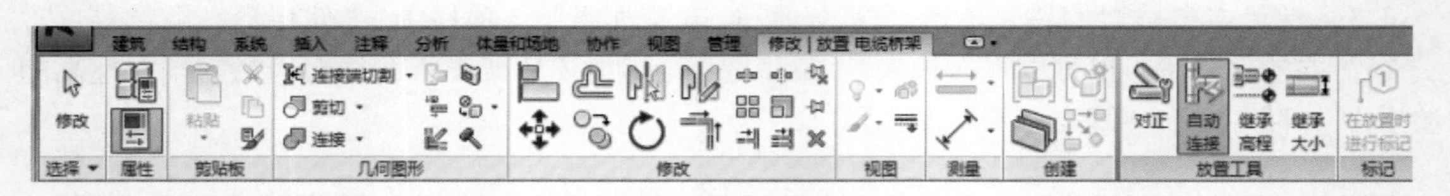

图 5.2–19

5.2.3 线管的绘制

1. 线管的类型

线管为电气工程设计中分支配线和部分干线配线的主要形式，在工程中应用广泛。系统中也设置了两种线路形式：带配件的线管和无配件的线管，如图 5.2–20 所示。两种类型的区别如图 5.2–21 所示。

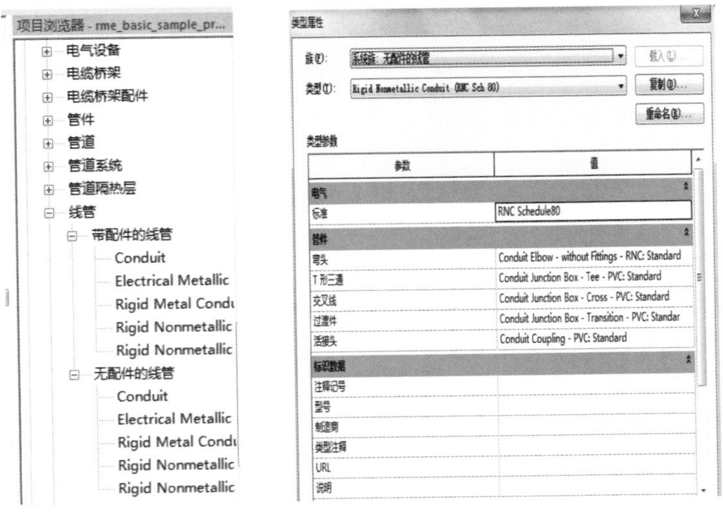

图 5.2–20

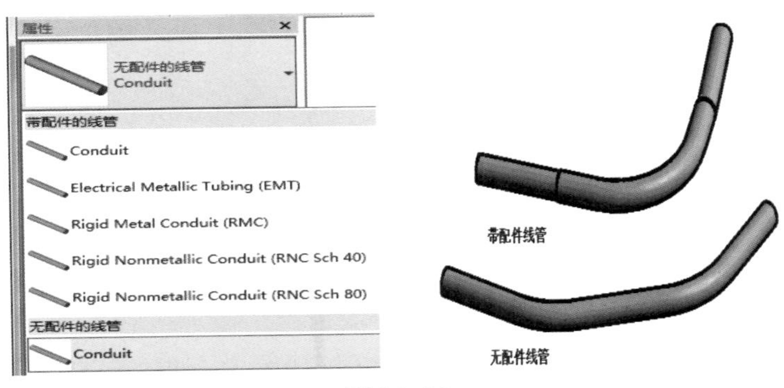

图 5.2–21

2. 绘制线管

在平面图、立面图、剖面图和三维视图中均可绘制水平、垂直和倾斜的线管，绘制线管和电缆桥架的方法基本相同。

绘制步骤：单击功能区中“系统”→“电气”→“线管”按钮（或快捷键 CN），选择线管类型，在视图中单击左键选择起点和终点，即可绘制一段线管。图 5.2–22 为三维视图中的绘制的一段线管。

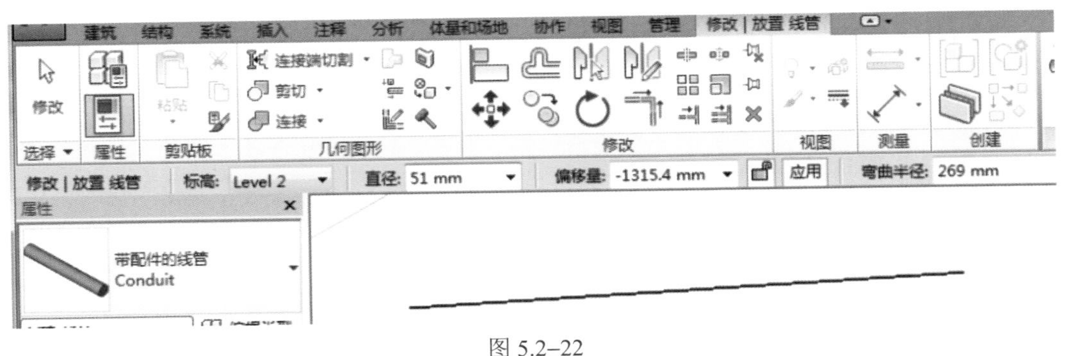

图 5.2–22

在电气工程中往往会出现多根平行线管综合布置的情况，如图 5.2–23 所示。可以单击功能区中“系统”→“平行线管”按钮，用于创建基于线管管路的平行线管管路，如图 5.2–24 所示。

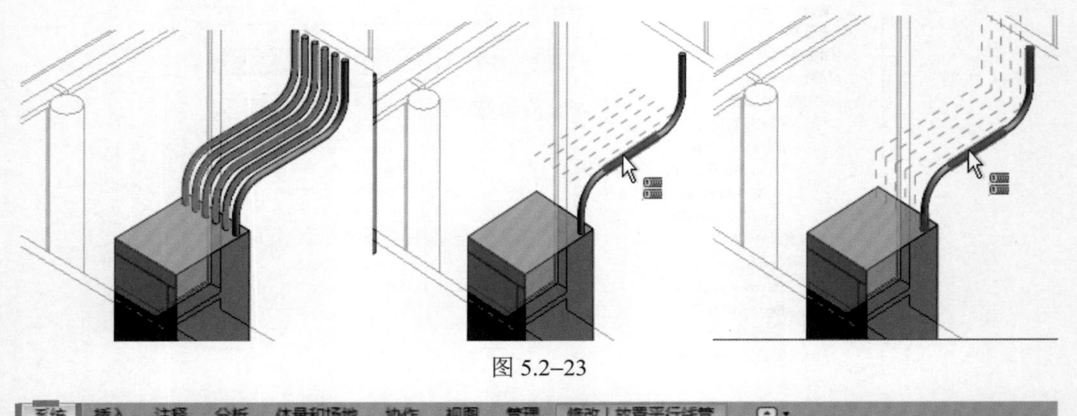

图 5.2–23

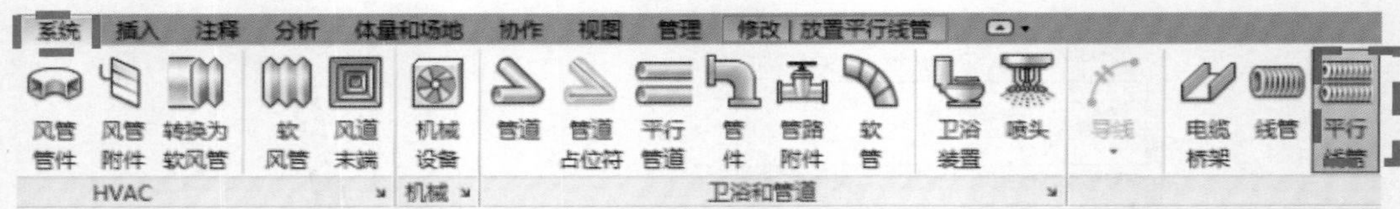

图 5.2–24

3. 添加线管管件

绘制线管时，系统会自动添加管件，如弯头、T 形三通、Y 形三通、四通和其他活接头。使用下列步骤可将线管管件手动添加到现有管段或管路。

单击“系统”选项卡→“电气”面板→“线管配件”（快捷键 NF）。

在“属性”面板中，选择要放置的线管配件类型，如图 5.2–25 所示。

在绘图区域中，单击要放置管件的线管的端点，如图 5.2–26 所示。线管配件具有插入特性，可以放置在沿线管管路长度的任意点上。线管配件可以在任意视图中放置，但是在平面视图和立面视图中更容易放置。按 Tab 键可循环切换插入点。

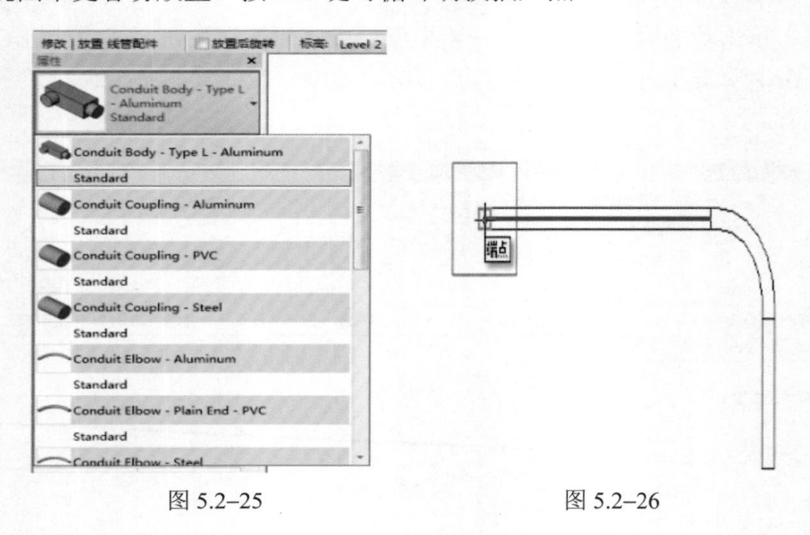

图 5.2–25　　　　图 5.2–26

4. 将线管连接到设备

该操作可以将线管连接到具有连接件的电气设备和机械设备。线管连接件可以是独立连接件，也可以是表面连接件。连接到表面连接件时，可以进入表面连接模式。在此模式下，通过将表面连接件拖曳到新位置或通过指定临时尺寸标注，可以定义表面连接件的连接点。要添加其他表面连接件，必须编辑所需设备对应的族。

在平面视图、立面视图或三维视图中将线管连接到设备的步骤如下。

（1）单击“系统”选项卡→“电气”面板→“线管”。

（2）从“属性”面板中，选择要放置的线管类型（带管件或不带管件）。在选项栏上，指定直径、偏移量或弯曲半径。

（3）在绘图区域中，绘制线管并将光标移动到设备上，以高亮显示要连接到的表。Revit 将进入表面连接模式，在此模式下，可以在表面上移动连接件的位置，按原样完成连接或取消连接。

（4）移动连接件，将连接件捕捉拖曳到所需位置，或者输入所需位置的临时尺寸标注。

（5）完成连接并退出表面连接模式，单击“表面连接”选项卡→“表面连接”面板→“完成连接”。

5.2.4 配电设备、灯具及开关的放置

1. 配电盘放置

单击“插入”→“从库中载入”→“载入族”载入配电柜/箱族，将需要的配电箱或配电柜载入。

点击“系统”→“电气”→“电气设备”，选择“照明配电箱 LB308”，如图 5.2–27 所示，选择“修改|放置设备”→“放置”→“放置在垂直面上”，如图 5.2–28 所示，将照明配电箱放置在竖直墙面上，可以通过修改属性菜单中“立面”的尺寸，设置配电箱距地高度。配电箱放置好之后，按照前述“将线管连接到设备”的内容，将相关线管连接到配电箱，不再赘述。

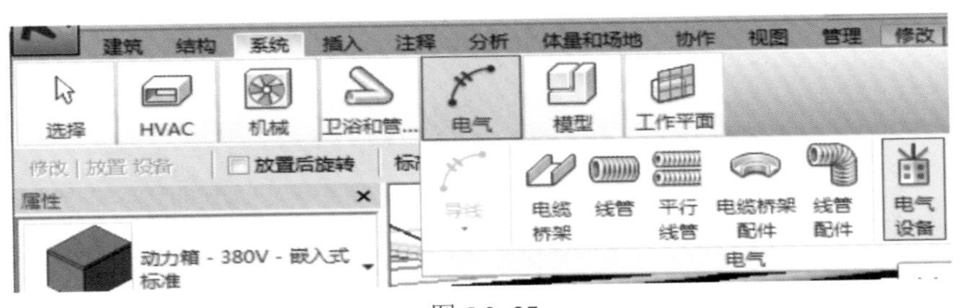

图 5.2–27

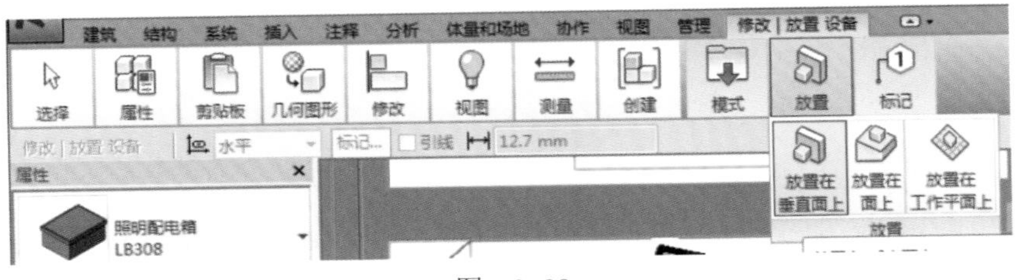

图 5.2–28

2. 灯具放置

首先载入灯具族。单击“插入”→“从库中载入”→“载入族”，弹出对话框，选择“照明灯具族”文件，将需要的灯具载入。

单击“系统”→“电气”→“照明设备”，选择“环形吸顶灯 32W”选项，选择“修改|放置设备”→“放置”→“放置在面上”选项，将“环形吸顶灯 32W”放置在最近的线管上，如图 5.2–29 所示。放置时可以调整灯具的角度，或者在三维视图中调整灯具的角度，如图 5.2–30 所示。

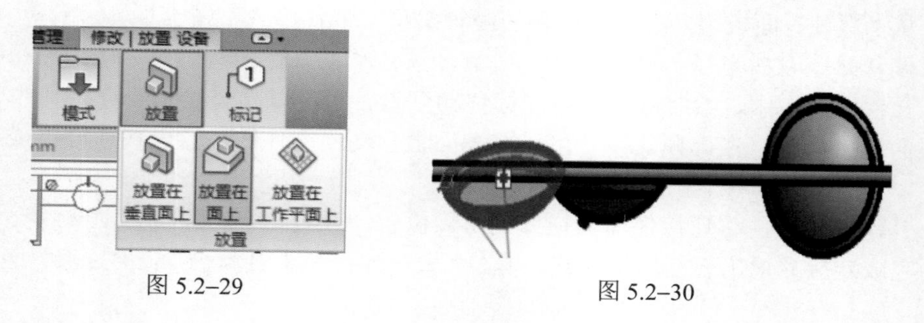

图 5.2–29　　　　图 5.2–30

3. 开关放置

开关的放置过程与配电箱的放置基本相同，单击功能区中“系统”→“电气”→“设备”→“照明”，如图 5.2–31 所示。选择合适的开关类型，放置在图中，可以修改“属性”面板中的“立面”数值，设置开关的距地高度，如图 5.2–32 所示。

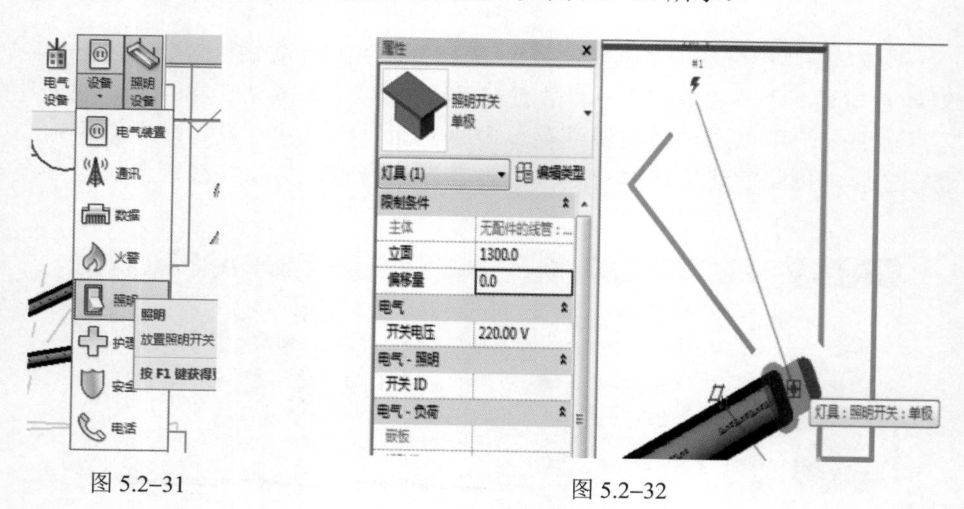

图 5.2–31　　　　图 5.2–32

5.3 通风空调系统模型创建

5.3.1 风管功能简介

Revit MEP 具有强大的管路系统三维建模功能，可以直观地反映系统布局，实现所见即得。对风管、管道等进行设置，可以提高设计准确性和效果，避免碰撞交叉的情况出现。

1. 风管参数设置

在绘制风管系统前，先设置风管类型、风管尺寸及风管系统等风管设计参数。

（1）风管类型设置方法。打开 Revit MEP，选择“机械样板”。单击“系统”选项卡下的“HVAC”面板中的“风管”按钮，通过绘图区域左侧的“属性”对话框选择和编辑风管的类型，如图 5.3–1 所示。

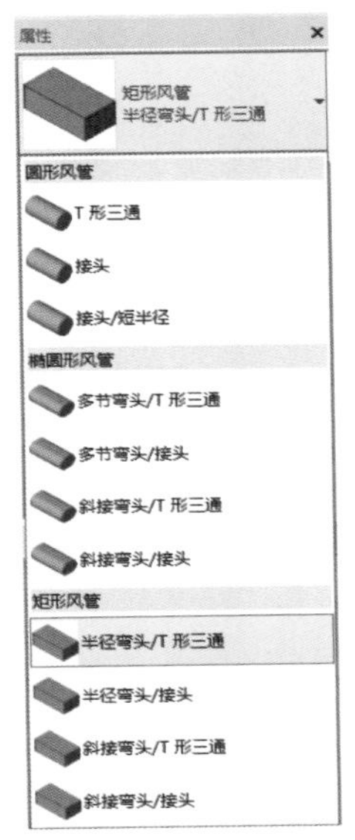

图 5.3–1

单击属性栏中的“编辑类型”按钮，打开“类型属性”对话框，可以对风管类型进行配置，如图 5.3–2 所示。选择“复制”按钮，可以在已有风管类型基础模版上添加新的风管类型。通过“布管系统配置”，可以在对话框中编辑配置各类型风管管件族，指定绘制风管时自动添加到风管管路中的管件。

（2）风管尺寸设置打开的方法。在 Revit MEP 中，通过“机械设置”对话框编辑当前项目文件中的风管尺寸信息，有以下三种方法：

1）单击功能区“系统”选项卡“HVAC”面板右下角的箭头，如图 5.3–3 所示。

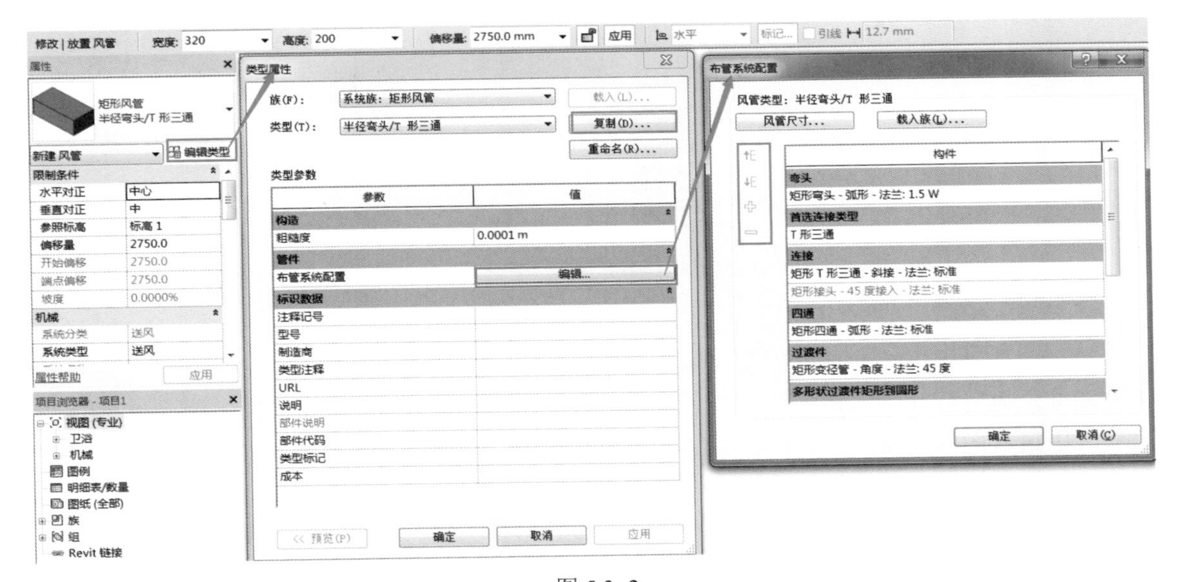

图 5.3–2

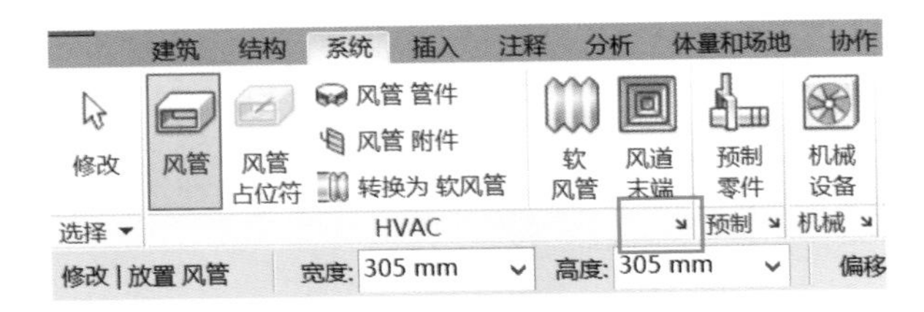

图 5.3–3

2）单击功能区“管理”选项卡“设置”面板的“MEP 设置”，如图 5.3–4 所示。

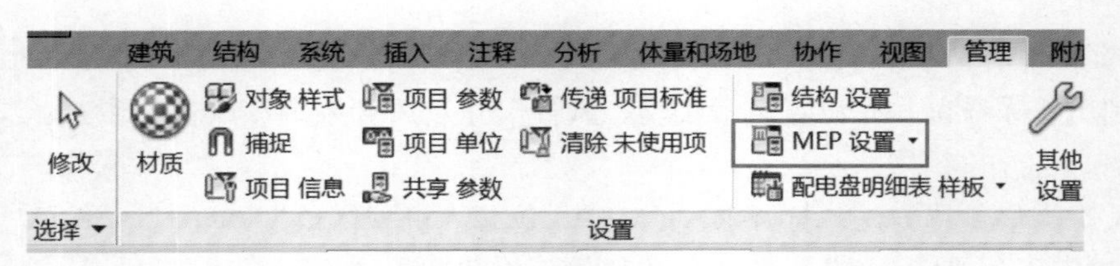

图 5.3–4

3）使用快捷键“MS”打开设置。

（3）设置风管尺寸。打开“机械设置”对话框，如图 5.3–5 所示，单击“矩形”“圆形”可以分别定义对应形状的风管尺寸。单击“新建尺寸”或者“删除尺寸”按钮可以添加或删除风管的尺寸。软件不允许重复添加列表中已有的风管尺寸。

机械设置

隐藏线
风管设置
角度
转换
矩形
椭圆形
圆形
计算
管道设置
角度
转换
管段和尺寸
流体
坡度
计算

新建尺寸（N）...　删除尺寸（D）

尺寸	用于尺寸列表	用于调整大小
75.00 mm	☑	☑
90.00 mm	☑	☑
100.00 mm	☑	☑
110.00 mm	☑	☑
125.00 mm	☑	☑
140.00 mm	☑	☑
150.00 mm	☑	☑
175.00 mm	☑	☑
200.00 mm	☑	☑
225.00 mm	☑	☑
250.00 mm	☑	☑
275.00 mm	☑	☑
300.00 mm	☑	☑
325.00 mm	☑	☑
350.00 mm	☑	☑
375.00 mm	☑	☑
400.00 mm	☑	☑

确定　取消

图 5.3–5

通过勾选“用于尺寸列表”和“用于调整大小”可以定义风管尺寸在项目中的应用。如果勾选某一风管尺寸的“用于尺寸列表”，该尺寸就会出现在风管布局编辑器和“修改/放置风管”中风管的“宽度”“高度”“直径”下拉列表中，在绘制风管时可以直接选用。在绘制风管时可以直接选择选项栏下拉列表中的尺寸，如图 5.3–6 所示。如果勾选某一风管尺寸的“用于调整大小”，该尺寸可以应用于软件提供的“调整风管/管道大小”功能。

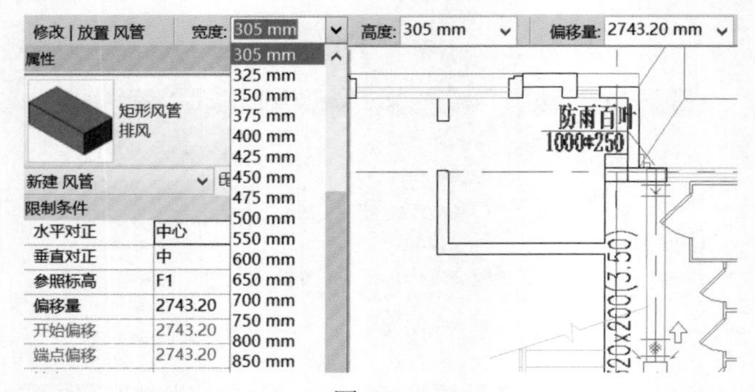

图 5.3–6

2. 风管绘制方法

主要介绍风管占位符和风管管路的绘制，以绘制矩形风管为例介绍绘制风管的方法。

（1）风管占位符。风管占位符用于风管的单线显示，不自动生成管件。风管占位符与风管可以相互转换。在项目初期可以绘制风管占位符代替风管以提高软件的运行速度。风管占位符支持碰撞检查功能，不发生碰撞的风管的占位符转换成的风管也不会发生碰撞。

在平面视图、立面视图和三维视图中均可绘制风管占位符。进入风管占位符绘制模式的方式是：单击“系统”选项卡“风管占位符”，如图 5.3–7 所示。

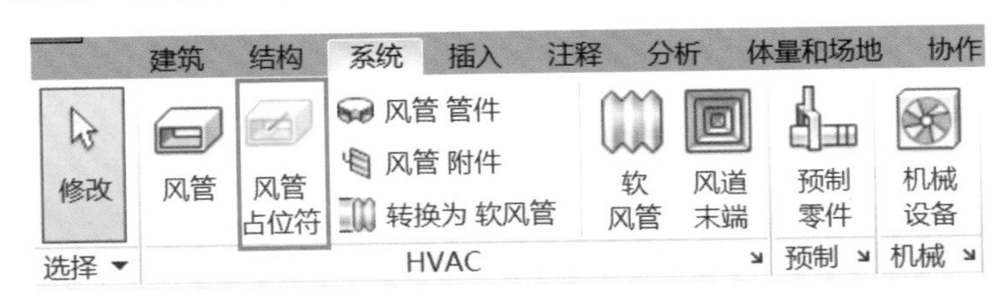

图 5.3–7

（2）风管绘制的基本操作。单击“系统”功能卡中“风管”按钮，或者使用快捷键 DT 调出命令。

进入风管绘制模式后，“修改/放置风管”选项卡和“修改/放置风管”选项栏被同时激活，如图 5.3–8 所示。

图 5.3–8

具体绘制风管的步骤如下：

1）选择风管类型。在左侧“属性”栏中选择所需要绘制的风管类型。

2）选择风管尺寸。在风管“修改/放置风管”选项栏的“宽度”“高度”下拉列表中选择风管尺寸。如果在下拉列表中没有需要的尺寸，可以直接在“宽度”“高度”中输入需要绘制的尺寸。

3）指定风管偏移。默认“偏移量”是指风管中心线相对于当前平面标高的距离。在“偏移量”下拉列表中可以选择项目中已经用到的风管偏移量，也可以直接输入自定义的偏移数值，默认单位为毫米。

4）指定风管起点和终点。将鼠标指针移至绘图区域，单击鼠标指定风管起点，移动至终点位置再次单击，完成一段风管的绘制。绘制完成后，按 Esc 键，或者单击鼠标右键，在弹出的快捷菜单中选择“取消”命令，退出风管绘制命令。

5）选择系统类型。在属性栏中的“机械”栏下面可选择风管的系统类型，比如送风、排风、回风等。也可以在族中找到风管类型族，添加不同的系统，比如新风、排烟等。

（3）风管对正。

1）绘制风管。在平面视图和三维视图中绘制风管时，可以通过“修改/放置风管”选项卡中的“对正”指定风管的对齐方式。单击“对正”，打开“对正设置”对话框，如图 5.3–9 所示。

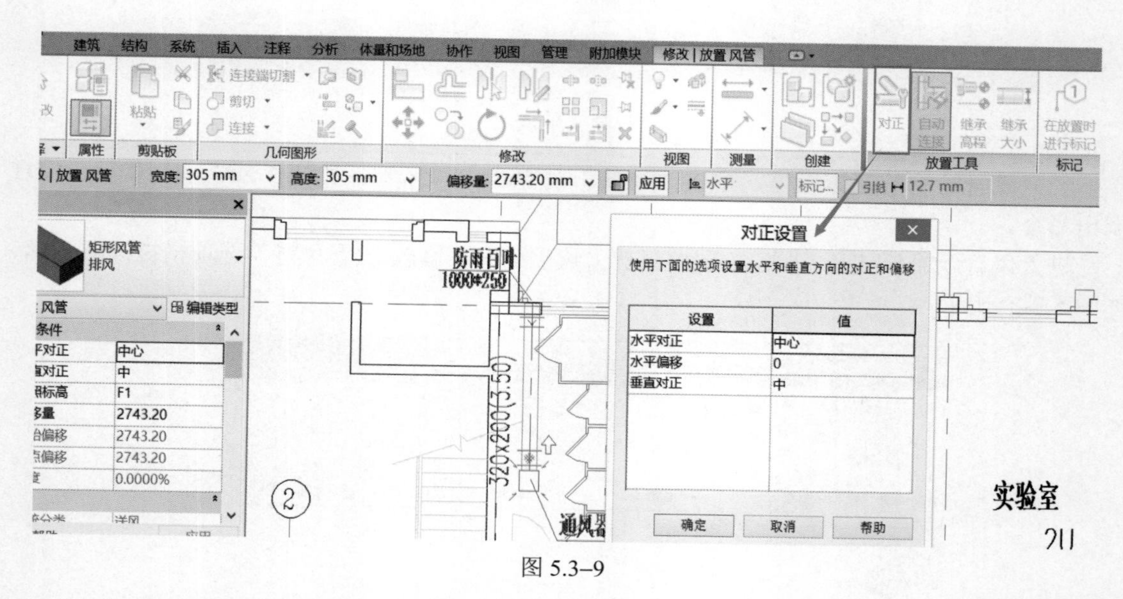

图 5.3–9

① 水平对正。当前视图下，以风管的“中心”“左”“右”侧边缘作为参照，将相邻两段风管边缘进行水平对齐。“水平对正”的效果与画管的方向有关，自左向右绘制风管时，选择不同“水平对正”方式效果，如图 5.3–10 所示。

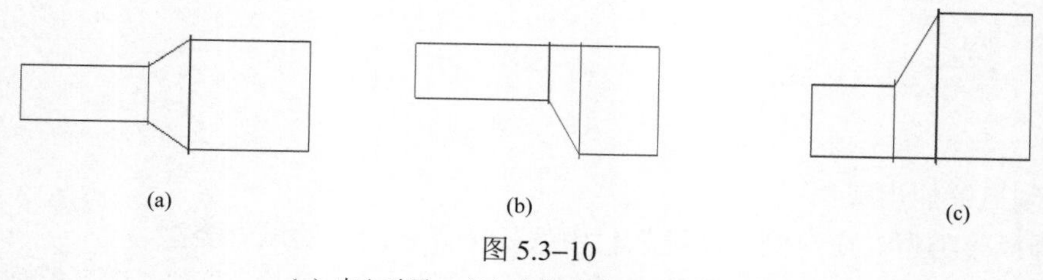

图 5.3–10

（a）中心对正；（b）左边对正；（c）右边对正

② 水平偏移。用于指定风管绘制起始点位置与实际风管和墙体等参考图元之间的水平偏移距离。“水平偏移”的距离和“水平对齐”设置与风管方向有关。设置“水平偏移”值为 100mm，自左向右绘制风管，如图 5.3–11 所示。

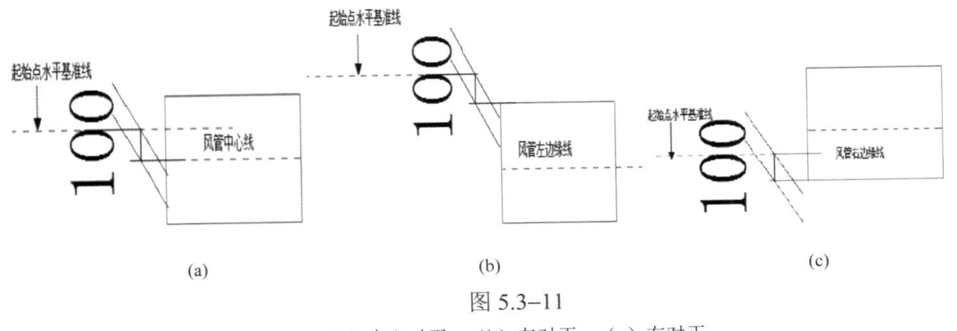

图 5.3–11

（a）中心对正；（b）左对正；（c）右对正

③ 垂直对正。在当前视图下，以风管外的“中”“底”“顶”作为参照，将相邻两段风管边进行垂直对齐。“垂直对齐”的设置决定了风管“偏移量”指定的距离。不同“垂直对齐”方式下，偏移量为 2750mm 绘制风管的效果，如图 5.3–12 所示。

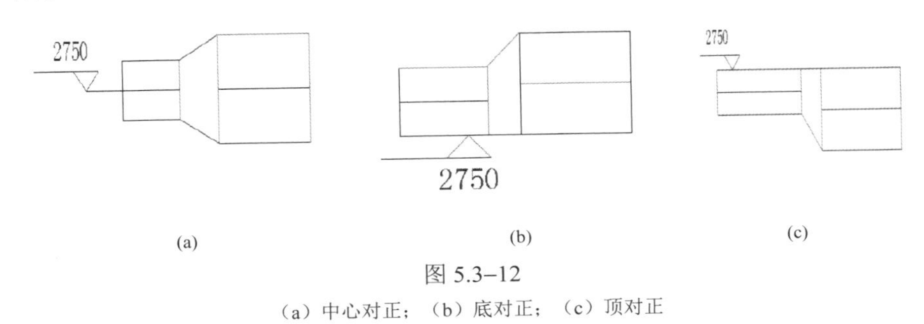

图 5.3–12

（a）中心对正；（b）底对正；（c）顶对正

2）编辑风管。风管绘制完成后，在任意视图中，可以使用“对正”命令修改风管的对齐方式。选中需要修改的管段，单击功能区中的“对正”按钮，如图 5.3–13 所示。进入“对正编辑器”，选择需要的对齐方式和对齐方向，单击“完成”按钮。

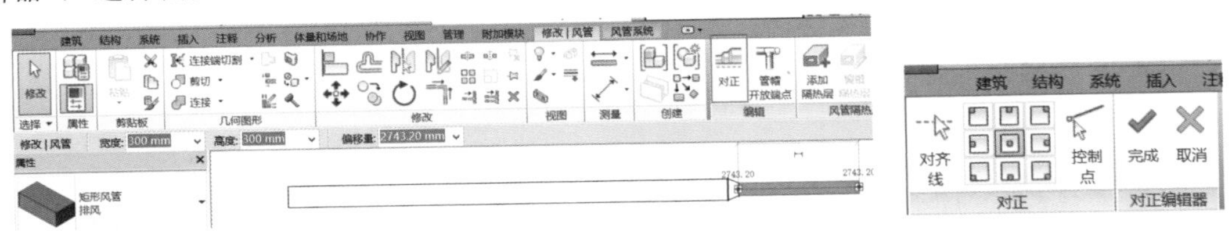

图 5.3–13

激活“风管”命令后，“修改/放置风管”选项卡中的“自动连接”用于某一段风管管路开始或者结束时自动捕捉相交风管，并添加风管管件完成连接。如果取消“自动连接”，绘制两段不在同一高程的正交风管，则不会生成管件完成自动连接。

（4）风管管件的使用。风管管路中包含大量连接风管的管件，下面介绍绘制风管时管件的使用方法。

1）放置风管管件。

① 自动添加。绘制某一类型风管时，通过风管的“类型属性”对话框中的“布管系统配置”指定的风管管件，可以根据风管自动布局加载到风管管路中。目前一些类型的管件可以

在“类型属性”对话框中指定弯头、T 形三通、接头、四通、过滤件（变径）、多形状过滤件矩形搭到圆形（天圆地方）、多形状过渡件椭圆形到圆形（天圆地方）、活接头。用户可以根据需要选择相应的风管管件族，如图 5.3–14 所示。

② 手动添加。在“类型属性”对话框中的“布管系统配置”列表中无法指定的管件类型，例如偏移、Y 形三通、斜四通，使用时需要插入到风管中或者将管件放置到所需位置后手动绘制风管。

2）编辑管件。在绘图区域中某一管件，管件周围会显示一组管件控制柄，可以用于修改管件尺寸、调整管件方向和进行管件升级或降级。

在所有连接件都没有连接风管时，可单击尺寸标注改变管件尺寸，如图 5.3–15 所示。

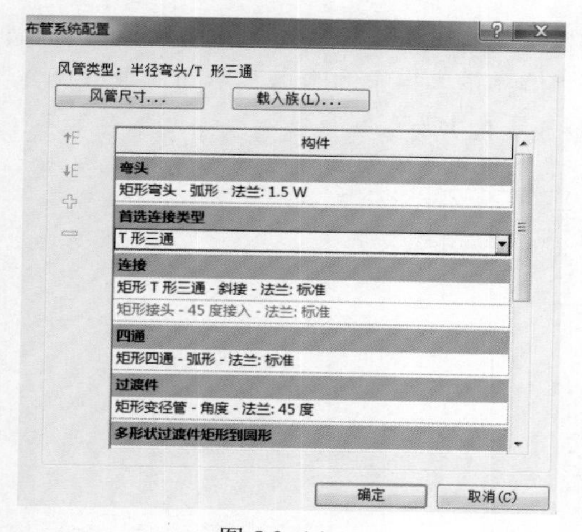

图 5.3–14

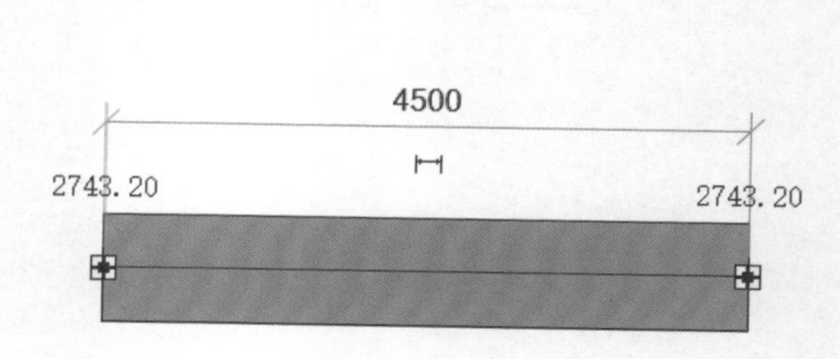

图 5.3–15

可以根据快捷命令提示实现管件水平或垂直翻转 180°。如果管件的所有连接件都连接风管，则该管件可以降级，如 T 形三通可以降级为弯头、四通可以降级为 T 形三通等。如果管件有一个未使用连接风管的连接件，该管件可以升级，如弯头可以升级为 T 形三通、T 形三通可以升级为四通等。

3. 风管显示设置

（1）视图详细程度。Revit MEP 的视图可以设置粗略、中等和精细 3 种详细程度。在粗略程度下，风管默认为单线显示，中等和精细程度下，风管默认为双线显示，如图 5.3–16 所示。

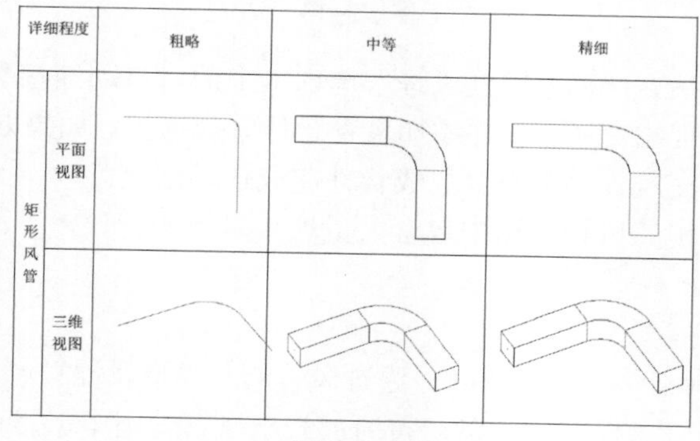

图 5.3–16

（2）可见性/图形替换。单击功能区中“视图”→“图形”→“可见性/图形”，或者通过快捷键 VG 或 VV 打开当前视图的“可见性/图形替换”对话框。在“模型类别”选项卡中可以设置风管的可见性。设置“风管”族类别可以整体控制风管的可见性，还可以分别设置风管族的子类别，如衬层、隔热层等分别控制不同子类别的可见性。如图 5.3–17 所示的设置表示风管族中所有子类别都可见。

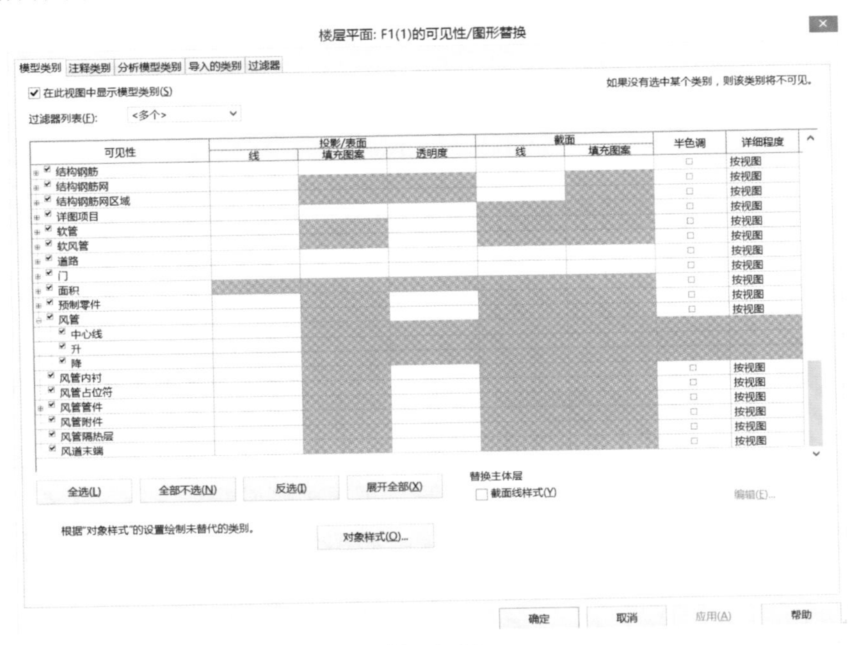

图 5.3–17

5.3.2 通风系统案例的绘制

通风系统主要分为空调送风系统、空调回风系统、空调排风系统、新风系统、工业通风系统、防排烟系统等组成。

首先链接 CAD 施工图纸，在导入前先对 CAD 施工图进行处理，打开 CAD 图把要导入的通风平面图单独复制、保存。复制时注意采用带基点复制的方法，然后把复制的图的基点粘贴到原点（0，0，0），这样方便于导入 Revit 模型中。单击“插入”选项卡中的“链接 CAD”按钮，选择保存在文件里的通风平面图 CAD 文件即可。

1. 系统的创建

在项目中，首先根据暖通项目中系统的分类去创建暖通空调系统，如图 5.3–18 所示，系统的创建有利于后期过滤器的创建和系统的显示和区分。

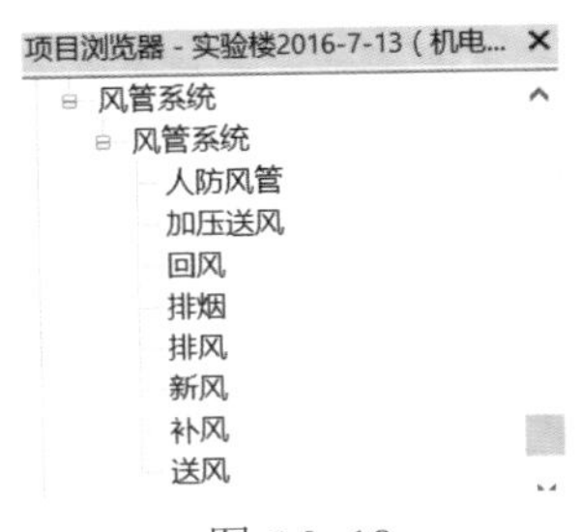

图 5.3–18

2. 参数设置

（1）风管属性的设置。

1）单击“系统”选项卡下的“HVAC”面板上的“风管”按钮，或使用快捷键 DT，如图 5.3–19 所示，进入风管绘制界面。

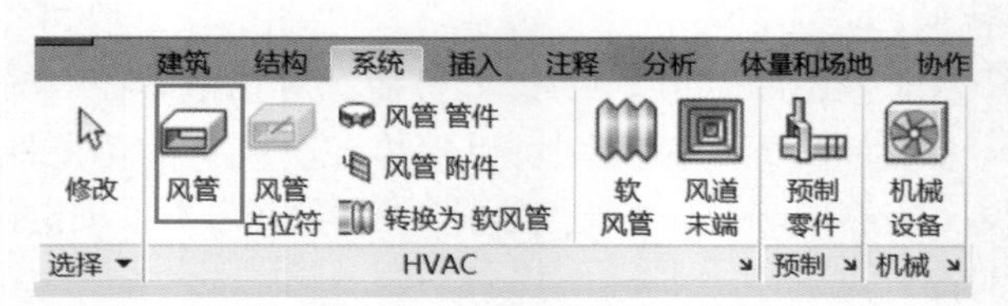

图 5.3–19

2）单击左侧“属性”对话框中的“编辑类型”按钮，打开“类型属性”对话框，在“类型”下拉列表中有 4 种可供选择的管道类型，分别为半径弯头/接头、斜接弯头/接头、半径弯头/T 形三通、斜接弯头/T 形三通，部分连接效果如图 5.3–20 所示。

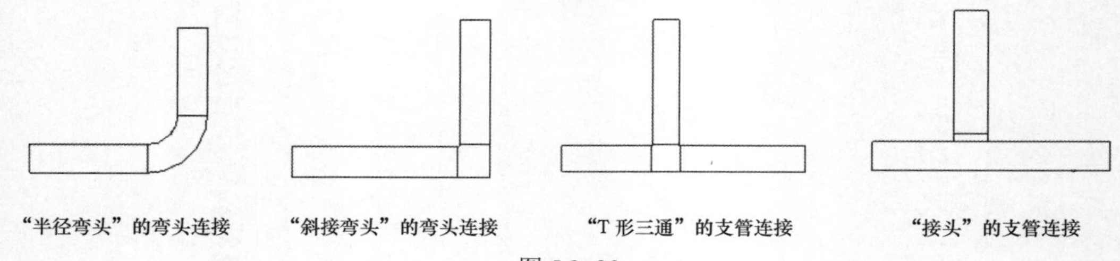

图 5.3–20

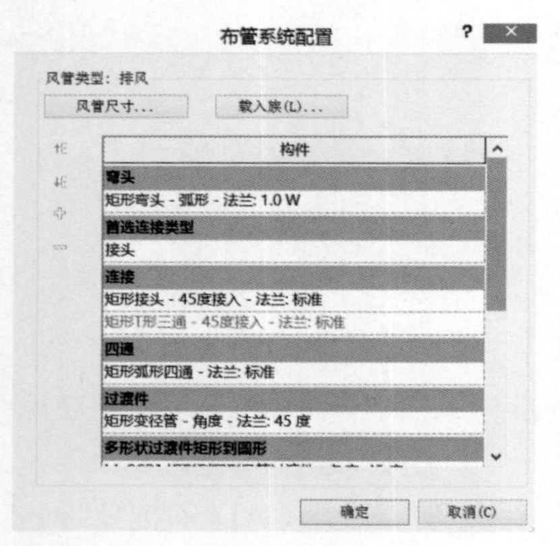

图 5.3–21

在“机械”列表中可以看到弯头、首选连接类型等构件的默认设置，管道类型名称与弯头、首选连接类型的名称之间是有联系的，各个选项的设置功能如图 5.3–21 所示。

此处提供了多种管道连接方式的设置，绘制管道过程中不需要改变风管的设置，只需要改变风管的类型即可，减少了绘制的麻烦。

选择“风管”按钮，或输入快捷键 DT，修改风管的尺寸值、标高值，绘制一段风管，然后输入不同的偏移量，继续绘制风管，在变高程的地方就会自动生成一段风管的立管。

立管的连接形式因弯头的不同而不同，如图 5.3–22 所示是立管的两种形式。

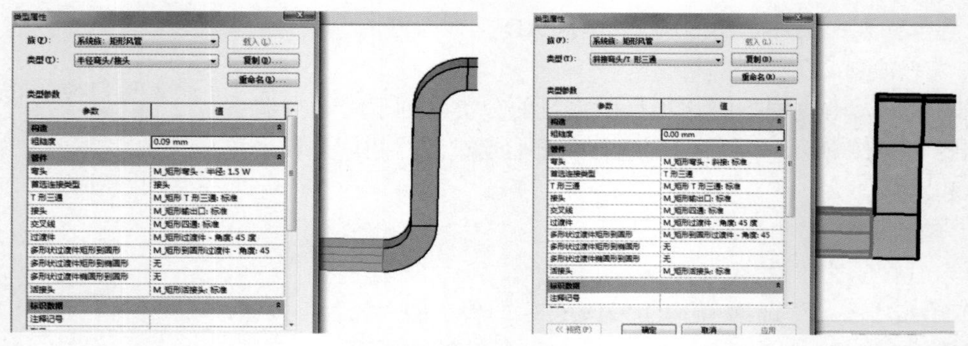

图 5.3–22

3. 绘制风管

根据系统的分类，通过复制和重命名创建风管类型，方便风管的查询和碰撞检测，如图 5.3–23 所示。

（1）首先来绘制“排风系统”的风管。单击“系统”选项卡下的“HVAC”面板上的“风管”按钮，在选项栏中设置风管的尺寸，偏移量为底对齐偏移 3500mm，如图 5.3–24 所示。

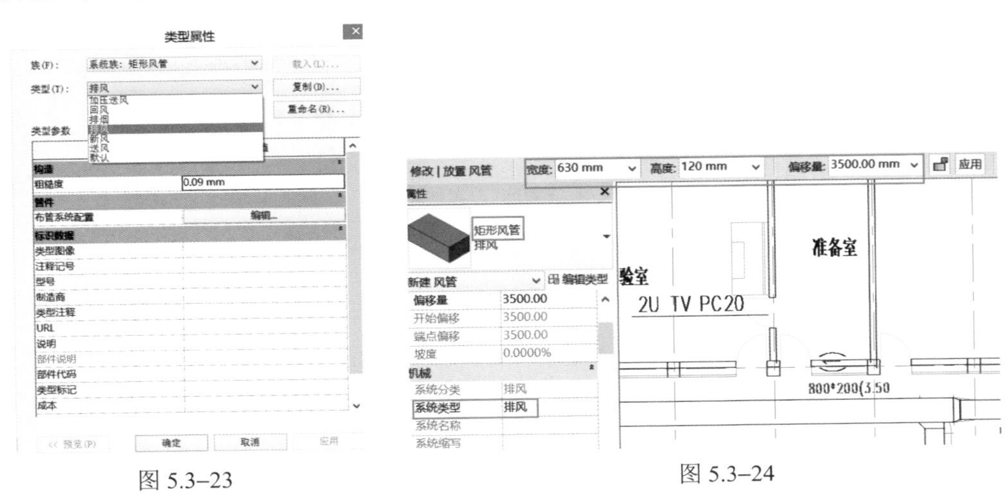

图 5.3–23　　　　图 5.3–24

（2）绘制排风系统的三通。将风管 T 形三通的连接方式改成此样式 T 形三通，如图 5.3–25 所示。

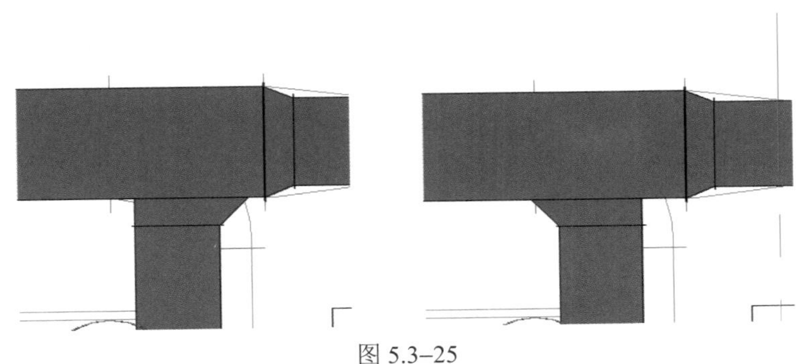

图 5.3–25

（3）绘制完成排风风管以后，在平面视图里面的效果如图 5.3–26 所示。

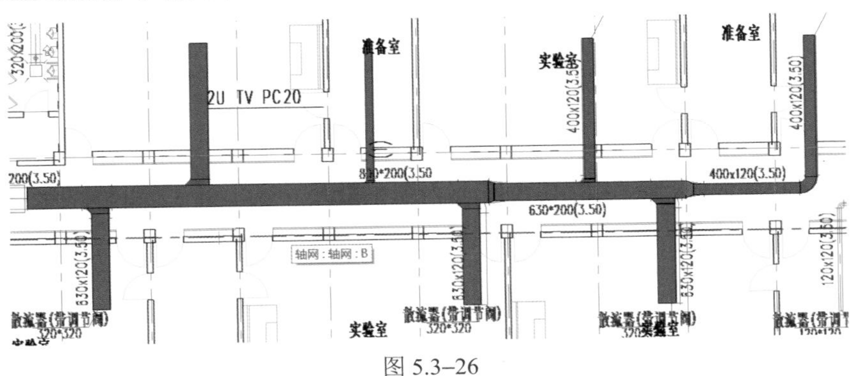

图 5.3–26

（4）排风系统连接排风机后的效果，如图 5.3–27 所示。

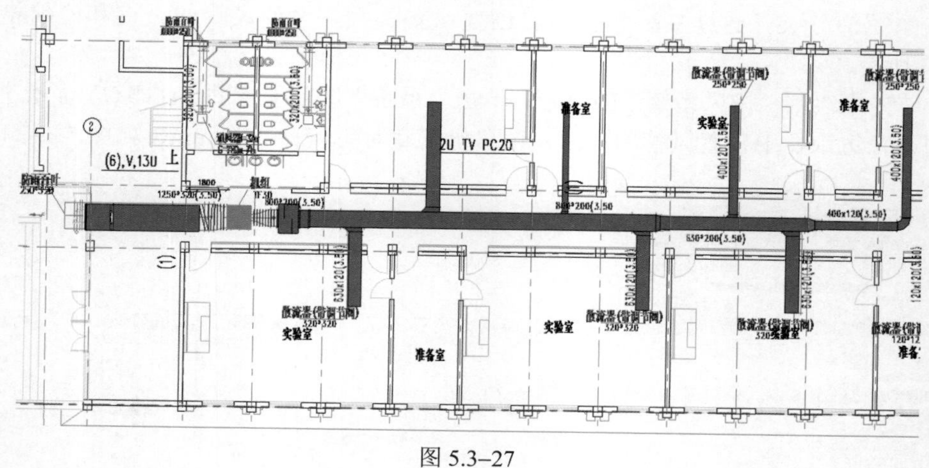

图 5.3–27

4. 添加风口及管件

不同的通风系统使用不同的风口类型，在本项目中，排风系统使用的风口为“单层百叶排风口”。

（1）单击“系统”选项卡下的“HVAC”面板上的“风道末端”按钮，自动弹出“加载族”对话框，点击“载入族”，在弹出的对话框中选择所需的单层百叶风口族，单击“打开”按钮。

（2）如果没有需要的百叶风口尺寸，在加载进来的百叶风口的类型属性里复制一个尺寸出来，比如 200mm×200mm 的风口，如图 5.3–28 所示。

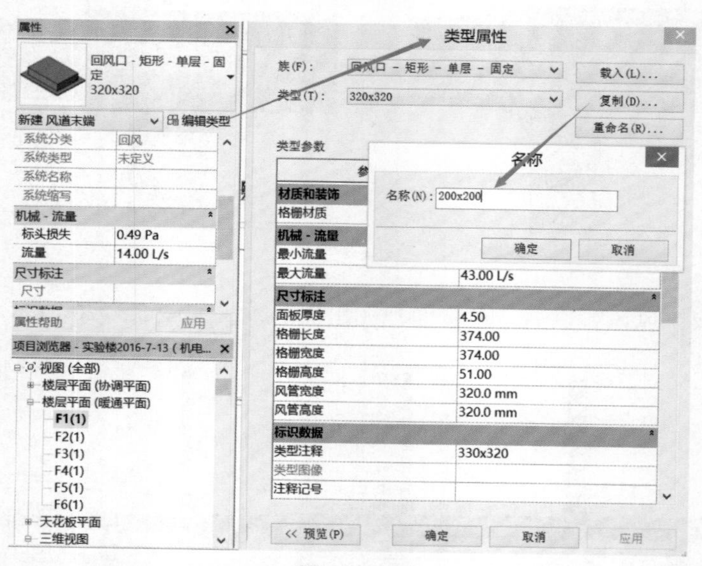

图 5.3–28

然后根据图纸内容，在相应的位置单击添加百叶风口，注意更改偏移量为 3000mm，风口将与风管自动连接起来，如图 5.3–29 所示。

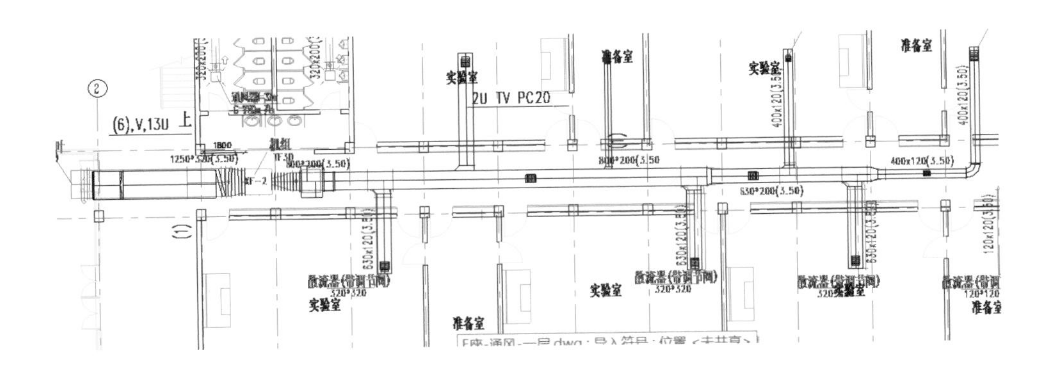

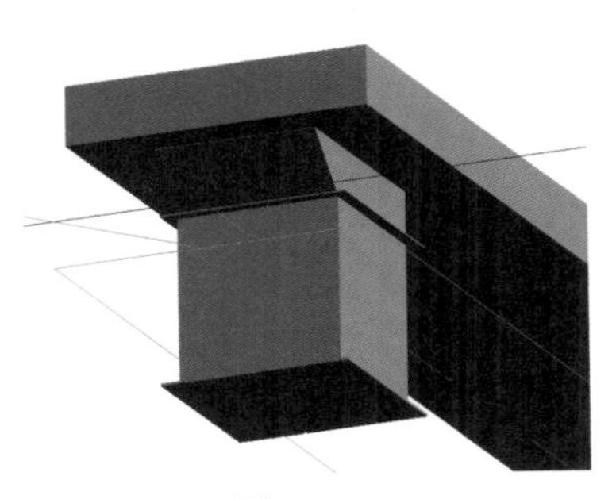

图 5.3–29

接着插入防雨百叶风口，依照上述操作步骤，注意需要建立一个辅助墙体才能放置进去，如图 5.3–30 所示。

（3）单击“系统”选项卡下的“HVAC”面板上的“风管附件”按钮，自动弹出“加载族”对话框，点击“加载族”，在弹出的对话框中选择所需的调节阀族打开即可。

如果没有需要的调节阀族，在加载进来的调节阀族的类型属性里复制一个尺寸出来，比如 1250mm×320mm 的调节阀，如图 5.3–31 所示。

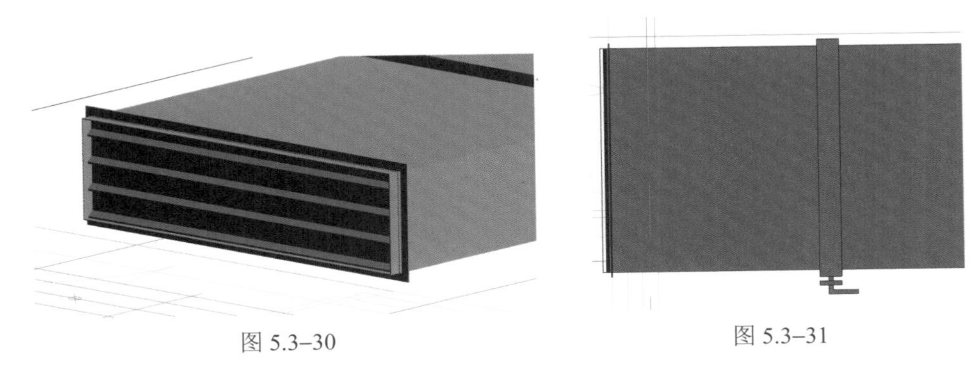

图 5.3–30　　图 5.3–31

5. 风管颜色的设置

一个完整的空调通风系统包括送风系统、回风系统、新风系统、排风系统、防排烟系统等。为了区分不同的系统，可以在 Revit MEP 样板文件中设置不同系统的风管颜色，以便于系统的区分和风系统概念的理解。

（1）以本系统为例，进入“F1”视图，在左边属性对话框中点击“可见性/图形替换”按钮，或直接键盘输入 VV 或者 VG，进入“可见性/图形替换”对话框。单击“过滤器”选项卡，如图 5.3–32 所示。

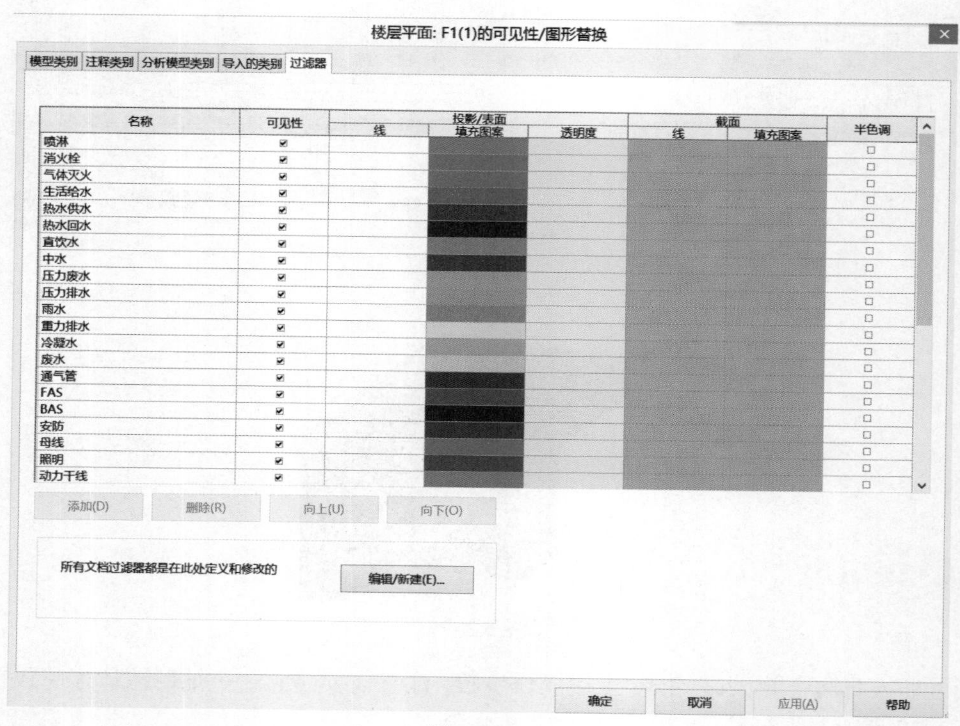

图 5.3–32

（2）从图 5.3–32 可以看到，过滤器需要通过手动添加，点击“编辑/新建”按钮，在弹出的“过滤器”对话框中进行设置，如图 5.3–33 所示。

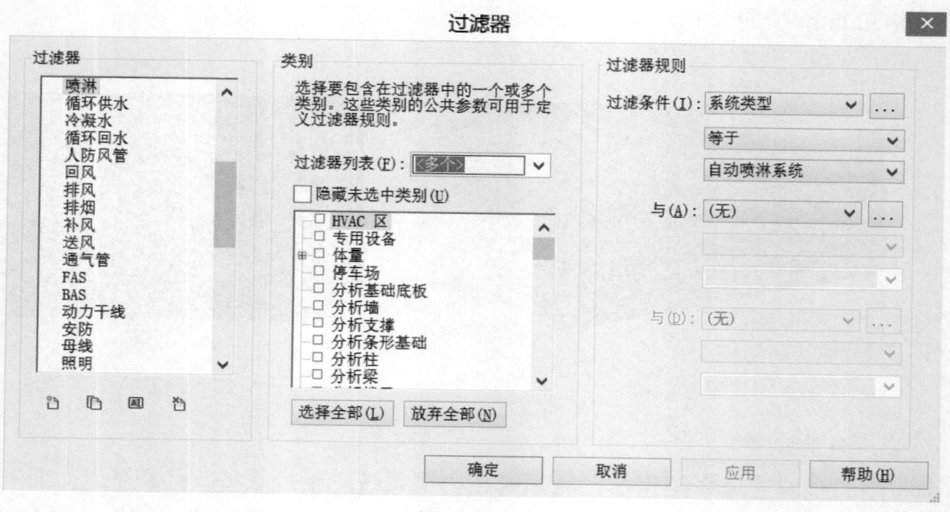

图 5.3–33

（3）返回到“可见性/图形替换”对话框，单击“投影/表面”下的“填充图案”，按图 5.3–34

进行设置，设置完成后单击“确定”按钮。

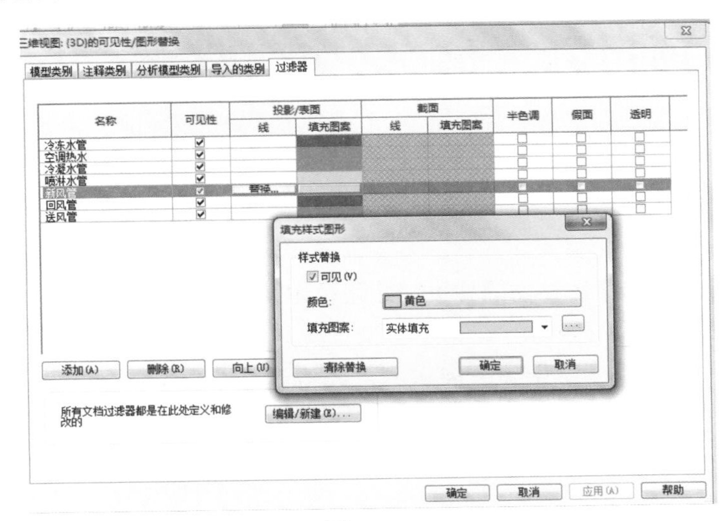

图 5.3–34

（4）本项目全部绘制完成后，平面视图和三维视图效果如图 5.3–35 所示。

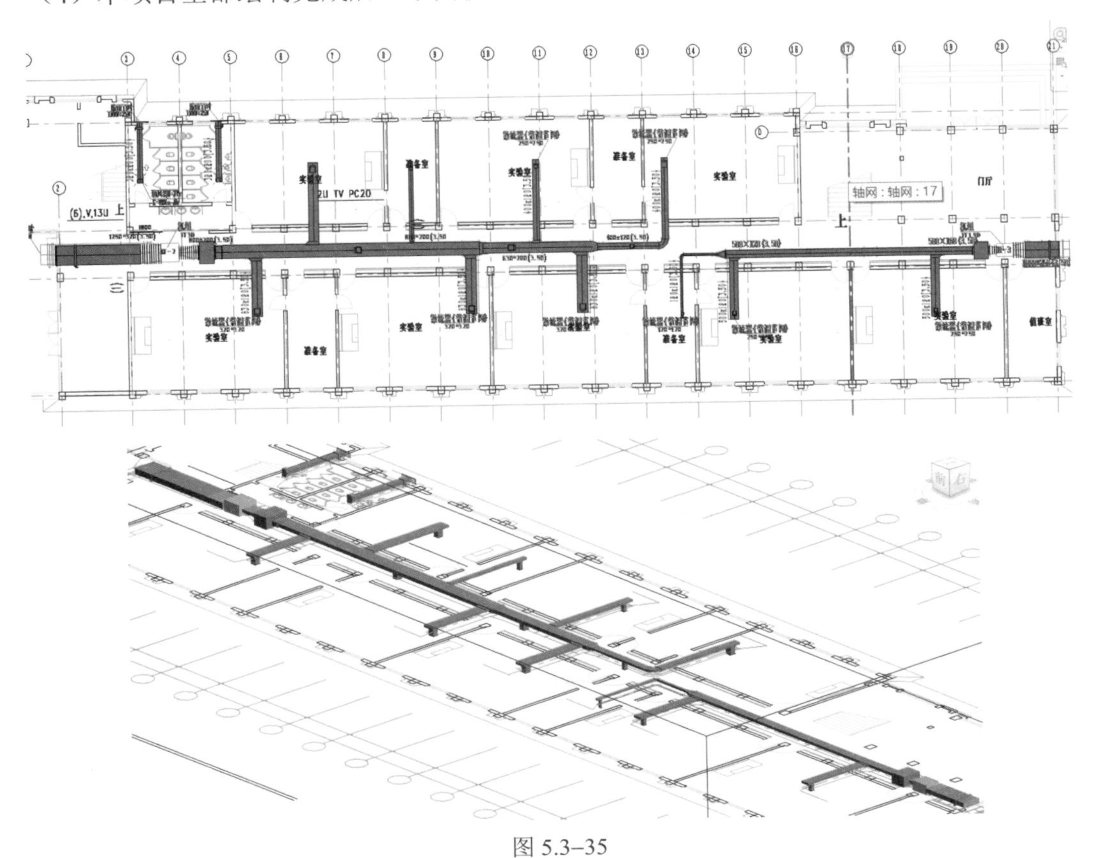

图 5.3–35

项目六 信息模型输出

6.1 漫游制作

漫游是指沿着定义的路径移动的相机。此路径由帧和关键帧组成。关键帧是指可在其中修改相机方向和位置的可修改帧。

选择“视图”选项卡→“创建”面板→“三维视图”→ (漫游)。调整偏移量，如图 6.1–1 所示。漫游路径设置如图 6.1–2 所示。激活编辑漫游如图 6.1–3 所示。编辑漫游路径如图 6.1–4、图 6.1–5 所示。

修改 | 漫游 ☑透视图 比例: 1 : 100 偏移量: 1750.00 自 F1

图 6.1–1

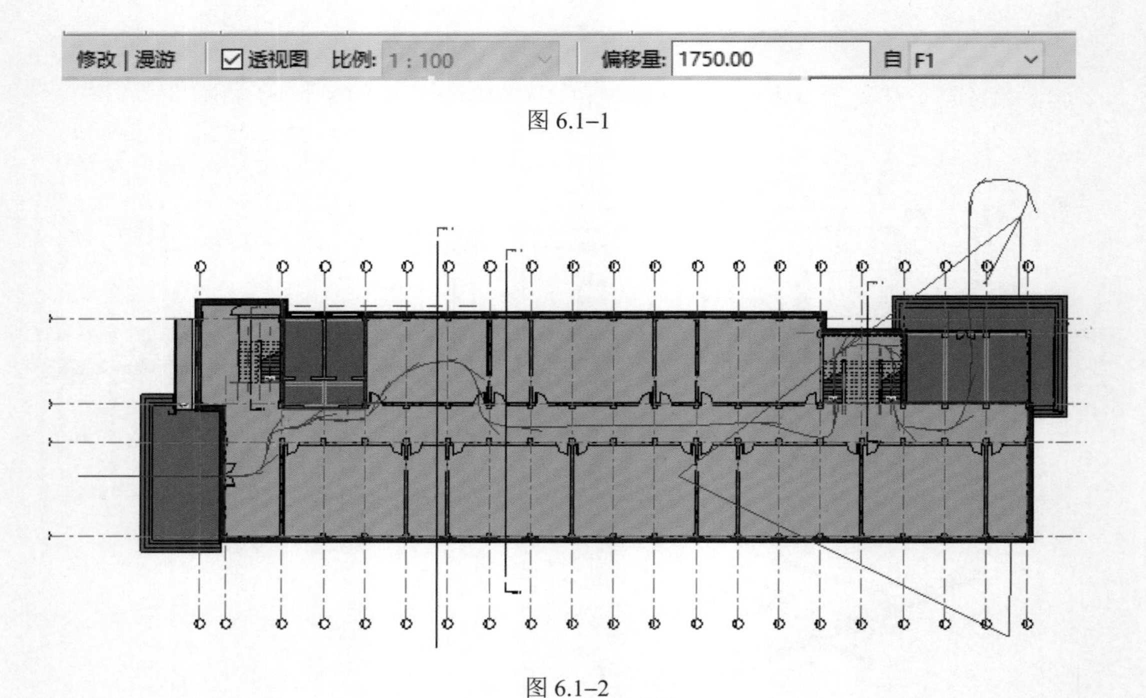

图 6.1–2

建筑 结构 系统 插入 注释 分析 体量和场地 协作 视图 管理 附加模块 修改 | 相机

修改 粘贴 连接端切割 剪切 连接 尺寸裁剪 重置目标 编辑漫游

选择 属性 剪贴板 几何图形 修改 视图 测量 创建 裁剪 相机 漫游

图 6.1–3

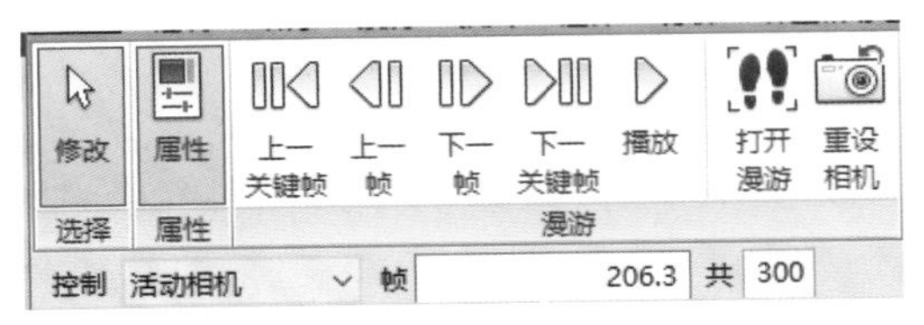

图 6.1–4

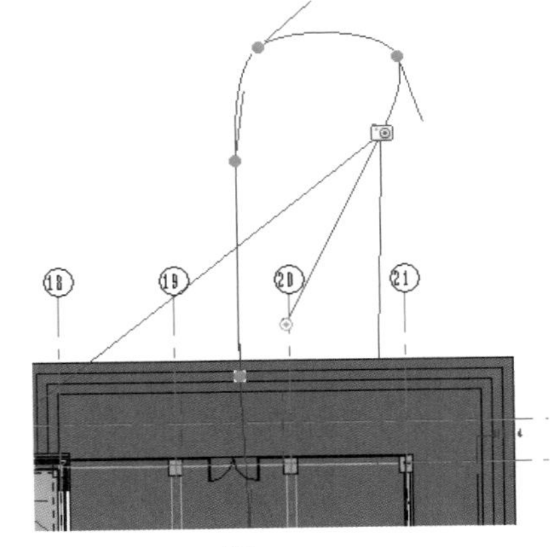

图 6.1–5

为了模拟真实效果，可以在创建漫游路径时修改路径偏移。例如沿着楼梯的路径应该修改偏移值，模拟上楼梯的效果，如图 6.1–6 所示，根据不同路径修改总帧数，消除漫游的卡顿感觉。漫游修改后，可以通过导出形成视频动画的成果文件。

图 6.1–6

6.2 渲染设置

1. 材质

为了达到真实的渲染效果，就需要对构建赋予真实的材质。选择“管理”选项卡→“设置”面板→（材质），如图 6.2–1 所示。还可在定义图元族时将材质应用于图元。

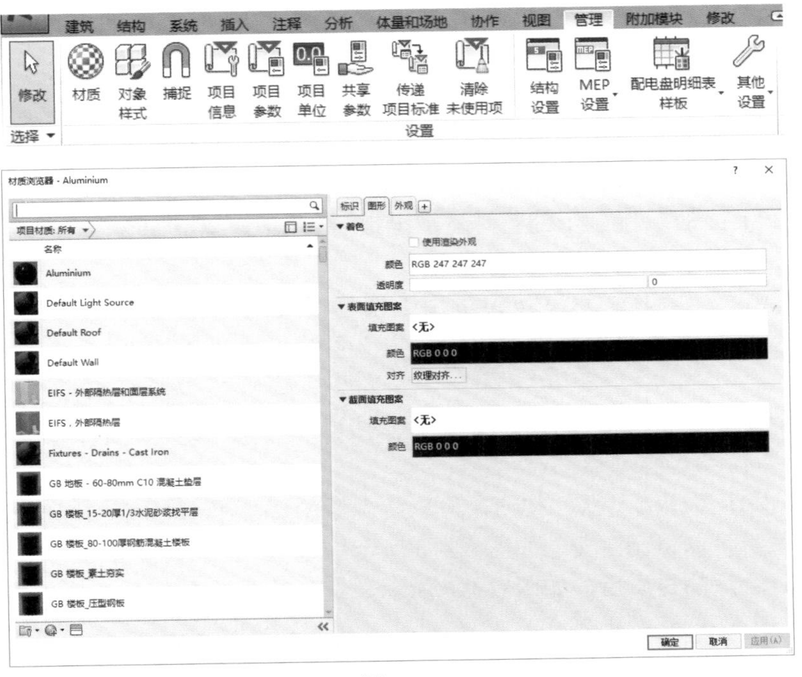

图 6.2–1

Revit 使用以下资源类型来定义材质（图 6.2–2）。

“图形”（仅限于 Revit）——这些特性控制材质在未渲染视图中的外观。

“外观”——这些特性控制材质在渲染视图、真实视图或光线追踪视图中的显示方式。

“物理”——这些特性用于结构分析。

“热量”（仅限于 Revit）——这些特性用于能量分析。

“资源”选项卡和“添加资源”按钮+：“资源”选项卡（如标识、图形等）可以查看和管理用于描述材质的信息和特性。“添加资源”按钮+仅在可将资源添加到材质时才显示。

“物理”和“热量”选项卡仅在这些资源类型已添加到材质后才显示。

对于“外观”、“热量”和“物理”资源，以下图标和按钮会显示在“材质编辑器”面板的顶部。

“手形\共享”图标：表示在当前项目中有多少材质共享（使用）选定的资源，如图 6.2–3 所示。如果手形显示为零，则该资源不用于当前项目中的任何其他材质，仅用于当前选定的材质。“替换资源”按钮用于替换当前资源。“复制资源”按钮用于复制当前资源。

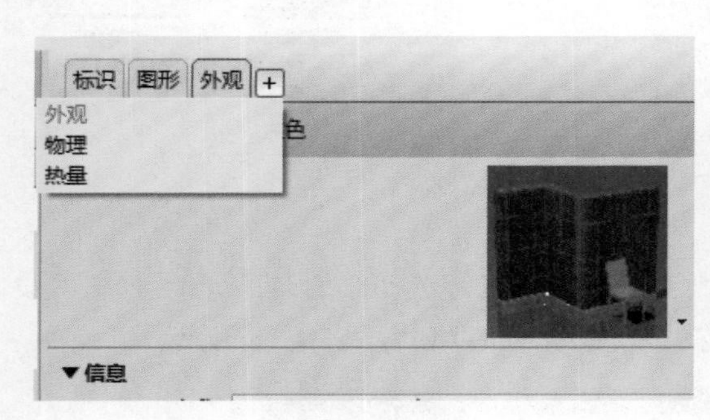

图 6.2–2

图 6.2–3

“缩略图（样例）选项”菜单：在“外观”选项卡上，该缩略图（样例）图像旁边的下拉菜单会显示一个选项列表，用于控制缩略图（样例）的渲染质量和外观。

“特性”面板：用于显示和管理选定资源的详细特性。资源名称和说明都显示在“信息”下拉面板下面。上面的示例显示的是“阳极电镀–红色”外观资源对应的“金属”特性（已展开）。

“材质编辑器”工具栏：这些按钮可用于创建材质、复制当前材质，以及显示或关闭“资源浏览器”。如果在当前项目中可以用自定义参数，则“自定义参数”按钮将显示在此处。

例如“实验楼–砌体–瓷砖”材质，可以对“图形”、“外观”选项内容进行更换，如图 6.2–4 所示。

（打开/关闭资源浏览器）按钮，可以将合适的资源用于对应的构建。对于“外观”选项卡中“图像”可以自己定义，如图 6.2–5 所示。

为构建选择合适的材质后，如图 6.2–6 所示，就可以进行渲染了。

2. 渲染

打开要渲染的三维视图。使用默认设置或自定义选项渲染三维视图。

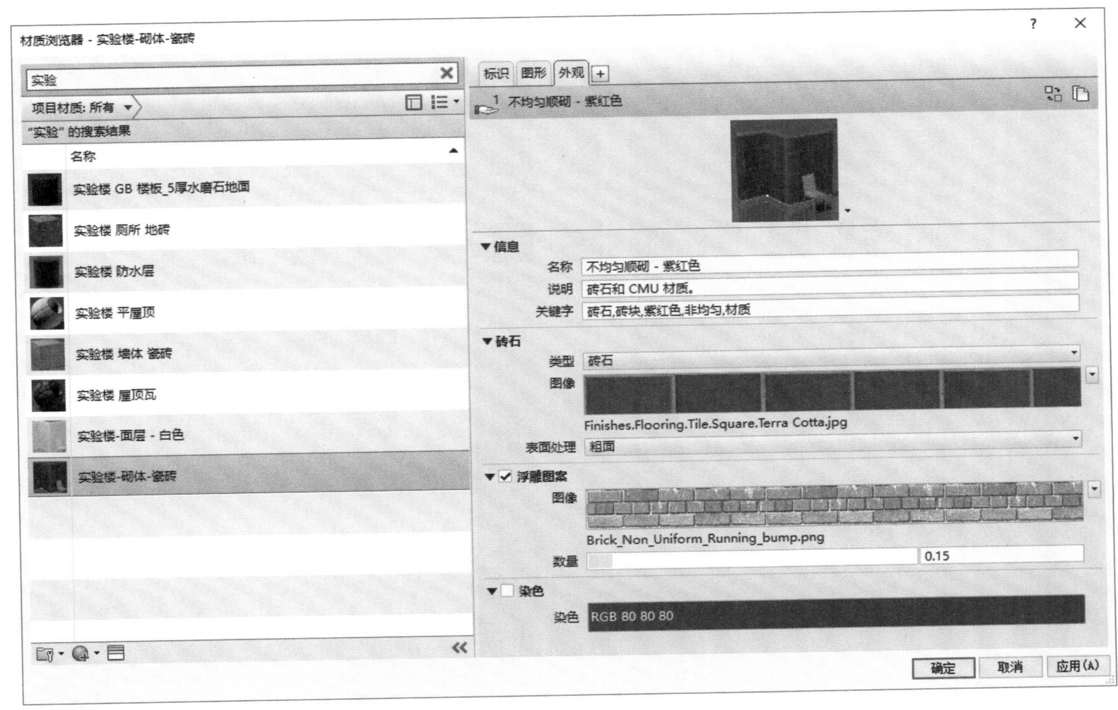
材质浏览器 - 实验楼-砌体-瓷砖
实验
项目材质: 所有
"实验" 的搜索结果
名称
实验楼 GB 楼板_5厚水磨石地面
实验楼 厕所 地砖
实验楼 防水层
实验楼 平屋顶
实验楼 墙体 瓷砖
实验楼 屋顶瓦
实验楼-面层 - 白色
实验楼-砌体-瓷砖
标识
图形
外观
不均匀顺砌 - 紫红色
信息
名称
不均匀顺砌 - 紫红色
说明
砖石和 CMU 材质。
关键字
砖石,砖块,紫红色,非均匀,材质
砖石
类型
砖石
图像
Finishes.Flooring.Tile.Square.Terra Cotta.jpg
表面处理
粗面
浮雕图案
图像
Brick_Non_Uniform_Running_bump.png
数量
0.15
染色
染色
RGB 80 80 80
确定
取消
应用(A)

图 6.2–4

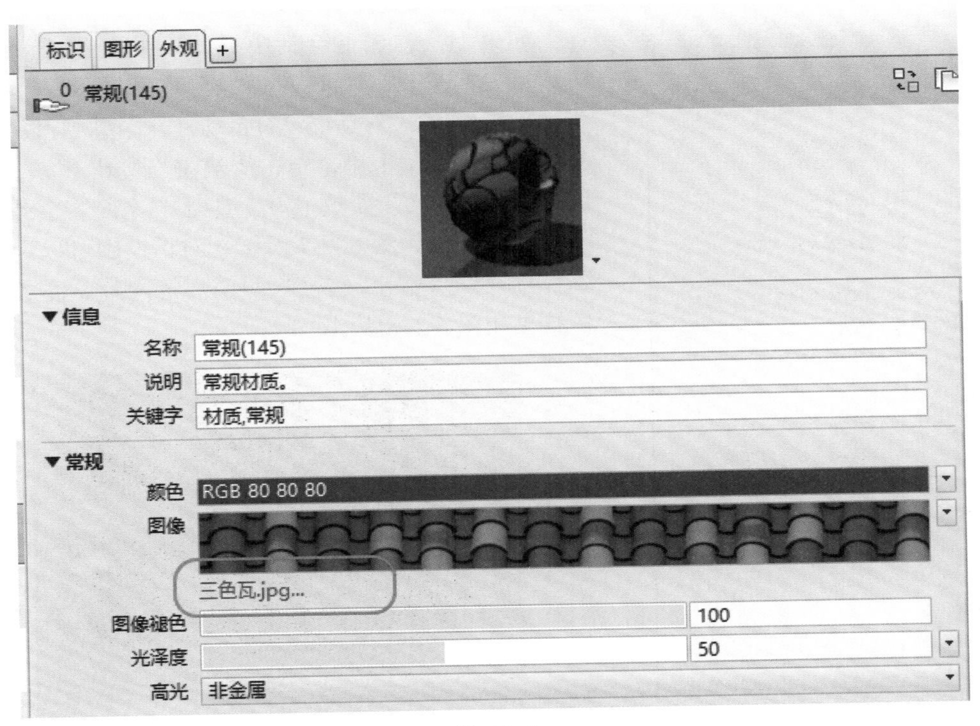
标识
图形
外观
0 常规(145)
信息
名称
常规(145)
说明
常规材质。
关键字
材质,常规
常规
颜色
RGB 80 80 80
图像
三色瓦.jpg...
图像褪色
100
光泽度
50
高光
非金属

图 6.2–5

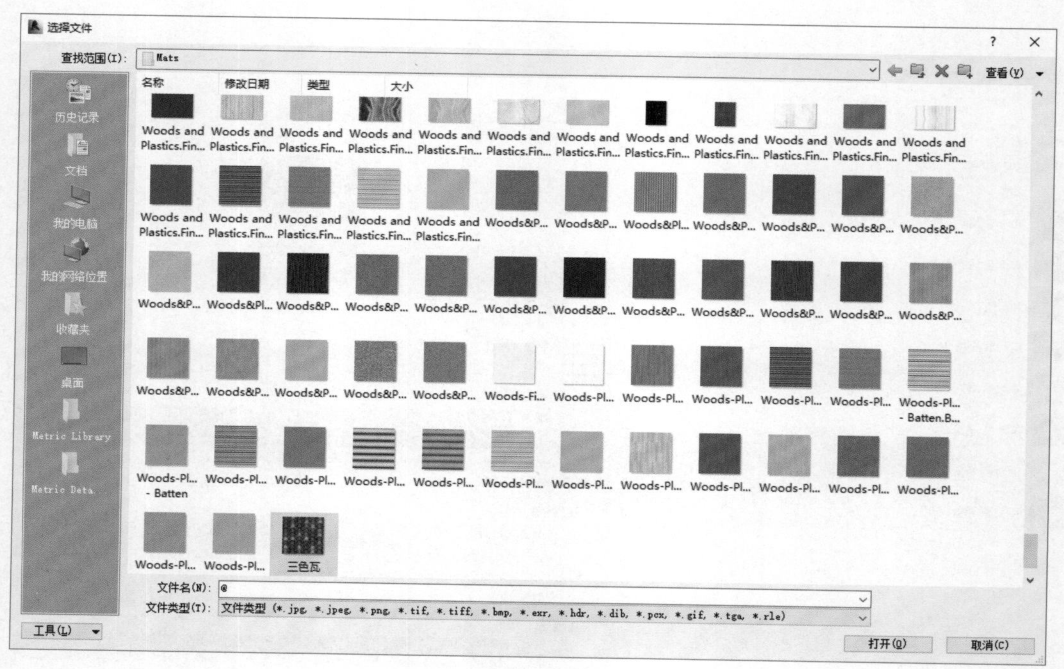

图 6.2–6

如果需要渲染二维视图，还需创建一个面向二维视图（如剖面图或立面图）的三维视图。在 ViewCube 上右击，然后单击“定向到视图”或“确定方向”。

如果上次在当前会话中打开三维视图时，“渲染”对话框是打开的，则该对话框会重新显示。

如果“渲染”对话框没有自动打开，请执行以下操作。

在视图选项卡中，单击“渲染”按钮，“视图”选项卡→“图形”面板→（渲染），系统将会弹出“渲染”对话框，如图 6.2–7 所示。对话框中可以设置“引擎”“质量”“输出设置”“照明”等内容。完成渲染操作结果如图 6.2–8所示。

图 6.2–7

图 6.2–8

6.3 导出 NWC 文件

通过 Reivit 建造模型完毕后，我们可以用软件 Navisworks 进行数据交互，数据交互之前我们需要把模型导出为 NWC 文件格式。

NWC 文件是一种缓存类型的文件，在默认情况下，Reivit 导出的 NWC 格式的文件或用 Navisworks 直接打开的.rvt 文件，将在原始文件所在目录中创建一个与原始文件同名但扩展名为“.nwc”的缓存文件。

NWC 文件比原始文件小，因此可以加快对常用文件的访问速度。下次再在 Navisworks 中打开或附加文件时，将从相应的缓存文件中读取数据。如果缓存文件较旧（原始文件已更改），Navisworks 将转换和更新文件，并为其创造一个新的 NWC 缓存文件。

把 Reivit 文件存储为.nwc 文件的步骤如下。

单击“应用程序菜单”→“导出”→“NWC”，就可以把 Reivit 文件导出为.nwc 文件，如图 6.3–1 所示。

单击“完成”后会出现如下界面，保存到需要的位置就可以了，如图 6.3–2 所示。

图 6.3–1　　图 6.3–2

6.4 创建明细表

明细表是 Reivit 软件中的重要组成部分。通过定制明细表，可以从所创建的建筑信息模型中获取项目应用中所需要的各类项目信息，应用表格的形式可以直观的表述。

按照“视图”→“明细表”→“明细表/数量”顺序，打开新建明细表，如图 6.4–1 和

图 6.4–2 所示。然后单击“确定”按钮进入“明细表属性”的设定，如图 6.4–3 所示。从“可用字段列表”框中选择要统计的字段，单击“添加”按钮，将其移动到“明细表字段”列表框中，调整顺序，如图 6.4–4 所示。

视图
管理
附加模块
翻模大师（建筑）
族库大师
Extensions
修改
渲染库
三维视图
剖面
详图索引
平面视图
立面
绘图视图
复制视图
图例
明细表
范围框
创建
明细表/数量
图形柱明细表
材质提取
图纸列表
注释块
视图列表

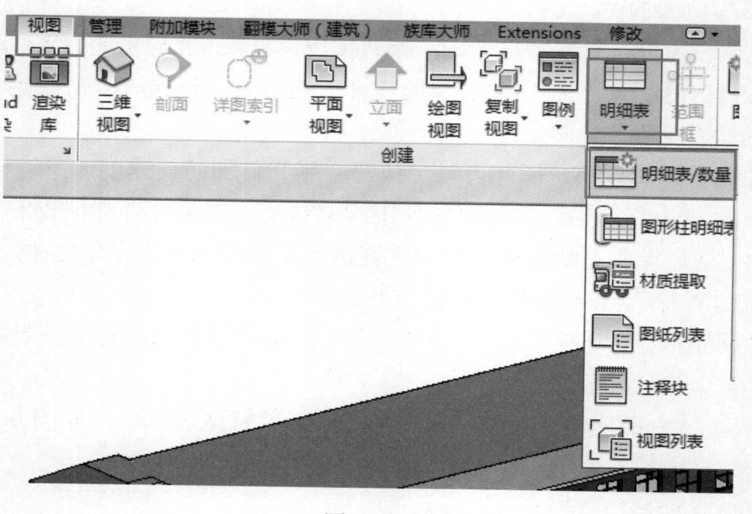

图 6.4–1

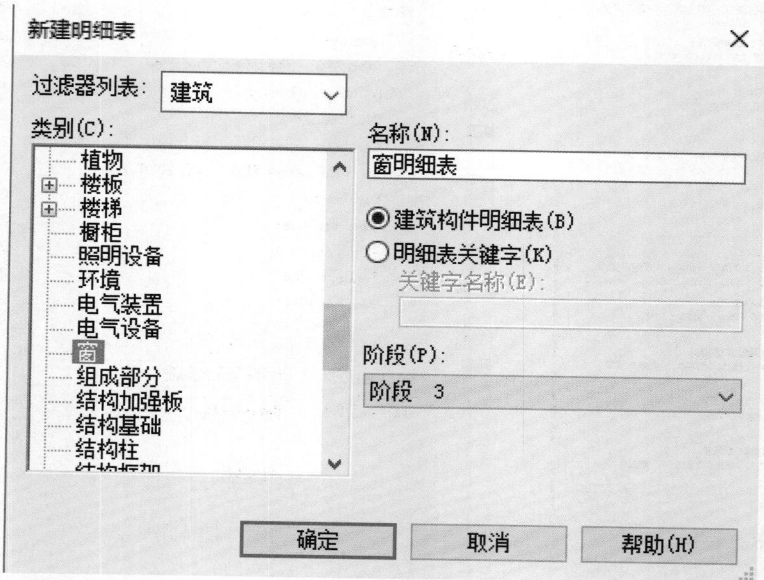

新建明细表
过滤器列表：
建筑
类别(C)：
植物
楼板
楼梯
橱柜
照明设备
环境
电气装置
电气设备
窗
组成部分
结构加强板
结构基础
结构柱
名称(N)：
窗明细表
建筑构件明细表(B)
明细表关键字(K)
关键字名称(E)：
阶段(P)：
阶段 3
确定
取消
帮助(H)

图 6.4–2

“过滤器”选项卡：设置“过滤器”选项卡可以统计其中部分构件，不设置则统计全部构件，如图 6.4–5 所示。此外还有“排序/成组”“格式”和“外观”设置，如图 6.4–6～图 6.4–8 所示。

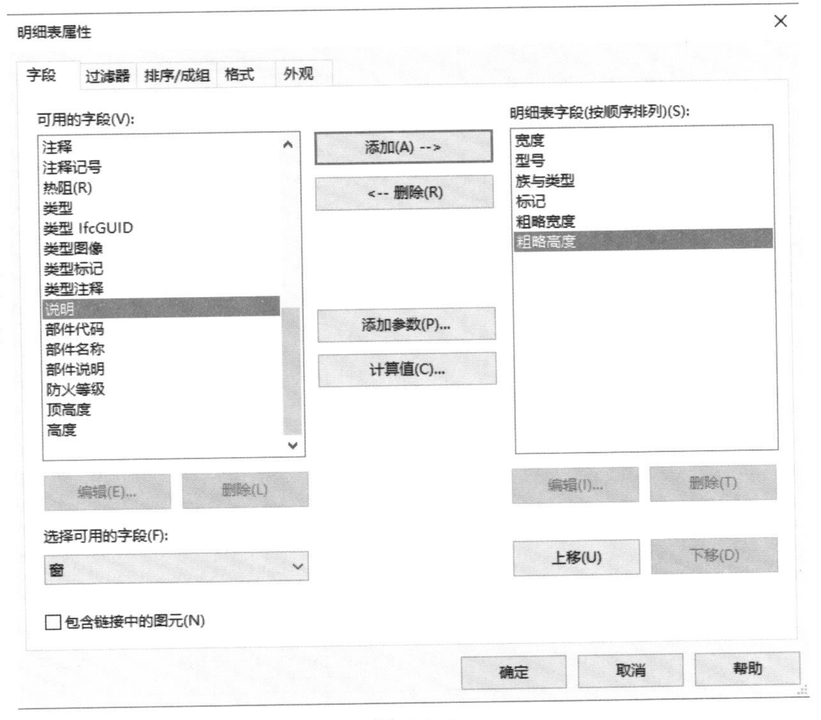
明细表属性
字段
过滤器
排序/成组
格式
外观
可用的字段(V):
注释
注释记号
热阻(R)
类型
类型 IfcGUID
类型图像
类型标记
类型注释
说明
部件代码
部件名称
部件说明
防火等级
顶高度
高度
添加(A) -->
<-- 删除(R)
添加参数(P)...
计算值(C)...
明细表字段(按顺序排列)(S):
宽度
型号
族与类型
标记
粗略宽度
粗略高度
编辑(E)...
删除(L)
编辑(I)...
删除(T)
选择可用的字段(F):
窗
上移(U)
下移(D)
包含链接中的图元(N)
确定
取消
帮助

图 6.4–3

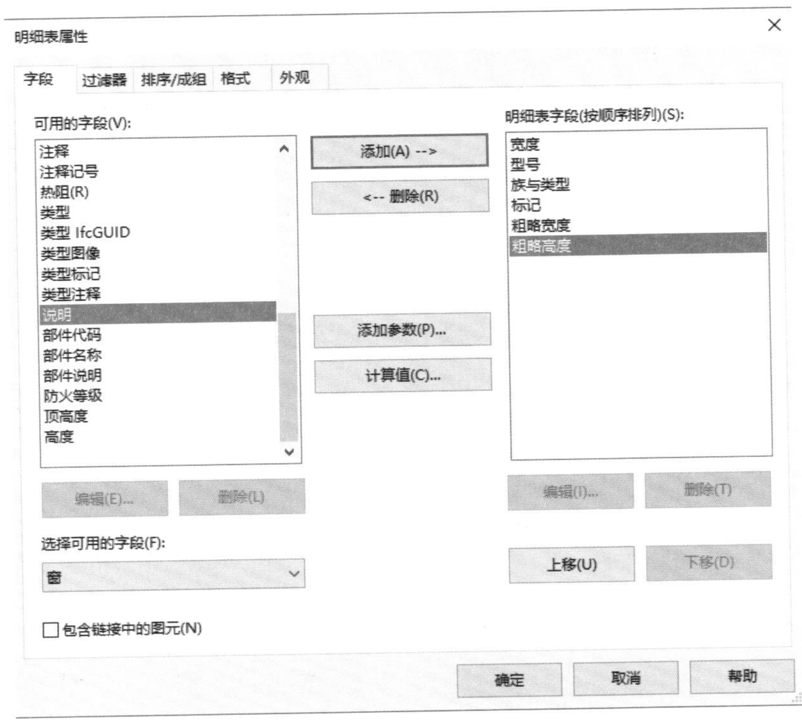
明细表属性
字段
过滤器
排序/成组
格式
外观
可用的字段(V):
注释
注释记号
热阻(R)
类型
类型 IfcGUID
类型图像
类型标记
类型注释
说明
部件代码
部件名称
部件说明
防火等级
顶高度
高度
添加(A) -->
<-- 删除(R)
添加参数(P)...
计算值(C)...
明细表字段(按顺序排列)(S):
宽度
型号
族与类型
标记
粗略宽度
粗略高度
编辑(E)...
删除(L)
编辑(I)...
删除(T)
选择可用的字段(F):
窗
上移(U)
下移(D)
包含链接中的图元(N)
确定
取消
帮助

图 6.4–4

明细表属性
字段
过滤器
排序/成组
格式
外观
过滤条件(F):
标高
等于
F1
与(A):
(无)
与(N):
(无)
与(D):
(无)
与:
(无)
与:
(无)
与:
(无)
与:
(无)
确定
取消
帮助

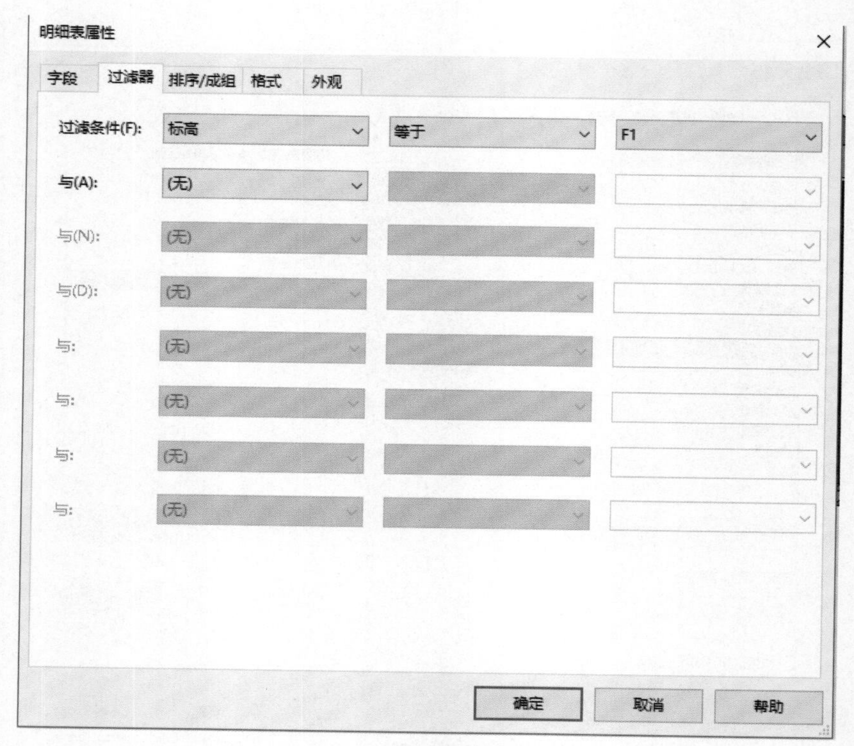

图 6.4–5

明细表属性
字段
过滤器
排序/成组
格式
外观
排序方式(S):
标高
升序(C)
降序(D)
页眉(H)
页脚(F):
空行(B)
否则按(T):
(无)
升序(N)
降序(I)
页眉(R)
页脚(O):
空行(L)
否则按(E):
(无)
升序
降序
页眉
页脚:
空行
否则按(Y):
(无)
升序
降序
页眉
页脚:
空行
总计(G):
标题、合计和总数
自定义总计标题(U):
总计
逐项列举每个实例(Z)
确定
取消
帮助

图 6.4–6

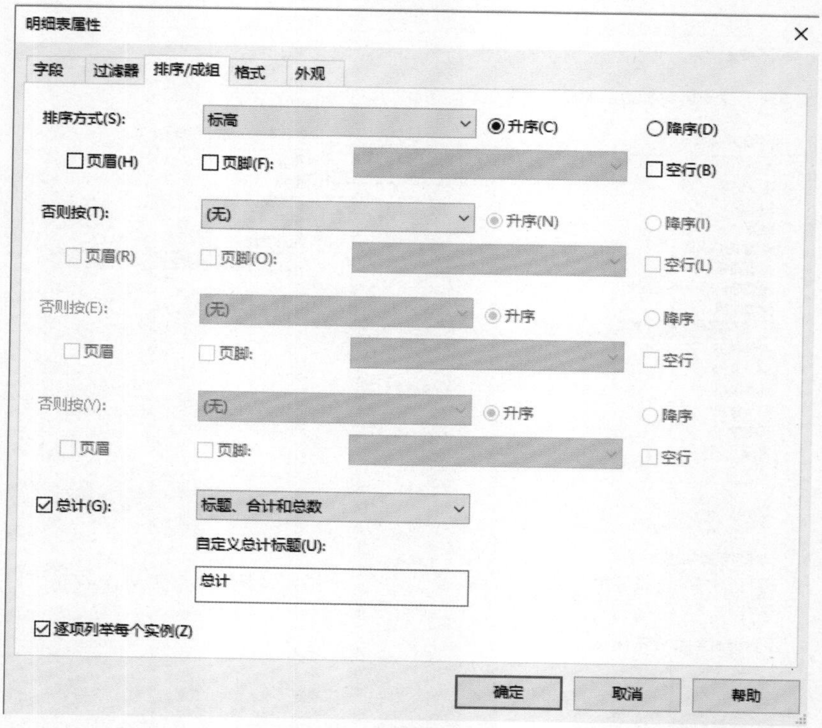

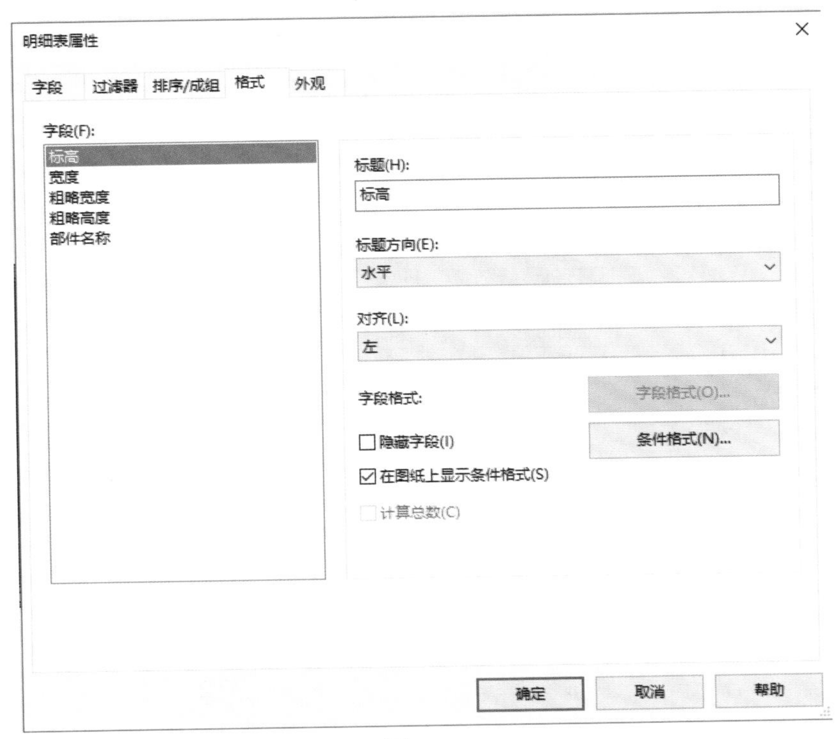
明细表属性
字段
过滤器
排序/成组
格式
外观
字段(F):
标高
宽度
粗略宽度
粗略高度
部件名称
标题(H):
标高
标题方向(E):
水平
对齐(L):
左
字段格式:
字段格式(O)...
隐藏字段(I)
条件格式(N)...
在图纸上显示条件格式(S)
计算总数(C)
确定
取消
帮助

图 6.4–7

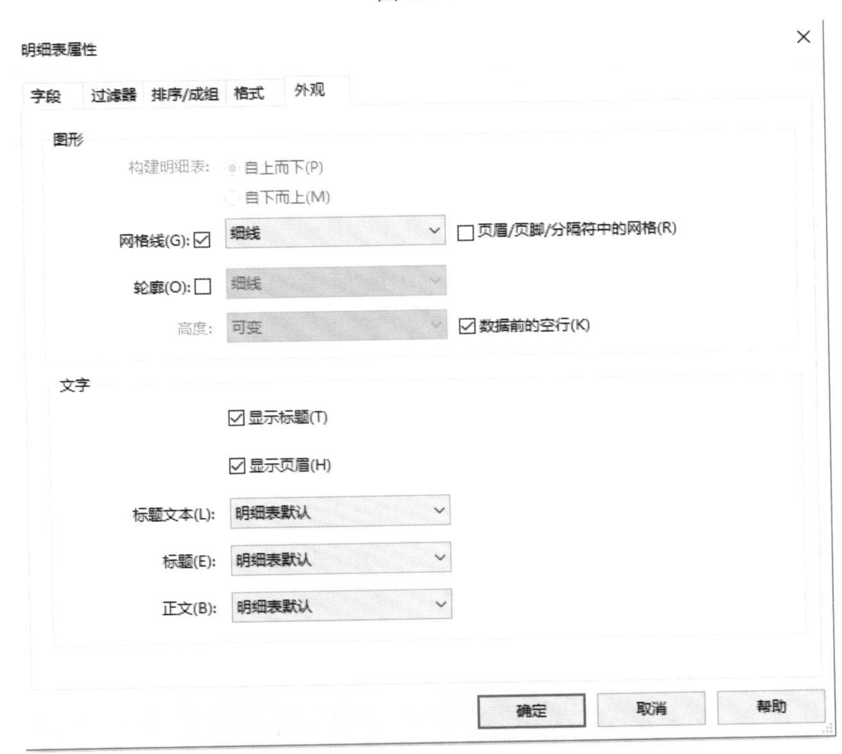
明细表属性
字段
过滤器
排序/成组
格式
外观
图形
构建明细表:
自上而下(P)
自下而上(M)
网格线(G):
细线
页眉/页脚/分隔符中的网格(R)
轮廓(O):
细线
高度:
可变
数据前的空行(K)
文字
显示标题(T)
显示页眉(H)
标题文本(L):
明细表默认
标题(E):
明细表默认
正文(B):
明细表默认
确定
取消
帮助

图 6.4–8

点击“确定”按钮后可以生成窗明细表，如图 6.4–9 所示。

<窗明细表>

A	B	C	D
标高	宽度	粗略高度	族
F1	2000	2500	组合窗 - 三层
F1	2000	2500	组合窗 - 三层
F1	2000	2500	组合窗 - 三层
F1	2000	2500	组合窗 - 三层
F1	2000	2500	组合窗 - 三层
F1	2000	2500	组合窗 - 三层
F1	2000	2500	组合窗 - 三层
F1	2000	2500	组合窗 - 三层
F1	2000	2500	组合窗 - 三层
F1	2000	2500	组合窗 - 三层
F1	2000	2500	组合窗 - 三层
F1	2000	2500	组合窗 - 三层
F1	2000	2500	组合窗 - 三层
F1	2000	2500	组合窗 - 三层
F1	2000	2500	组合窗 - 三层
F1	2000	2500	组合窗 - 三层
F1	2000	2500	组合窗 - 三层

图 6.4–9

6.5 创建图纸

按照“视图”→“图纸组合”→“图纸”顺序单击（图 6.5–1），会出现如图 6.5–2 所示“新建图纸”对话框。

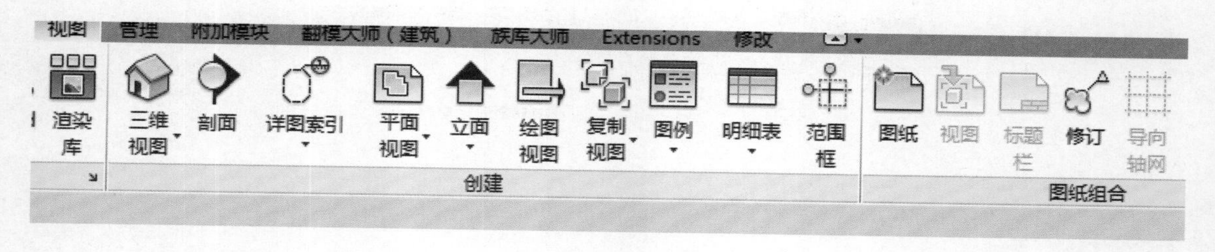

图 6.5–1

选择 A1 公制，单击“确定”按钮就创建了一张图纸视图，并且在项目浏览器中“图纸”项目下自动增加了“图纸 A101–未命名”，如图 6.5–3 所示。

6.5.1 设置项目信息

按照“管理”→“项目信息”顺序单击（图 6.5–4），会出现如图 6.5–5 所示的“项目属性”对话框。录入相应的内容，单击“确定”按钮，完成录入。图纸中的审核者、设计者等内容可以在图纸属性中进行修改。

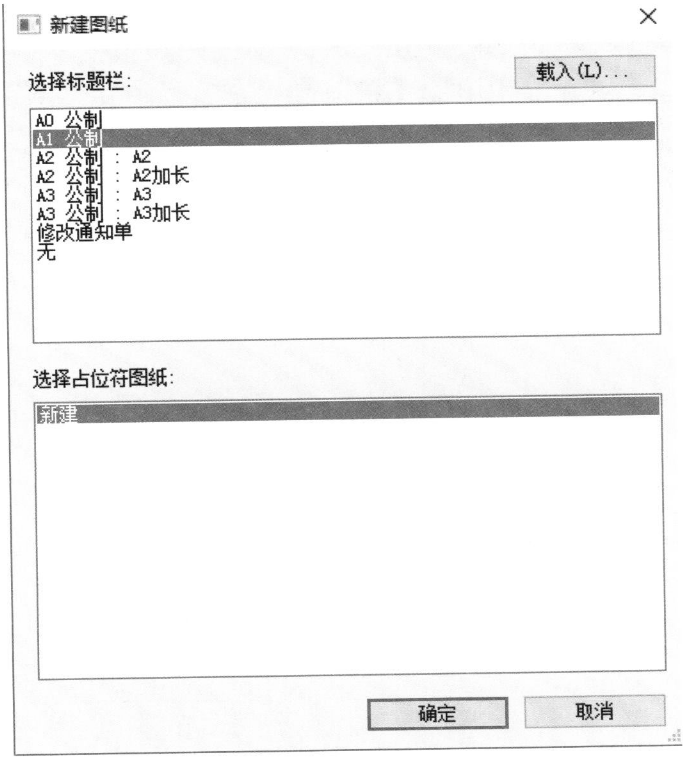

新建图纸
选择标题栏:
载入(L)...
A0 公制
A1 公制
A2 公制 : A2
A2 公制 : A2加长
A3 公制 : A3
A3 公制 : A3加长
修改通知单
无
选择占位符图纸:
新建
确定
取消

图 6.5–2

所有者
项目名称
项目浏览器 - 实验楼2016-7-16
视图 (全部)
楼层平面 (协调平面)
天花板平面
三维视图
立面 (建筑立面)
东
北
南
西
剖面 (机电剖面)
面积平面 (人防分区面积)
面积平面 (净面积)
面积平面 (总建筑面积)
面积平面 (防火分区面积)
图例
明细表/数量
图纸 (全部)
A101 - 未命名
族
分割轮廓
场地
坡道
填充图案
墙
天花板
屋顶
幕墙嵌板
幕墙竖梃
幕墙系统

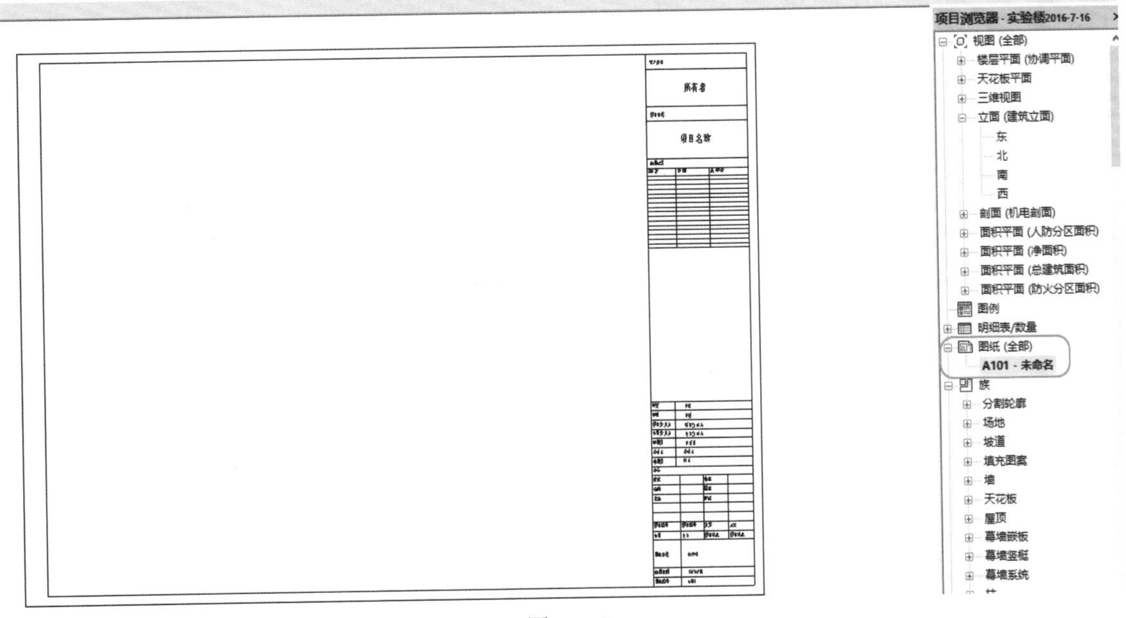

图 6.5–3

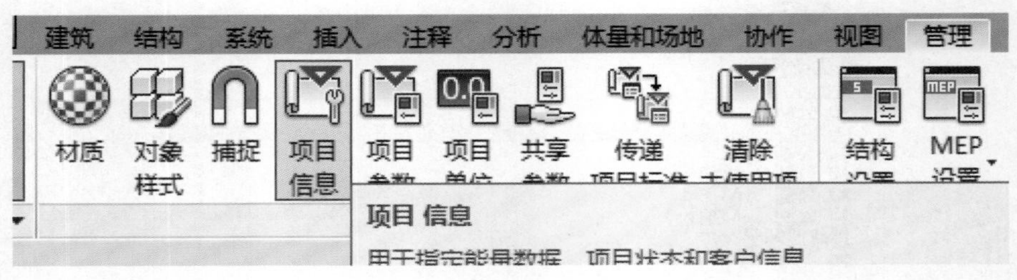

图 6.5–4

项目属性

族(F)：系统族：项目信息　　载入(L)...

类型(T)：　　编辑类型(E)...

实例参数 – 控制所选或要生成的实例

参数	值
标识数据	
组织名称	
组织描述	
建筑名称	
作者	
能量分析	
能量设置	编辑...
其他	
项目发布日期	项目发布日期
项目状态	项目状态
客户姓名	客户姓名
项目地址	项目地址
项目名称	项目名称
项目编号	项目编号
项目负责人	
审核	
校核	

确定　　取消

图 6.5–5

6.5.2 布置视图

创建了图纸后，即可在图纸中添加建筑的一个或多个视图，包括楼层平面、场地平面、天花板平面、立面、三维视图、剖面、详图视图、绘图视图、图例视图、渲染视图及明细表视图。将视图添加到图纸后还需要对图纸位置、名称等视图标题信息进行设置。

衔接 6.5.1 节练习，按照“项目浏览器”→“图纸”→“A101–未命名”顺序右击“重命名”（图 6.5–6），弹出“图纸标题”对话框，重命名为“建施 01–首层平面图”，如图 6.5–7 所示，单击“确定”按钮。

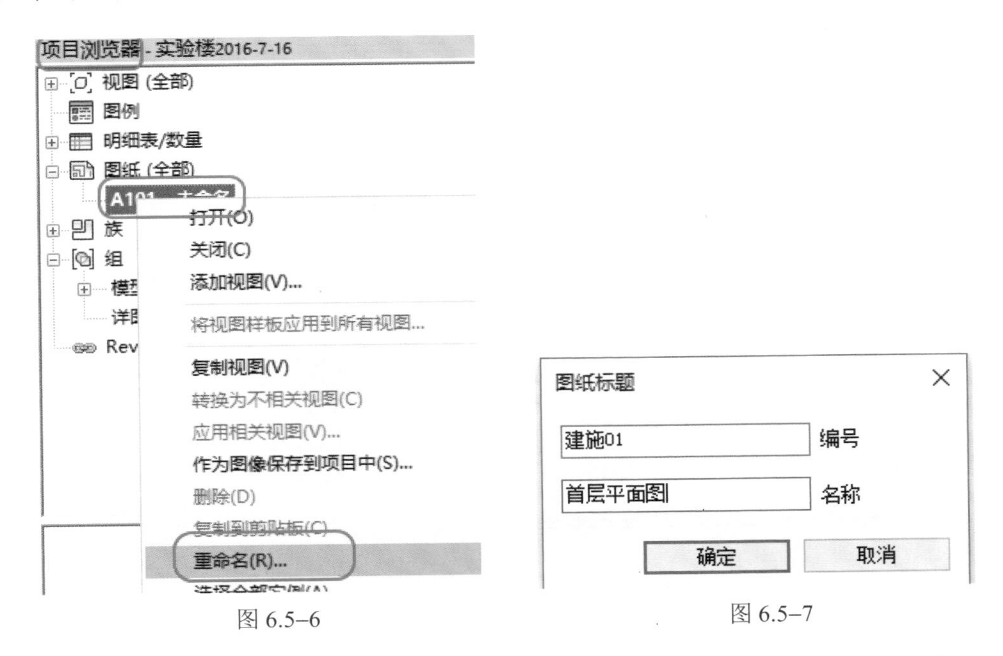

图 6.5–6　　　　图 6.5–7

接下来需要放置视图：首先按照“项目浏览器”→“视图”→“楼层平面”→“F1”顺序找到 F1 楼层平面图（图 6.5–8），然后用鼠标指针点选 F1 楼层平面（不要松开鼠标），拖曳至“建施–01”图纸视图后单击；如果位置不合适，单击视口进行拖动调整，如图 6.5–9 所示。

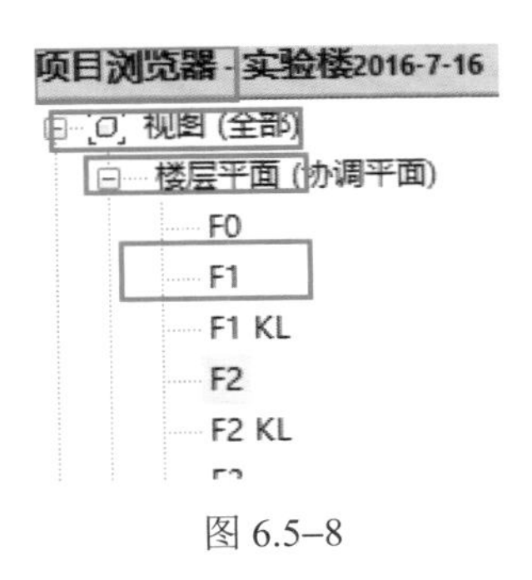

图 6.5–8

如需改变图纸比例，可以单击“视口”，在“属性”栏内进行调整，如图 6.5–10 所示。

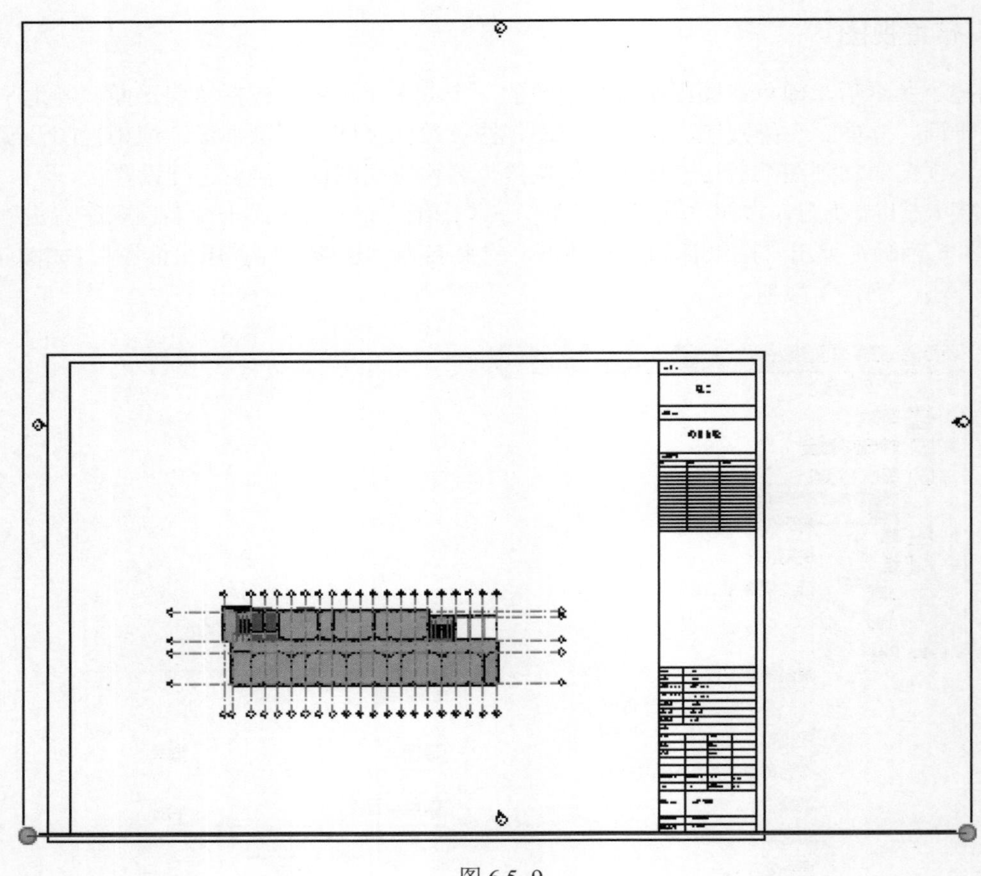
图 6.5–9

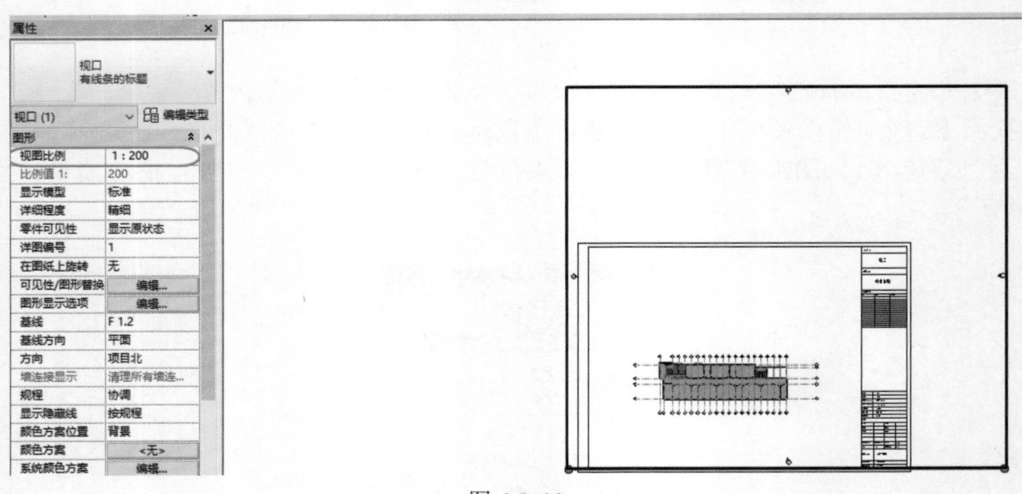

图 6.5–10

注意：每张图纸中可以布置多个视图，但每个视图仅可以放在一张图纸上；如果要把一个视图放到多张图纸上，可以在“项目浏览器”中创建视图副本。

6.6 导出 DWG

Revit 中所有的平面、立面、剖面、三维视图及图纸等都可以导出为 DWG 格式图形，而且导出后的图层、线型、颜色等可以根据需要在 Revit 中自行设置。

选择“建施 01–首层平面图”打开图纸视图，在应用程序菜单中选择“文件”→“导出”→“CAD 格式”→“DWG 文件”命令（图 6.6–1），弹出“DWG 导出”对话框（图 6.6–2）。

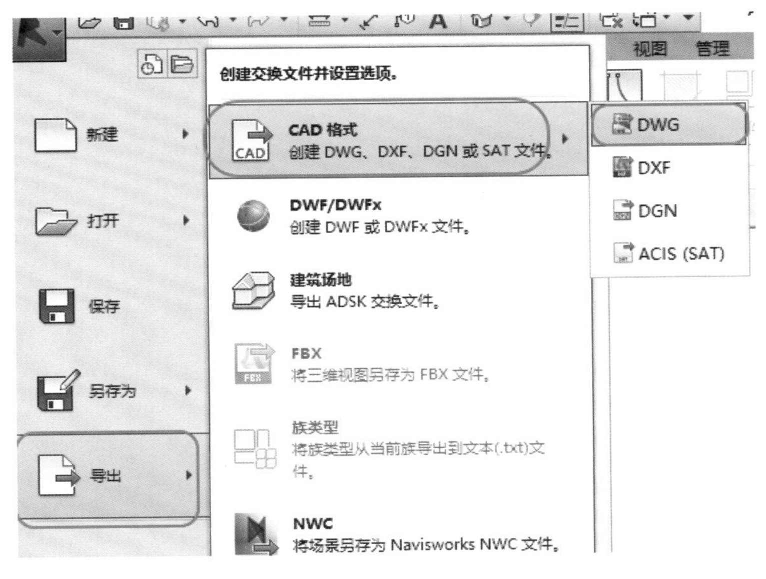

图 6.6–1

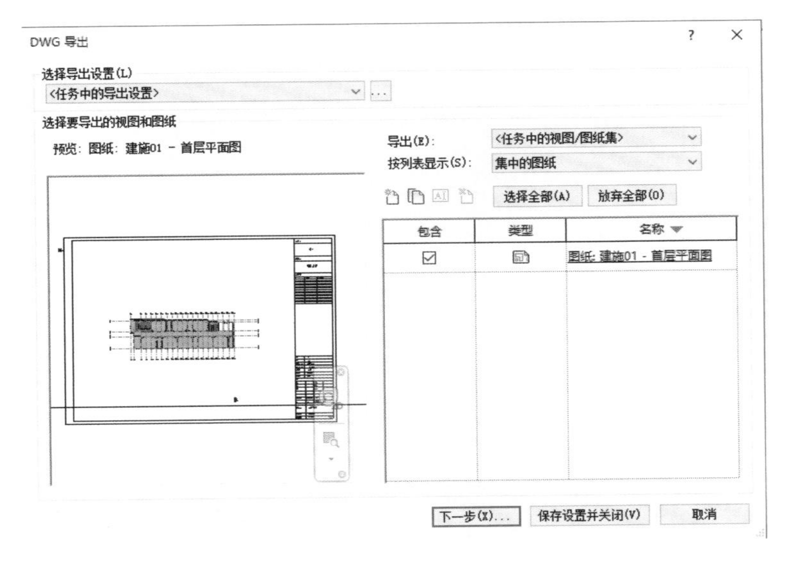

图 6.6–2

然后单击“下一步”，会出现图 6.6–3 对话框，选择相应的 CAD 版本和文件夹，点击“确定”即可完成 DWG 文件导出。

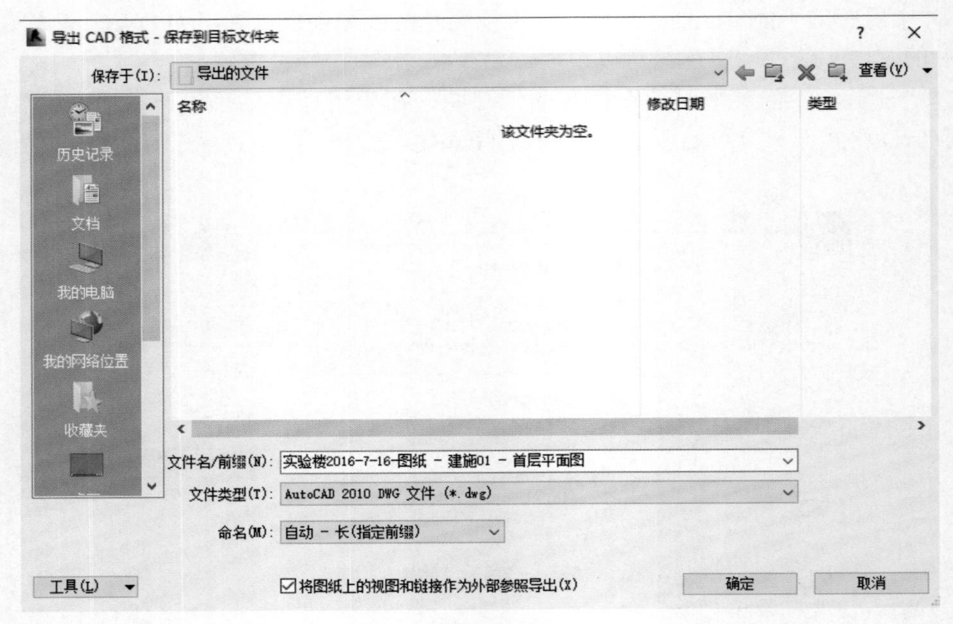

图 6.6–3

项目七　Navisworks 功能介绍

Autodesk Navisworks 软件能够将 AutoCAD 和 Revit 系列等应用创建的设计数据，与来自其他设计工具的几何图形和信息相结合，将其作为整体的三维项目，通过多种文件格式进行实时审阅，而无须考虑文件的大小。Navisworks 软件产品可以帮助所有相关方将项目作为一个整体来看待，从而优化从设计决策、建筑实施、性能预测和规划直至设施管理和运营等各个环节。

Autodesk Navisworks 软件系列包括四款产品，能够帮助设计者及扩展团队加强对项目的控制，使用现有的三维设计数据透彻了解并预测项目的性能，即使在最复杂的项目中也可提高工作效率，保证工程质量。

Navisworks Manage 软件是设计和施工管理专业人员使用的一款，可全面审阅解决方案，用于保证项目顺利进行。Navisworks Manage 将精确的错误查找和冲突管理功能与动态的四维项目进度仿真和照片级可视化功能完美结合。

Navisworks Simulate 软件能够精确地再现设计意图，制定准确的四维施工进度表，超前实现施工项目的可视化。在实际动工前，就可以在模拟的真实的环境中体验所设计的项目，更加全面地评估和验证所用材质和纹理是否符合设计意图。

Navisworks Review 软件支持实现整个项目的实时可视化，审阅各种格式的文件，而无须考虑文件大小。

Navisworks Freedom 软件是免费的 Autodesk Navisworks NWD 格式文件与三维 DWF™格式文件浏览器。

7.1　Navisworks 的基本操作

通过学习本节，快速熟悉 Autodesk Navisworks 界面。

7.1.1　启动和退出 Autodesk Navisworks

安装好 Autodesk Navisworks Manage 2014 之后，就可以从 Windows 桌面或从命令行启动它。

要启动 Autodesk Navisworks，请执行下列操作之一。

（1）双击 Autodesk Navisworks 图标。

（2）单击“开始”→“所有程序”→“Autodesk”→“Navisworks Manage 2014”→“Manage 2014”。

要退出 Autodesk Navisworks，请单击应用程序按钮。在应用程序菜单底部，单击“退出 Navisworks”。

如果对当前项目未做更改，则该项目将关闭，且 Autodesk Navisworks 将退出。如果对当前项目做过更改，则会提示您保存更改。要保存对项目的更改，请单击“是”；要继续退出并放弃更改，请单击“否”；要返回 Autodesk Navisworks，请单击“取消”。

7.1.2 自动保存和恢复 Navisworks 文件

断电、系统和软件故障可能导致 Autodesk Navisworks 关闭时来不及保存对文件的更改。但是，Autodesk Navisworks 可以自动保存正在处理的文件的备份版本，这样，用户就能够在 Autodesk Navisworks 异常关闭后恢复工作。

自动保存的文件具有“.nwf”扩展名，且被命名为“<FileName>.AutoSave<x>”，其中“<FileName>”是当前 Navisworks 文件的名称，而“<x>”是随每次自动保存而递增的一个数字。例如，使用一个名称为“别墅.nwd”的文件，则第一个自动保存的文件将命名为“别墅.Autosave0.nwf”，第二个自动保存的文件将命名为“别墅.Autosave1.nwf”，以此类推。

用户可以控制许多“自动保存”选项，如 Navisworks 保存工作的频率、备份文件的位置，以及要保留的备份文件的最大数量。

1. 自定义“自动保存”选项的步骤

（1）单击应用程序按钮→“选项”。

（2）在“选项编辑器”中，展开“常规”节点，然后单击“自动保存”，如图 7.1–1 所示。

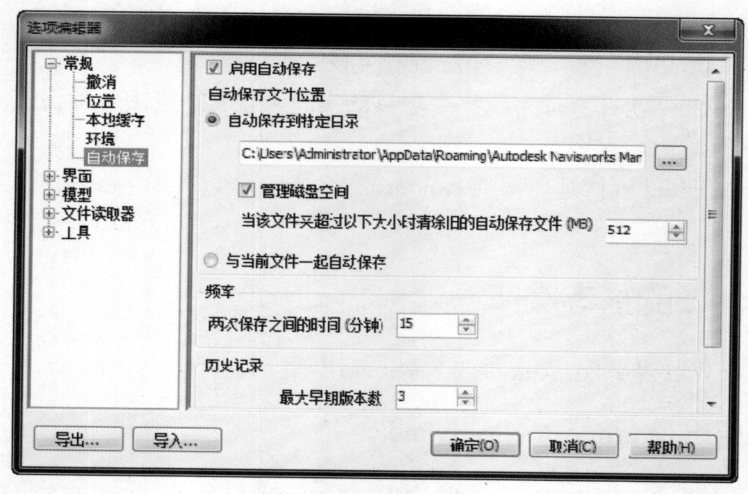

图 7.1–1 选项编辑器

（3）根据需要调整“自动保存”选项。例如，希望 Navisworks 每 20min 对某个重要文件更改保存一个备份文件，请在“两次保存之间的时间（分钟）”框中输入 20。

（4）单击“确定”。

2. 恢复您的工作的步骤

（1）启动 Autodesk Navisworks。系统会自动提示重新载入处理过的上一个文件。

（2）单击“是”，打开文件的最新保存版本。**注意**：如果不需要恢复工作，或需要手动载入其他备份文件，请单击“否”。

3. 手动将备份文件载入 Navisworks 中的步骤

（1）启动 Autodesk Navisworks。如果系统提示重新载入所处理的最后一个文件，请单击“否”。

（2）单击应用程序按钮→“打开”→“打开”。

（3）在“打开”对话框中，浏览到包含备份文件的文件夹。默认情况下，该文件夹为 <USERPROFILE>\ ApplicationData\<PRODUCTFOLDER>\AutoSave。

（4）单击“打开”。

（5）如果系统提示您使用其他名称保存文件，请单击“另存为”。

（6）在“另存为”对话框中，输入新文件名，并浏览到所需位置。

（7）单击“保存”。

7.1.3 Autodesk Navisworks 界面

Autodesk Navisworks 界面比较直观，易于学习和使用，如图 7.1–2 所示。用户可以根据工作方式来调整应用程序界面。例如，可以隐藏不经常使用的固定窗口，从而避免界面变得杂乱；可以从功能区和快速访问工具栏添加和删除按钮；可以向标准界面应用其他主题；还可以切换回使用旧式菜单和工具栏的经典 Autodesk Navisworks 界面。

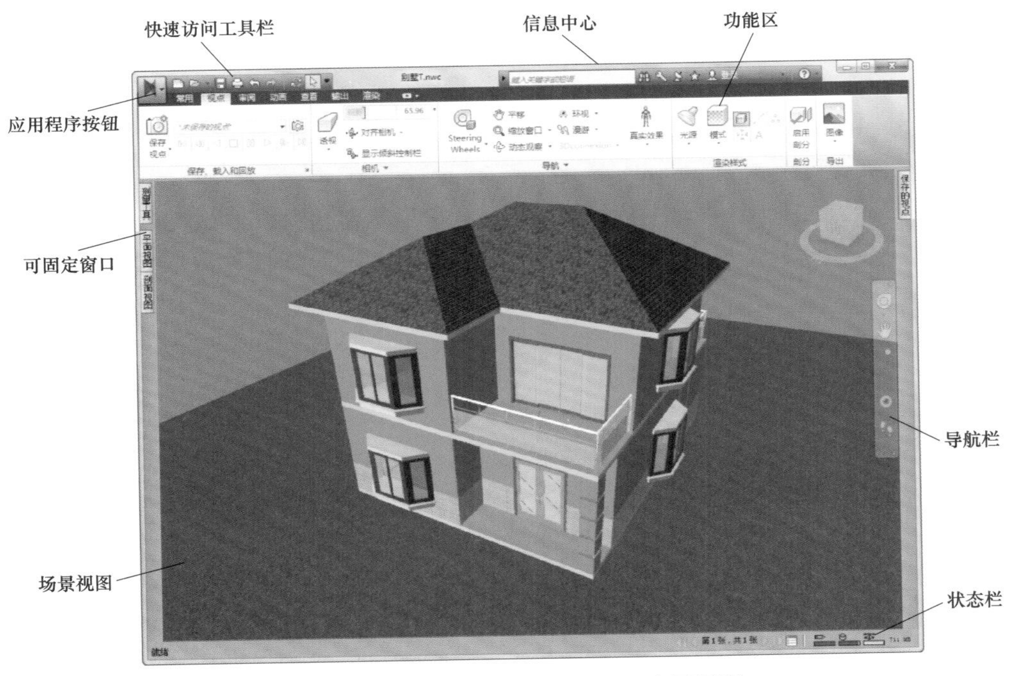

图 7.1–2 Navisworks Manage 2014 应用界面

1. 应用程序菜单

使用应用程序菜单可以访问常用工具，如图 7.1–3 所示。通过该菜单可以访问许多常用的文件操作，还可以使用更高级的工具（如“导入”“导出”和“发布”等）来管理文件。某些应用程序菜单选项具有显示相关命令的附加菜单。

图 7.1–3　应用程序菜单

要打开应用程序菜单，请单击应用程序按钮。再次单击它将关闭应用程序菜单。双击应用程序按钮将退出 Autodesk Navisworks。

2. 快速访问工具栏

快速访问工具栏位于应用程序窗口的顶部，其中显示常用命令，如图 7.1–4 所示。

图 7.1–4　快速访问工具栏

可以向快速访问工具栏添加数量不受限制的按钮。按钮会被添加到默认命令的右侧。可以在按钮之间添加分隔符。超出工具栏最大长度范围的命令会以弹出按钮的形式显示。

向快速访问工具栏添加功能区按钮的步骤如下。

1）显示包含要添加到快速访问工具栏的按钮的选项卡和面板。

2）在功能区的按钮上右击，然后单击“添加到快速访问工具栏”。

从快速访问工具栏删除功能区按钮的步骤如下。

1）在快速访问工具栏中的按钮上右击。

2）单击“从快速访问工具栏中删除”。

注意：只有功能区命令可以添加到快速访问工具栏中。

可以将快速访问工具栏移至功能区的上方或下方，步骤如下。

1）单击“自定义快速访问工具栏”下拉按钮，然后单击“在功能区上方显示”或“在功能区下方显示”。

2）在快速访问工具栏中的任何按钮上右击，单击“在功能区上方显示快速访问工具栏”或“在功能区下方显示快速访问工具栏”。

3. 功能区

功能区是显示基于任务的工具和控件的选项板，如图 7.1–5 所示。

图 7.1–5　功能区

功能区被划分为多个选项卡，每个选项卡支持一种特定活动。在每个选项卡内，工具被组合到一起，成为一系列基于任务的面板。

若要指定要显示的功能区选项卡和面板，请在功能区上右击，然后在快捷菜单中单击或清除选项卡或面板的名称。

可以根据需要按以下方式自定义功能区。

1）用户可以更改功能区选项卡的顺序。单击要移动的选项卡，按住鼠标左键将其拖到所需位置，然后松开鼠标。

2）可以更改选项卡中功能区面板的顺序。单击要移动的面板，按住鼠标左键将其拖动到所需位置，然后松开鼠标。

可以控制功能区在应用程序窗口中占用的空间数量。功能区选项卡右侧有两个按钮，用于选择功能区切换状态和功能区最小化状态。

1）使用第一个按钮可在完全功能区状态与最小化功能区状态之间切换。

2）使用第二个下拉按钮可以选择以下四种最小化功能区状态中的一种。

“最小化为选项卡”：最小化功能区以便仅显示选项卡标题。

“最小化为面板标题”：最小化功能区以便仅显示选项卡和面板标题。

“最小化为面板按钮”：最小化功能区以便仅显示选项卡标题和面板按钮。

“循环浏览所有项”：按以下顺序循环浏览所有四种功能区状态——完整的功能区、最小化为面板按钮、最小化为面板标题、最小化为选项卡。

4. 场景视图

场景视图是查看三维模型和与三维模型交互所在的区域。启动 Navisworks 时，“场景视图”仅包含一个场景视图。当比较照明样式和渲染样式，创建模型的不同部分的动画等时，可以根据需要添加更多场景视图，同时查看模型的几种视图很有用。如图 7.1–6 所示。

创建自定义场景视图的方法如下。

1）要水平拆分活动场景视图，请单击“视图”选项卡→“场景视图”面板→“拆分视图”→“水平拆分”。

2）要垂直拆分活动场景视图，请单击“视图”选项卡→“场景视图”面板→“拆分视图”→“垂直拆分”。

注意：无法浮动默认场景视图，一次只能有一个场景视图处于活动状态。在某个场景视图中工作时，该场景视图就会成为活动的。如果单击某个场景视图，则会激活该场景视图，且单击的场景视图会被选中；单击某个空区域，则会取消选择所有场景视图。在某个场景视图上右击会激活该场景视图并会打开一个快捷菜单。每个场景视图都会记住正在使用的导航模式。动画的录制和播放仅会在当前活动视图中发生。

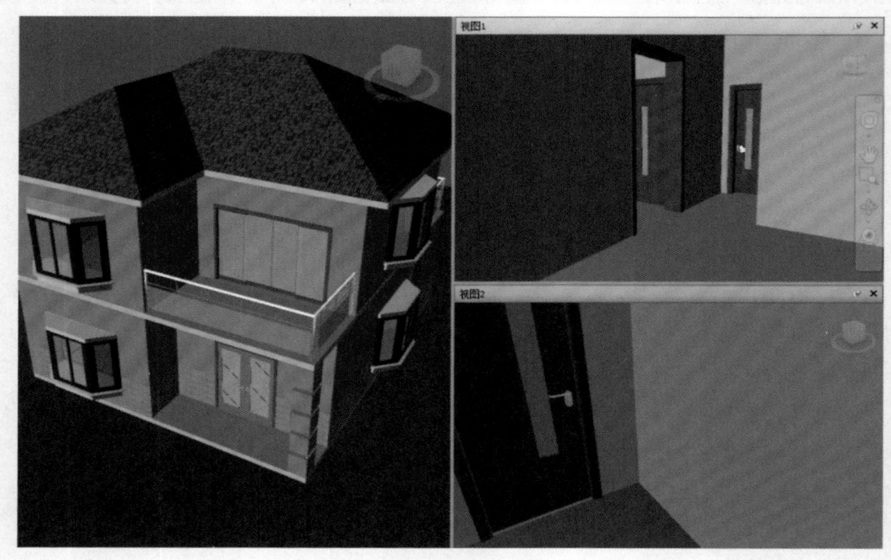

图 7.1–6　多场景视图

可以调整每个场景视图的大小：要调整场景视图的大小，请将光标移动到场景视图交点上并拖动分割栏。

可以使自定义场景视图成为可固定的：可固定的场景视图有标题栏，且可以像处理可固定窗口一样移动、固定、平铺和自动隐藏它们。如果要使用多个自定义场景视图，但不希望在“场景视图”中有任何拆分，则可以将它们移动到其他位置。例如，可以在“视点”控制栏上平铺场景视图。

5. 可固定窗口

从可固定窗口可以访问大多数 Navisworks 功能。有几个可供选择的窗口，它们被分组到几个功能区域中。

主要工具窗口：Clash Detective、TimeLiner、Presenter、Animator、Scripter。

与审阅相关的窗口：选择树、集合、查找项目、特性、注释、查找注释、测量工具。

与视点相关的窗口：保存的视点、倾斜、平面视图、剖面视图、剖面设置。

显示可固定窗口：

1）单击“查看”选项卡→“工作空间”面板→“窗口”。

2）在下拉列表中选中所需窗口旁边的复选框。

固定或自动隐藏可固定窗口：

1）将鼠标指针移动到标题栏上，可显示隐藏的窗口。

2）在标题栏上单击，窗口已固定，且可以进行移动和分组。

3）在窗口标题栏上，单击，将一直显示该窗口，直到将鼠标指针从该窗口移走为止。移动鼠标指针时，窗口一直是收拢的，直到将鼠标指针放置在固定窗口的画布一侧上的窗口标签上为止。

固定工具指示被拖动的窗口与画布的其余部分的关系，并能够精确定位拖放目标。该工具包含代表放置目标的控件的内部区域和外部区域。内部区域的五个贴纸用于相对于画布上最近的适合区域固定窗口，而外部区域的四个贴纸用于相对于画布本身固定窗口，如图 7.1–7 所示。

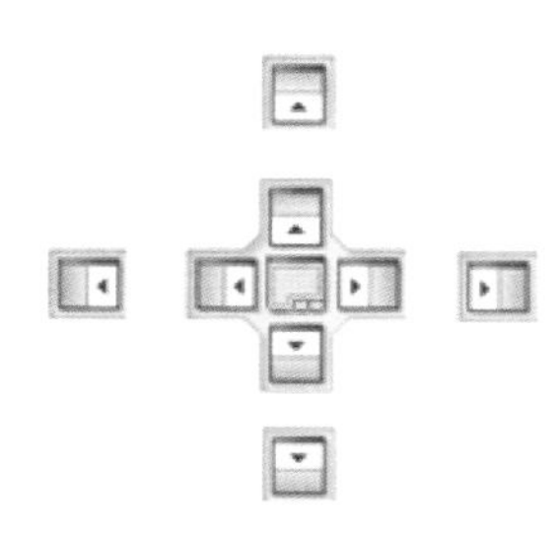

图 7.1–7　固定工具

使用固定工具移动窗口：

1）单击位于窗口顶部或一侧的标题栏，并按住鼠标左键向着要将其固定到的位置拖动它。此操作将激活固定工具。

2）将窗口拖到固定工具上的贴纸上，该贴纸代表需要窗口占据的区域。

3）释放鼠标左键以将窗口固定到那里。将自动调整窗口的大小以填充该区域。

6. 状态栏

状态栏显示在 Autodesk Navisworks 屏幕的底部。状态栏的右角有四个性能指示器，用于提供有关 Autodesk Navisworks 在计算机上的执行情况的持续反馈。

铅笔进度条：图标铅笔下方的进度条指示当前视图绘制的进度。当进度条显示为 100% 时，表示已经完全绘制了场景，未忽略任何内容。在进行重绘时，该图标会更改颜色。绘制场景时，铅笔图标将变为黄色。如果有大量的数据要处理，而计算机处理数据的速度达不到 Autodesk Navisworks 的要求，则铅笔图标会变为红色，指示出现瓶颈。

磁盘进度条：图标磁盘下方的进度条指示从磁盘中载入当前模型的进度，即已载入内存中的当前模型的大小。当进度条显示为 100%时，表示包括几何图形和特性信息在内的整个模型都已载入内存中。在进行文件载入时，该图标会更改颜色。读取数据时，磁盘图标会变成黄色。如果有大量的数据要处理，而计算机处理数据的速度达不到 Autodesk Navisworks 的要求，则磁盘图标会变为红色，指示出现瓶颈。

网络服务器进度条：图标网络服务器下方的进度条指示当前模型下载的进度，即已经从网络服务器上下载的当前模型的大小。当进度条显示为 100 % 时，表示整个模型已经下载完毕。在进行文件载入时，该图标会更改颜色。下载数据时，网络服务器图标会变成黄色。如果有大量的数据要处理，而计算机处理数据的速度达不到 Autodesk Navisworks 的要求，则网络服务器图标会变为红色，指示出现瓶颈。

内存条：图标右侧的字段报告了 Autodesk Navisworks 当前使用的内存的大小。此内存大小以兆字节（MB）为单位进行报告。

7. Autodesk Navisworks 工作空间

Autodesk Navisworks 附带以下几个预先配置的工作空间。

（1）安全模式——选择具有最少功能的布局。

（2）Navisworks 扩展——选择为高级用户推荐的布局。

（3）Navisworks 标准——选择常用窗口自动隐藏为标签的布局。

（4）Navisworks 最小——选择向“场景视图”提供最多空间的布局。

可以按原样使用这些工作空间，或根据需要对其进行修改。初次启动 Navisworks 时，将使用“Navisworks 最小”工作空间。可以随时选择一个不同的工作空间，方法是单击“查看”选项卡→“工作空间”面板→“载入工作空间”，然后在列表中选择所需的工作空间。

7.1.4 使用场景文件

1. 认识场景文件

Autodesk Navisworks 有三种原生文件格式：NWD、NWF 和 NWC。

（1）NWC 文件格式（缓存文件）。默认情况下，在 Autodesk Navisworks 中打开或附加任何原生文件或激光扫描文件时，将在原始文件所在的目录中创建一个与原始文件同名但文件扩展名为“.nwc”的缓存文件。

由于 NWC 文件比原始文件小，因此可以加快对常用文件的访问速度。下次在 Autodesk Navisworks 中打开文件或附加文件时，将从相应的缓存文件中读取数据。如果缓存文件较旧，Autodesk Navisworks 将转换已更新文件，并为其创建一个新的缓存文件。

（2）NWF 文件格式。NWF 文件包含指向原始原生文件（在“选择树”上列出）以及 Navisworks 特定的数据（如审阅标记）的链接。NWF 文件可以理解为“容器”文件，此文件格式不会保存任何模型几何图形，只是链接了有关的 NWC 文件，打开 NWF 文件其实最终是打开 NWF 文件指向的 NWC 文件。由于 NWF 文件不包含任何模型数据，所以文件通常很小，但如果要完整打开项目所有模型，一定要确保 Navisworks 能打开 NWF 文件指向的所有 NWC 文件。

图 7.1–8 发布对话框

（3）NWD 文件格式。NWD 文件是 NWF 文件与 NWC 文件的集成，它把 NWF 文件和相关的 NWC 文件集成为一个 NWD 文件，便于整体模型的发布和共享。而且 Navisworks 发布 NWD 文件时，还可以对 NWD 文件进行加密和控制文件的到期日期，以保护数据文件，如图 7.1–8 所示。

通常情况下，在工作过程中建议使用 NWF 组织 NWC 的工作方式，这样的好处是如果某个模型修改了，只需把该模型文件转换成新的 NWC 文件格式即可，而无须更新所有模型文件。这对于由多个 NWC 文件组成的整合模型非常方便。

当需要把整合的模型对外进行交流时，则建议发布成单一的一个 NWD 文件，这样只需复制或传送一个文件即可。

2. 管理文件

启动 Autodesk Navisworks 时，会自动创建一个新的“无标题”Navisworks 文件。新文件通过右击打开快捷菜单，使用“选项编辑器”和“文件选项”对话框中定义的默认设置。可以在必要时自定义这些设置。

如果已打开某个 Navisworks 文件，并希望关闭它并创建另一个文件，请单击快速访问工具栏上的“新建”。

要在 Autodesk Navisworks 中打开文件，可以使用标准“打开”对话框，或将文件直接拖放到“选择树”窗口中。打开文件的步骤如下。

1）单击应用程序按钮→“打开”→“打开”。

2）在“打开”对话框中，使用“文件类型”框选择适当的文件类型，然后导航到文件所在的文件夹。

3）选择该文件，并单击“打开”。

保存 Navisworks 文件时，可以在 NWD 和 NWF 文件格式之间进行选择。保存文件的步骤如下。

1）在快速访问工具栏中单击“保存”。如果先前已保存文件，Navisworks 将使用新数据覆盖该文件。

2）如果先前未保存该文件，将打开“另存为”对话框，如图 7.1–9 所示。

图 7.1–9　保存文件

3. 合并与附加

要将更多模型添加到现有场景，需要附加模型文件。附加模型文件的步骤如下。

1）打开 Navisworks 文件。

2）单击“常用”选项卡→“项目”面板→“附加”。

3）在“附加”对话框中，使用“文件类型”框选择适当的文件类型，然后导航到要添加的文件所在的文件夹。

4）选择所需的文件，然后单击“打开”。

提示：要选择多个文件，请使用 Shift 键和 Ctrl 键。

Autodesk Navisworks 是一个协作性解决方案，可能以不同的方式审阅模型，但其最终的文件可以合并为一个 Navisworks 文件，并自动删除任何重复的几何图形和标记。

合并构成同一参照文件的多个 NWF 文件时，Autodesk Navisworks 只载入一组合并模型，以及每个 NWF 文件的所有审阅标记（如标记、视点或注释等）。合并后将删除任何重复的几何图形或标记。合并文件的步骤如下。

1）在快速访问工具栏中单击“新建”。

2）打开第一个具有审阅标记的文件。

3）单击“常用”选项卡→“项目”面板→“合并”。

4）在“合并”对话框中，使用“文件类型”框选择适当的文件类型（NWD 或 NWF），然后导航到要合并的文件所在的文件夹。

5）选择所需的文件，然后单击“打开”。

7.2 视图浏览

在 Autodesk Navisworks 中，有各种用于导航场景的选项。使用导航栏上的导航工具，可以直接在三维空间中操纵位置。还可以使用随光标移动的“StreeringWheels®”，并通过将许多常用的导航工具组合到一个界面中来节省时间。

此外，还可以使用“ViewCube®”。这是一种三维导航工具，使用该工具，通过单击立方体上的预定义区域可以重新设置模型视图的方向。例如，单击 ViewCube 的“前”将旋转视图，直到相机面向场景的前面为止。还可以单击 ViewCube 并按住鼠标左键进行拖动以自由地旋转视图。

可以使用“视点”选项卡→“动作设置”面板上的工具来控制导航的速度和真实效果。例如，可以走下楼梯或依随地形而走动，或蹲伏在对象之下等。

7.2.1 导航栏工具

导航栏包含一组特定于产品的导航工具。单击“视点”选项卡→“导航”面板，打开导航栏。

1. 平移工具

通过单击导航栏上的“平移”平移可激活该工具。使用平移工具可平行于屏幕移动视图。

2. 缩放工具

通过单击导航栏上的“缩放”下拉菜单中的“缩放窗口”可激活该工具。缩放工具是用于增大或减小模型的当前视图比例的一组导航工具。缩放工具有如下几种。

（1）缩放窗口缩放窗口：允许绘制一个框并放大到该区域。

（2）缩放缩放：更改模型的缩放模型。

（3）缩放选定对象缩放选定对象：放大/缩小以显示选定的几何图形。

（4）缩放全部缩放全部：缩小以显示整个场景。

3. 动态观察工具

通过单击导航栏上的“动态观察”下拉菜单中的“动态观察”可激活该工具。动态观察工具是用于在视图保持固定时围绕轴心点旋转模型的一组导航工具。动态观察工具有如下几种。

（1）动态观察动态观察：围绕模型的焦点移动相机。始终保持向上，且不可能进行相机滚动。

（2）自由动态观察自由动态观察：在任意方向上围绕焦点旋转模型。

（3）受约束的动态观察受约束的动态观察：围绕上方向矢量旋转模型，就好像模型坐在转盘上一样，会始终保持向上。

4. 环视工具

通过单击导航栏上的“环视”下拉菜单中的“环视”可激活该工具。环视工具是用于垂直和水平旋转当前视图的一组导航工具。环视工具有如下几种。

（1）环视：从当前相机位置环视场景。

（2）观察：观察场景中的某个特定点。移动相机以与该点对齐。

（3）聚焦：观察场景中的某个特定点。保持相机处于原位。

5. 漫游和飞行工具

通过单击导航栏上的“漫游/飞行”下拉菜单中的“漫游”或“飞行”可激活该工具。漫游和飞行工具是用于围绕模型移动和控制真实效果设置的一组导航工具。漫游和飞行工具有如下几种。

（1）漫游：在模型中移动，就好像在其中行走一样。

（2）飞行：在模型中移动，就像在飞行模拟器中一样。

7.2.2 SteeringWheels 工具

每个控制盘都被分成不同的按钮。每个按钮都包含用于重新设置模型当前视图方向的导航工具。可用的导航工具取决于当前处于活动状态的控制盘。

1. 中心工具

通过“中心”工具，用户可以定义模型的当前视图中心。若要定义中心，请将光标拖动到模型上。这时，除显示光标外，还会显示一个球体（轴心点）。该球体表示，当松开鼠标按键后，模型中光标下方的点将成为当前视图的中心。模型将以该球体为中心。“中心”工具定义的点为“缩放”工具提供焦点，为“动态观察”工具提供轴心点。

在模型上指定一个点作为视图中心的步骤如下。

（1）显示其中一个全导航控制盘或查看对象控制盘（基本型）。

（2）单击并按住“中心”按钮。

（3）将光标拖动到模型中所需位置上方。

（4）显示球体时，松开定点设备上的按键。

注意：如果光标不在模型上，则无法设置中心，并且只显示光标，而不显示球体。如果用户想从定义的中心点使用全导航控制盘缩放，请按住 Ctrl 键，然后再缩放。

2. 前进工具

用户可以使用“向前”工具，通过增大或减小当前视点与轴心点之间的距离来更改模型的比例。可以向前或向后移动的距离受轴心点位置的限制。通过靠近或远离模型移动来重新设置视图方向的步骤如下。

（1）显示巡视建筑控制盘（基本型）。

（2）单击并按住“向前”按钮，将显示拖动距离指示器，如图 7.2–1 所示。若要调整当前视点和轴心点之间的距离，可以使用拖动距离指示器。拖动距离指示器上有两个标记，显示了距当前视点的起点距离和目标距离。当前的拖动距离通过橙色的位置指示器显示。向前或向后滑动指示器可以减小或增大距轴心点的距离。每单击一次“向前”按钮，模型将前进当前位置与轴心点之间距离的 50%。

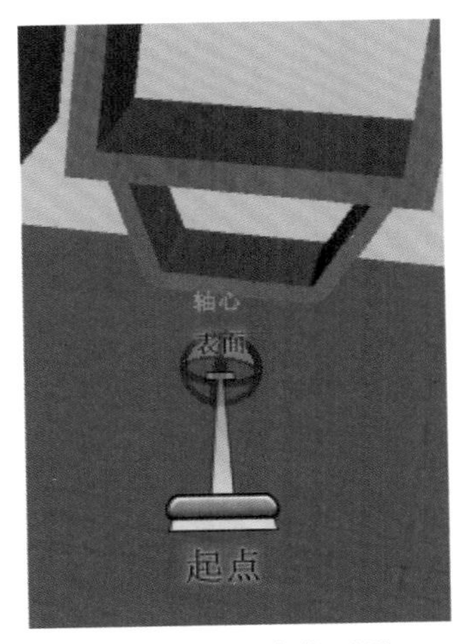

图 7.2–1　距离指示器

（3）将光标向上或向下拖动以更改视点与模型间的距离。

（4）松开定点设备上的按键以返回控制盘。

图 7.2–2　环视工具

注意：在正交视图中，“前进”工具仅限于当前位置和轴心点之间的距离。在透视视图中则不受限制，因此可以穿过轴心点移动光标。

3. 环视工具

通过“环视”工具，用户可以垂直和水平地旋转当前视图。旋转视图时，用户的视线会绕当前视点位置旋转，就如同转头一样，站在固定位置，可以向上、向下、向左或向右看。

使用“环视”工具时，可以通过拖动光标来调整模型的视图。拖动光标时，光标将变为“环视”光标，并且模型绕当前视图的位置旋转。使用“环视”工具环视视图的步骤如下。

1）显示其中一个全导航控制盘或巡视建筑控制盘（小）。

2）单击并按住“环视”按钮，光标将变为“环视”光标，如图 7.2–2 所示。

3）拖动定点设备以更改环视时所处的方向。

4）松开定点设备上的按键以返回控制盘。

除了使用“环视”工具环视模型外，还可以使用该工具将当前视图转场到模型上的特定面。按住 Shift 键，然后在其中一个全导航控制盘上选择“环视”工具。

使用“环视”工具观察模型中某个面的步骤如下。

1）显示其中一个全导航控制盘。

2）按住 Shift 键。

3）单击并按住“环视”按钮。光标将变为“观察”光标。

4）将光标拖动到模型中对象的上方，直到亮显要观察的面。

5）松开定点设备上的按键以返回控制盘。

4. 动态观察工具

使用“动态观察”工具可以更改模型的方向，光标将变为动态观察光标。拖动光标时，模型将绕轴心点旋转，而视图保持固定。

（1）指定轴心点。轴心点是通过“动态观察”工具旋转模型时使用的基点。可以按以下方式指定轴心点。

1）默认轴心点。用户第一次打开模型时，当前视图的目标点将用作动态观察模型时的轴心点。

2）选择对象。在将“动态观察”工具用于计算轴心点之前，用户可以选择对象。轴心点基于选定对象的范围的中心来计算。

3）“中心”工具。用户可以在模型上指定一个点，用作使用 Center 工具动态观察时的轴心点。

4）按住 Ctrl 键，同时单击并拖动。在单击“动态观察”按钮之前或当“动态观察”工具处于活动状态时，按住 Ctrl 键，然后将光标拖动到模型上要用作轴心点的点上。只有在使用全导航控制盘或查看对象控制盘（小）时，该选项才可用。

注意：在“动态观察”工具处于活动状态时，可以随时按住 Ctrl 键移动“动态观察”工具使用的轴心点。此轴心点在被移动之前，将一直用于后续导航。

（2）保持向上方向。通过选择保持模型的方向，可以控制绕轴心点动态观察模型的方式。保持向上时，动态观察将约束为沿 XY 轴（朝 Z 方向）。如果水平拖动，相机将平行于 XY 平面移动。如果垂直拖动，相机将沿 Z 轴移动。

如果未保持向上方向，则用户可以使用以轴心点为中心的滚动环来滚动模型。使用 SteeringWheels 的特性对话框可以控制是否对“动态观察”工具保持向上。

1）使用“动态观察”工具动态观察模型的步骤如下。

① 显示其中一个查看对象控制盘或全导航控制盘。

② 单击并按住“动态观察”按钮，光标将变为动态观察光标。

③ 拖动以旋转模型。

④ 松开定点设备上的按键以返回控制盘。

注意：如果使用其中一个全导航控制盘或查看对象控制盘，则可以使用“中心”工具重新确定模型在当前视图中的中心。

2）使用“动态观察”工具绕对象进行动态观察的步骤如下。

① 按 ESC 键以确保未激活任何命令，并清除先前选定的任何对象。

② 在要为其定义轴心点的模型中选择对象。

③ 显示其中一个查看对象控制盘或全导航控制盘。

④ 单击并按住“动态观察”按钮，光标将变为动态观察光标。

⑤ 拖动以旋转模型。

⑥ 松开定点设备上的按键以返回控制盘。

3）打开“动态观察”工具的“选择敏感度”的步骤如下。

① 显示一个“查看对象”控制盘或一个“全导航”控制盘。

② 在控制盘上右击，然后单击“SteeringWheels 选项”。

③ 在“选项编辑器”中“界面”节点下的“SteeringWheels”页面中，选中“动态观察工具”部分中的“选择时使轴心居中”复选框，如图 7.2–3 所示。

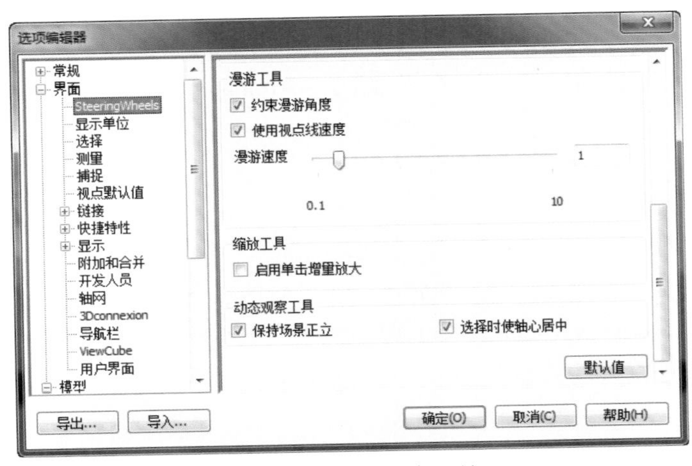

图 7.2–3　动态观察工具

④ 单击“确定”。在显示控制盘之前选定的所有对象的范围将用于定义动态观察工具的

轴心点。如果未选定对象，动态观察工具将使用中心工具定义的轴心点。

4）保持动态观察工具的向上方向的步骤如下。

① 显示“查看对象”控制盘（小）或一个“全导航”控制盘。

② 在控制盘上右击，然后单击“Steering Wheels 选项”。

③ 在“选项编辑器”中“界面”节点下的“Steering Wheels”页面中，选中“动态观察工具”区域中的“保持场景正立”复选框。

④ 单击“确定”，对模型的动态观察将被约束为沿 XY 平面（朝 Z 方向）。

5）使用动态观察工具绕轴心点滚动模型的步骤如下。

① 显示“查看对象”控制盘（小）或一个“全导航”控制盘。

② 在控制盘上右击，然后单击“Steering Wheels 选项”。

③ 在“选项编辑器”中“界面”节点下的“Steering Wheels”页面中，清除“保持场景正立”复选框，单击“确定”。

④ 单击并按住“动态观察”按钮，光标将变为动态观察光标。

⑤ 按住 SHIFT 键以显示滚动环。拖动以滚动模型，松开定点设备上的按键以返回控制盘。

6）通过鼠标中键启动“动态观察”工具的步骤如下。

① 显示除查看对象控制盘（大）或巡视建筑控制盘（大）之外的其中一个控制盘。

② 按住 SHIFT 键，按住定点设备的滚轮或中键，然后拖动以动态观察模型。

③ 松开定点设备上的按键以返回控制盘。

7.3 动画创建

在 Autodesk Navisworks Manage 中，可以创建模型动画并与其进行交互。例如，可以创建一个有关起重机如何在施工现场周围移动的动画，或一个有关如何组装或拆卸汽车等的动画。通过几次单击操作，还可以创建一些将动画链接到特定事件（如“启用按键”或“启用碰撞”等）的交互脚本。例如，传送带将在您按键盘上的按钮时移动，门将在您在模型中接近它们时打开。

动画是一个经过准备的模型更改序列，通过“Animator”窗口可以将动画添加到模型中，如图 7.3–1 所示。

启用“Animator”窗口的方式包括以下几种。

1）功能区：“动画”选项卡→“创建”面板→“Animator”。

2）菜单：经典用户界面：“工具”→“Animator”。

3）工具栏：经典用户界面：“工作空间”→“Animator”。

在 Autodesk Navisworks Manage 中可以做出的更改包括以下几种。

1）动画集：通过修改几何图形对象的位置、旋转、大小和外观（颜色和透明度）来操作几何图形对象。

2）相机：通过使用不同的导航工具（如动态观察或飞行等）或使用现有的视点动画来操作视点。

3）剖面集：通过移动剖面或剖面框来操作模型的横断面切割。

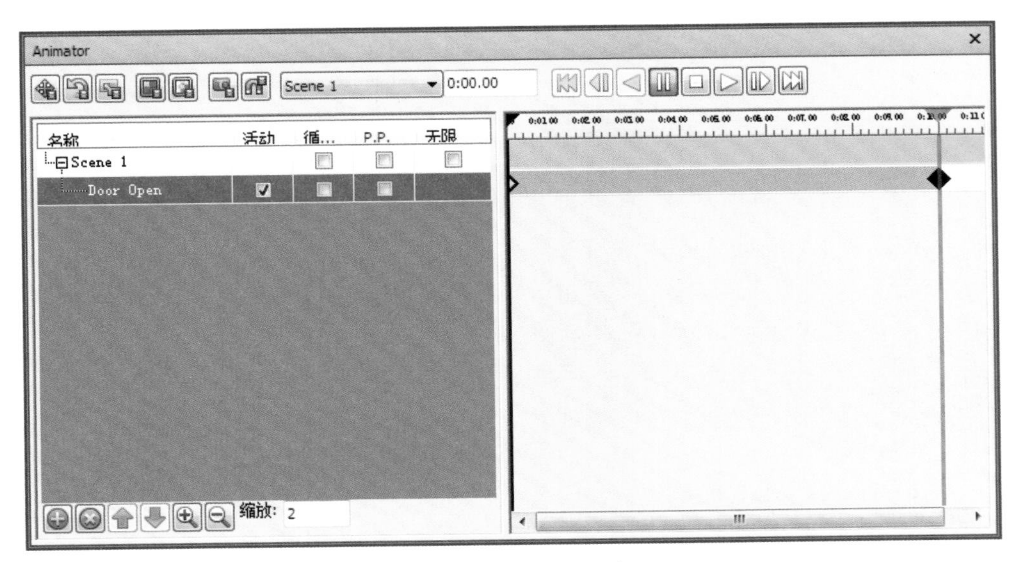

图 7.3–1 “Animator”窗口

7.3.1 动画场景

场景充当对象动画的容器。每个场景包含的组件有一个或多个动画集、一个相机动画、一个剖面集动画。可以将这些场景和场景组件分组到文件夹中。除了可以轻松打开或关闭文件夹的内容以节省时间以外，这对播放不会产生任何效果。

有以下两种类型的文件夹。

1）场景文件夹：用于存放场景和其他场景文件夹。

2）文件夹：用于存放场景组件和其他文件夹。

（1）添加动画场景的步骤如下。

1）在“Animator”树视图中右击，然后单击快捷菜单上的“添加场景”。

2）单击默认场景名称，然后键入一个新名称。

（2）将场景组织添加到场景文件夹中的步骤如下。

1）在“Animator”树视图中右击，然后单击快捷菜单上的“添加场景文件夹”。

2）单击默认文件夹名称，然后键入一个新名称。

3）选择要添加到新文件夹的场景。按住鼠标左键，然后将鼠标指针拖动到文件夹名称。当鼠标指针变为箭头时，释放鼠标左键，将场景拖动到该文件夹中，如图 7.3–2 所示。

（3）将场景组件组织添加到文件夹中的步骤如下。

1）要将子文件夹添加到场景中，请在该场景上右击，然后单击快捷菜单上的“添加文件夹”。

2）要移动子文件夹，请在其上右击，然后单击快捷菜单上的“剪切”。在新位置上右击，然后单击快捷菜单上的“粘贴”。

3）要重命名文件夹，请单击它，然后键入新名称，如图 7.3–3 所示。

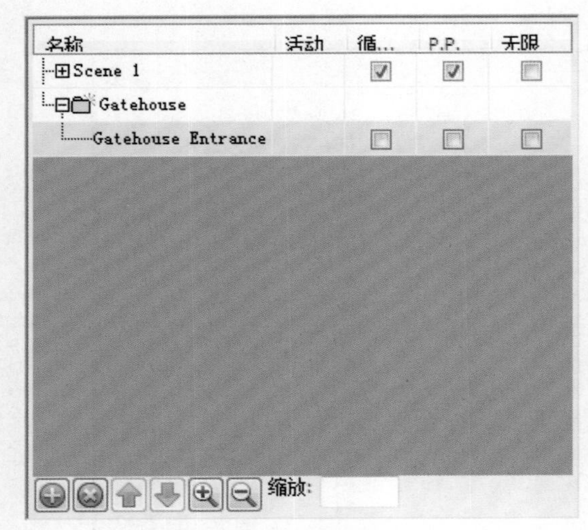

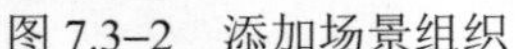
图 7.3–2　添加场景组织

图 7.3–3　添加场景组件组织

7.3.2　动画集

动画集包含要为其创建动画的几何图形对象的列表，以及描述如何为其创建动画的关键帧的列表。

场景可以包含所需数量的动画集，还可以在同一场景的不同动画集中包含相同的几何图形对象。场景中的动画集的顺序很重要，当在多个动画集中使用同一对象时，可以使用该顺序控制最终对象的位置。

1. 添加动画集

动画集可以基于“场景视图”中的当前选择，也可以基于当前选择集或当前搜索集。添加基于选择集的动画集时，动画集的内容会随着源选择集内容的更改自动更新。添加基于搜索集的动画集时，动画集的内容会随着模型的更改而更新，以包含搜索集中的所有内容。

如果模型更改，使得特定动画中的对象丢失，则在重新保存相应的 NWD 或 NWF 文件时，这些对象将从动画集中自动删除；如果选择集或搜索集已被删除而非丢失，则相应的动画集会变成基于上次包含内容的静态选择对象。

最后，如果选择集或搜索集已被删除而非丢失，则相应的动画集会变成基于上次包含内容的静态选择对象。

（1）添加基于当前选择的动画集的步骤如下。

1）在“场景视图”中或从“选择树”中选择所需的几何图形对象。

2）在场景名称上右击，然后单击快捷菜单上的“添加动画集”→“从当前选择”。

3）如果需要，请为新动画集键入一个名称，然后按 Enter 键。

（2）添加基于当前搜索集或选择集的动画集的步骤如下。

1）从“集合”窗口中选择所需的搜索集或选择集。

2）在场景名称上右击，然后单击快捷菜单上的“添加动画集”→“从当前搜索/选择集”。

3）如有需要，请为新动画集键入一个名称，然后按 Enter 键。

2. 更新动画集

在“场景视图”或当前选择集或当前搜索集中修改当前选择，并更改动画集的内容以反映此修改。

更新基于当前选择的动画集的步骤如下。

1）在“场景视图”中或从“选择树”中选择所需的几何图形对象。

2）在场景名称上右击，然后单击快捷菜单上的“更新动画集”→“从当前选择”。

更新基于当前搜索集或选择集的动画集的步骤如下。

1）从“集合”窗口中选择所需的搜索集或选择集。

2）在场景名称上右击，然后单击快捷菜单上的“更新动画集”→“从当前搜索/选择集”。

3. 操作几何图形对象

用户可以修改动画集中的几何图形对象的位置、旋转、大小、颜色和透明度，并在关键帧中捕捉这些更改。所有对象操作都是在“场景视图”中执行的。

通过更改几何图形对象的位置、旋转或大小对这些对象进行操作时，可以在“场景视图”中使用捕捉控制操作的精度。

在“Animator”树视图中选择动画集时，同时会在“场景视图”中高亮显示它们。要在创建对象动画时获得更清晰的对象视图，可以使用“选项编辑器”调整当前选择高亮显示的方式。

（1）捕捉对象移动的步骤如下。

1）在“Animator”树视图中选择所需的动画集，会在“场景视图”中高亮显示相应的几何图形对象。

2）单击“Animator”工具栏上的“捕捉关键帧”，创建具有初始对象状态的关键帧。

3）在时间轴视图中，向右移动黑色时间滑块，以设置所需的时间。

4）单击“Animator”工具栏上的“平移动画集”。

5）使用“平移”小控件更改选定对象的位置。

6）要捕捉关键帧中的当前对象更改，单击“Animator”工具栏上的“捕捉关键帧”。

（2）捕捉对象旋转的步骤如下。

1）在“Animator”树视图中选择所需的动画集，会在“场景视图”中高亮显示相应的几何图形对象。

2）单击“Animator”工具栏上的“捕捉关键帧”，创建具有初始对象状态的关键帧。

3）在时间轴视图中，向右移动黑色时间滑块，以设置所需的时间。

4）单击“Animator”工具栏上的“旋转动画集”。

5）使用“旋转”小控件旋转选定对象。

6）要捕捉关键帧中的当前对象更改，单击“Animator”工具栏上的“捕捉关键帧”。

（3）捕捉缩放更改的步骤如下。

1）在“Animator”树视图中选择所需的动画集，会在“场景视图”中高亮显示相应的几何图形对象。

2）单击“Animator”工具栏上的“捕捉关键帧”，创建具有初始对象状态的关键帧。

3） 在时间轴视图中，向右移动黑色时间滑块，以设置所需的时间。

4）单击“Animator”工具栏上的“缩放动画集”。

5）使用“缩放”小控件调整选定对象的大小。

6）要捕捉关键帧中的当前对象更改，单击“Animator”工具栏上的“捕捉关键帧”。

（4）捕捉颜色更改的步骤如下。

1）在“Animator”树视图中选择所需的动画集，会在“场景视图”中高亮显示相应的几何图形对象。

2）单击“Animator”工具栏上的“捕捉关键帧”，创建具有初始对象状态的关键帧。

3）在时间轴视图中，向右移动黑色时间滑块，以设置所需的时间。

4）单击“Animator”工具栏上的“更改动画集的颜色”。

5）单击手动输入栏上的“颜色”按钮，然后选择所需的颜色。

6）要捕捉关键帧中的当前对象更改，单击“Animator”工具栏上的“捕捉关键帧”。

（5）捕捉透明度更改的步骤如下。

1）在“Animator”树视图中选择所需的动画集，会在“场景视图”中高亮显示相应的几何图形对象。

2）单击“Animator”工具栏上的“捕捉关键帧”，创建具有初始对象状态的关键帧。

3）在时间轴视图中，向右移动黑色时间滑块，以设置所需的时间。

4）单击“Animator”工具栏上的“更改动画集的透明度”。

5）使用手动输入栏上的“透明度”滑块，调整选定对象的透明度。

6）要捕捉关键帧中的当前对象更改，单击“Animator”工具栏上的“捕捉关键帧”。

7.3.3 相机

相机包含视点列表，以及描述视点移动方式的关键帧可选列表。如果未定义相机关键帧，则该场景会使用“场景视图”中的当前视图；如果定义了单个关键帧，相机会移动到该视点，然后在场景中始终保持静态；如果定义了多个关键帧，则将相应地创建相机动画。

用户可以添加空白相机，然后操作视点；也可以将现有的视点动画直接复制到相机中。注意每个场景只能包含一个相机。

（1）添加包含现有视点动画的相机的步骤如下。

1）从“视点”控制栏中选择所需的视点动画。

2）在所需的场景名称上单击鼠标右键，然后单击快捷菜单上的“添加相机”→“从当前视点动画”，Autodesk Navisworks 会自动将所有必需的关键帧添加到时间轴视图中。

（2）捕捉相机视点的步骤如下。

1）在“Animator”树视图中选择所需的相机。

2）单击“Animator”工具栏上的“捕捉关键帧”，创建具有当前视点的关键帧。

3）在时间轴视图中，向右移动黑色时间滑块，以设置所需的时间。

4）使用导航栏上的按钮更改当前视点，或者从“视点”控制栏上选择某个已保存的视点。

5）要捕捉关键帧中的当前对象更改，单击“Animator”工具栏上的“捕捉关键帧”。

7.3.4 剖面集

剖面集包含模型的横断面切割列表，以及用于描述横断面切割如何移动的关键帧列表。

注意每个场景只能包含一个剖面集。在所需的场景名称上右击，然后单击快捷菜单上的

"添加剖面"，便可以捕捉横断面切割。

（1）通过移动剖面来捕捉横断面切割的步骤如下。

1）在"Animator"树视图中选择所需的剖面集。

2）单击"视点"选项卡→"剖分"面板→"启用剖分"，Autodesk Navisworks 将打开功能区上的"剖分工具"选项卡，并在"场景视图"中在模型中绘制一个剖面。

3）单击"剖分工具"选项卡→"平面设置"面板→"当前平面"下拉菜单，然后选择需要操作的平面。

4）单击"剖分工具"选项卡→"变换"面板，然后单击要使用（移动或旋转）的剖面小控件。默认情况下，会使用移动小控件。拖动小控件以调整平面在"场景视图"中的初始位置。

5）单击"Animator"工具栏上的"捕捉关键帧"，创建具有剖面的初始位置的关键帧。

6）在时间轴视图中，向右移动黑色时间滑块，以设置所需的时间。

7）再次使用小控件调整横断面切割的深度。

8）要捕捉关键帧中的当前平面更改，单击"Animator"工具栏上的"捕捉关键帧"。

（2）通过移动剖面框来捕捉横断面切割的步骤如下。

1）在"Animator"树视图中选择所需的剖面集。

2）单击"视点"选项卡→"剖分"面板→"启用剖分"，Autodesk Navisworks 将打开功能区上的"剖分工具"选项卡，并在"场景视图"中在模型中绘制一个剖面。

3）单击"剖分工具"选项卡→"模式"面板→"框"。

4）单击"剖分工具"选项卡→"变换"面板，然后单击要使用的剖面小控件（移动、旋转或缩放）。默认情况下，会使用移动小控件。拖动小控件以调整剖面框在"场景视图"中的初始位置。

5）单击"Animator"工具栏上的"捕捉关键帧"，创建具有剖面框的初始位置的关键帧。

6）在时间轴视图中，向右移动黑色时间滑块，以设置所需的时间。

7）再次使用小控件调整横断面切割的深度。

8）要捕捉关键帧中的当前剖面框更改，单击"Animator"工具栏上的"捕捉关键帧"。

7.3.5 关键帧

关键帧用于定义对模型所做更改的位置和特性。

1. 捕捉关键帧

通过单击"Animator"工具栏上的"捕捉关键帧"可以创建新关键帧。每当单击该按钮时，Autodesk Navisworks 都会在黑色时间滑块的当前位置添加当前选定动画集、相机或剖面集的关键帧。

从概念上而言，关键帧表示上一个关键帧的相对平移、旋转和缩放操作。对于第一个关键帧而言，则指模型的开始位置。

关键帧彼此相对并且相对于模型的开始位置。这意味着如果在场景中移动对象，将相对于新开始位置而不是动画的原始开始位置创建动画。

平移、缩放和旋转操作是累积的。这意味着如果特定对象同时位于两个动画集中，则将执行这两个操作集。因此，如果两者均通过 X 轴平移，对象移动的距离将为原来的两倍。

如果动画集、相机或剖面集时间轴的开头没有关键帧，则时间轴的开头将类似于隐藏的关键帧。因此，假设有一个几秒的关键帧，并且该关键帧启用了“插值”选项，则在开头的几秒，对象将在其默认开始位置和第一个关键帧中定义的位置之间插值。

2. 编辑关键帧

用户可以为动画集、相机和剖面集编辑捕捉的关键帧。

编辑关键帧的步骤如下。

（1）在时间轴视图中的所需关键帧上右击，然后选择快捷菜单上的“编辑”。

（2）使用“编辑关键帧”对话框调整动画。

（3）单击“确定”保存更改，或单击“取消”退出该对话框。

7.3.6 播放动画场景

在 Autodesk Navisworks Manage 中创建的动画可以在所有 Navisworks 产品中播放。从“场景选择器”下拉列表中，选择要在“Animator”树视图中播放的场景，单击“Animator”工具栏上的“播放”。

（1）从“动画”选项卡播放场景的步骤如下。

1）单击“动画”选项卡→“回放”面板。

2）从“可用动画”下拉列表中，选择要播放的场景。

3）单击“回放”面板的“动画”工具栏上的“播放”。

（2）调整场景播放的步骤如下。

1）在“Animator”树视图中选择所需的场景。

2）使用“循环播放”“P.P.”和“无限”复选框，可以调整场景播放的方式。

① 如果希望场景连续播放，请选中“循环播放”复选框。当动画结束时，它将重置到开头并再次运行。

② 如果希望场景在往复播放模式下播放，请选中“P.P.”复选框。当动画结束时，它将反向运行，直到到达开头。

③ 如果希望场景无限期播放，选中“无限”复选框。如果取消选中该复选框，场景将一直播放到结束为止。

7.3.7 添加交互性

“Scripter”窗口是一个浮动窗口，通过该窗口可以给模型中的对象动画添加交互性，如图 7.3–4 所示。打开“Scripter”窗口的方式如下。

功能区：“动画”选项卡→“脚本”面板→“Scripter”。

菜单：经典用户界面：“工具”→“Scripter”。

工具栏：经典用户界面：“工作空间”→“Scripter”。

1. 动画脚本

脚本是要在满足特定事件条件时发生的动作的集合。要给模型添加交互性，至少需要创建一个动画脚本。每个脚本可以包含下列组件。

1）一个或多个事件。

2）一个或多个动作。

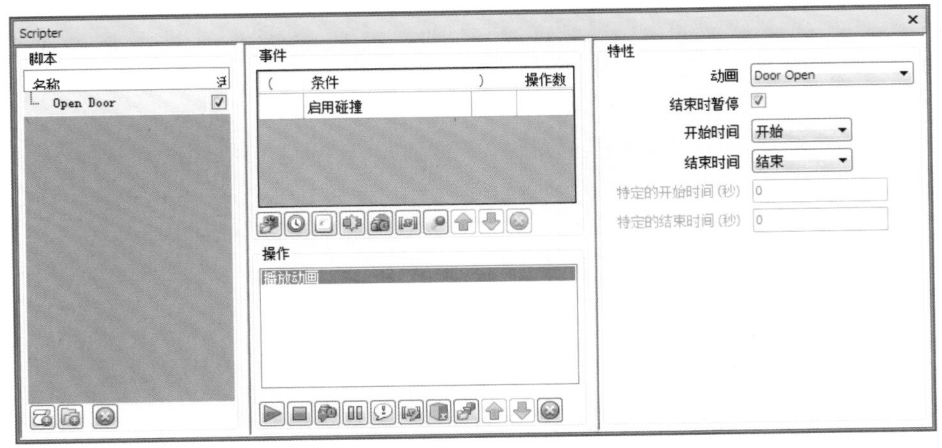

图 7.3–4 “Scripter”窗口

模型可以包含所需数量的脚本，但仅会执行活动脚本。可以将脚本分组到文件夹中，除了可以轻松激活/取消激活文件夹的内容以节省时间以外，这对脚本执行不会产生任何影响。

（1）添加脚本的步骤如下：

1）在脚本视图中右击，然后单击快捷菜单上的“添加新脚本”。

2）单击默认脚本名称，然后键入一个新名称。

（2）将脚本组织到文件夹中的步骤如下：

1）在树视图中右击，然后单击快捷菜单上的“添加新文件夹”。

2）单击默认文件夹名称，然后键入一个新名称，如图 7.3–5 所示。

3）选择要添加到新文件夹的脚本。按住鼠标左键，然后将鼠标指针拖动到文件夹名称处。当鼠标指针变为箭头时，释放鼠标左键，将脚本拖动到该文件夹中。或者，选择该脚本，然后按住鼠标右键，将鼠标拖动到该文件夹名称上。当鼠标指针变为箭头时，释放鼠标右键并单击快捷菜单上的“在此处移动”。

图 7.3–5　添加组织脚本

2. 事件

事件是指发生的操作或情况（如单击、按键或碰撞），可确定脚本是否运行。脚本可包含多个事件。但是，在脚本中组合所有事件条件的方式变得非常重要，即需要确保布尔逻辑有意义，括号正确匹配成对等。

在 Navisworks 中提供以下事件类型：

启用开始：只要启用脚本，事件就会触发脚本。如果在载入文件后启用了脚本，则将立即触发文件中的所有开始事件。这对设置脚本的初始条件很有用，如向变量指定初始值，或将相机移动到定义的起点。

启用计时器：在预定义的时间间隔，事件将触发脚本。

启用按键：事件通过键盘上的特定按键触发脚本。

启用碰撞：当相机与特定对象碰撞时，事件将触发脚本。

启用热点：当相机位于热点的特定范围时，事件将触发脚本。

启用变量：当变量满足预定义的条件时，事件将触发脚本。

启用动画：当特定动画开始或停止时，事件将触发脚本。

可以使用一个简单的布尔逻辑组合事件。要创建事件条件，可以使用括号和 AND/OR 运算符的组合。

通过在事件上右击并从快捷菜单中选择选项，可以添加括号和逻辑运算符。也可以单击“事件”视图中的相应字段并使用下拉列表来选择所需的选项。

（1）添加事件的步骤如下：

1）在树视图中选择所需的脚本。

2）单击“事件”视图底部所需的事件图标。例如，单击以创建一个“启用开始”事件。

3）在“特性”视图中查看事件特性，并根据需要调整它们。

（2）测试事件逻辑的步骤如下：

1）在树视图中选择所需的脚本。

2）在“事件”视图上右击，然后单击快捷菜单上的“测试逻辑”，Navisworks 会检查脚本中的事件条件，并回告任何检测到的错误。

（3）删除事件的步骤如下：

1）在树视图中选择所需的脚本。

2）在“事件”视图中，右击要删除的事件，然后单击“删除事件”。

3. *动作*

动作是一个活动（如播放或停止动画，显示视点等），当脚本由一个事件或一组事件触发时会执行它。脚本可包含多个动作。动作逐个执行，因此确保动作顺序正确很重要。

在 Navisworks 中提供以下动作类型：

播放动画：指定要在触发脚本时播放哪个动画的动作。

停止动画：指定要在触发脚本时停止哪个当前正在播放的动画的动作。

显示视点：指定要在触发脚本时使用哪个视点的动作。

暂停：用于在下一个动作运行之前使脚本停止指定的时间长度。

发送消息：在触发脚本时向文本文件中写入消息的动作。

设置变量：在触发脚本时指定、增大或减小变量值的动作。

存储特性：在触发脚本时将对象特性存储在变量中的动作。

载入模型：在触发脚本时打开指定的文件的动作。

（1）添加动作的步骤如下：

1）在树视图中选择所需的脚本。

2）单击“动作”视图底部所需的动作图标。例如，单击以添加“播放动画”动作。

3）在“特性”视图中查看动作特性，并根据需要调整它们。

（2）测试动作的步骤如下：

1）在树视图中选择所需的脚本。

2）在“动作”视图上右击，然后单击快捷菜单中的“测试动作”，Navisworks 会执行选定动作。

（3）删除动作的步骤如下：

1）在树视图中选择所需的脚本。

2）在“动作”视图中，右击要删除的动作，然后单击“删除动作”。

4. 启用脚本

要在文件中启用动画脚本，需要单击“动画”选项卡→“脚本”面板→“启用脚本”。用户可以与模型进行交互。

7.4 模型视觉效果

用户可以使用“Presenter”将纹理材质、光源、真实照片级丰富内容（RPC）和背景效果应用于模型，如图 7.4–1 所示。

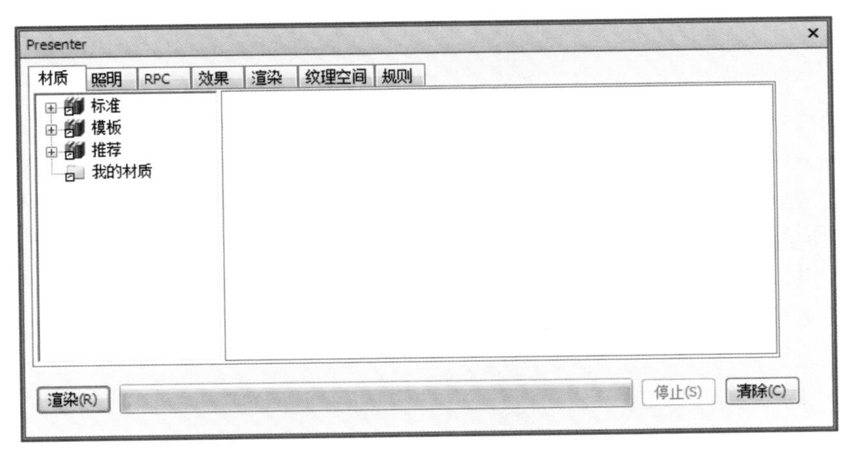

图 7.4–1 “Presenter”窗口

“Presenter”可固定窗口用于在场景中设置材质和光源，并使用更真实的效果对其进行渲染；可以使用它编辑预定义的材质并将这些材质应用于场景中的项目，向场景中添加光源，以及设置规则以将材质应用于同一项目中使用相同参数设置的其他文件；可以定义材质和光源并将其应用于模型，然后将设置保存到 NWF 文件中，以便在更新该模型时，这些材质和光源能够保持不变；还可以通过 3DS、DWG 和 DGN 文件格式从 CAD 应用程序中导入材质，或从 3D Studio Viz 或 Max 中导出材质。

“Presenter”窗口包含下列选项卡。

（1）材质。包含各种材质，可以选择这些材质并将其应用于单个模型项目或模型项目组；还可以使用该选项卡创建新材质，或自定义现有材质。

（2）光源。包含各种光源选项，可以选择这些选项并将其应用于模型；还可以根据需要自定义光源选项。

（3）RPC。包含真实照片级丰富内容（RPC），可以从包括网站在内的各种源添加 RPC。RPC 可以包括人物、树、汽车等的图像。

（4）效果。包含各种背景和环境，可以选择它们并将其应用于模型场景；可以自定义某些现有背景；可以创建新背景；还可以从其他源（如网站）添加背景和环境。

（5）渲染。包含各种渲染样式，可以选择它们并将其应用于模型，渲染样式会影响渲染场景的方式；还可以使用此选项卡创建新渲染样式，或自定义现有的渲染样式。

（6）纹理空间。定义将纹理应用于模型项目的方式，例如，将柱形纹理空间应用于管道将生成更自然的效果。

（7）规则。按照用户定义的条件将材质应用于模型。例如，可以使用规则快速地将材质应用于项目组。

“材质”“照明”“效果”和“渲染”选项卡分为两个窗格。左侧窗格包含归档文件，右侧窗格包含选项板，用于定义场景中使用的材质、光源、效果和渲染样式。归档文件以树结构显示，并用 LightWorks Archive（.lwa）格式定义。

7.4.1 场景渲染

用户通过随时单击“Presenter”窗口底部的“渲染”，在“场景视图”中直接渲染。可以将渲染的场景导出为图像，然后在演示时、网站上、打印时等情况下使用它们；还可以导出动画 AVI 演示和教学影片，其中的动画对象在照片级真实感渲染场景中移动。在设置并渲染场景后，还可以在该场景中创建动画。已设置的渲染将应用于动画的每一帧。

（1）设置并渲染场景的步骤如下：

1）选择“常用”选项卡→“工具”面板→“Presenter”以打开“Presenter”窗口。

2）设置场景。

① 使用“材质”选项卡将材质拖放到模型中的项目上。可以使用预定义的材质，也可以通过“材质”选项卡中的模板创建自己的材质，或使用“规则”选项卡设置用于定义项目范围的材质应用的规则。

② 使用“纹理空间”选项卡更准确地将材质映射到场景中的项目上。

③ 使用“照明”选项卡设置其他光源。

④ 使用“效果”选项卡向场景中添加背景和前景效果。

⑤ 使用“渲染”选项卡为渲染选择渲染样式。

3）可以随时单击“渲染”以在“场景视图”中开始渲染过程，可以随时单击“停止”来停止渲染过程。

4）单击“清除”可清除“场景视图”中的渲染，并返回到 OpenGL 交互式视图。

（2）打印渲染的图像的步骤如下：

1）将材质和光照效果应用于所需场景，然后单击“渲染”。

2）渲染场景时，单击“输出”选项卡→“视觉效果”面板→“已渲染图像”。

3）在“导出已渲染图像”对话框中，从“类型”下拉列表中选择“打印机”，“浏览”选项将灰显，单击“确定”。

4）在“打印”对话框中，选择所需的打印机，输入打印设置，然后单击“确定”。

（3）保存渲染的图像的步骤如下：

1）将材质和光照效果应用于所需场景，然后单击“渲染”。

2）染场景时，单击“输出”选项卡→“视觉效果”面板→“已渲染图像”。

3）在“导出已渲染图像”对话框中，从“类型”下拉列表中选择所需的文件类型。

4）浏览到一个位置，然后输入要渲染到的文件的名称。

5）设置渲染文件的大小，单击“确定”。

（4）导出渲染的动画的步骤如下：

1）将材质和光照效果应用到所需的场景，然后在“Presenter”窗口中，单击“渲染”。

2）渲染场景时，单击“输出”选项卡→“视觉效果”面板→“动画”，将打开“导出动画”对话框。

3）从“源”下拉列表中，选择要导出的动画类型：要导出对象动画，选择“当前 Animator 场景”；要导出 TimeLiner 序列，选择“TimeLiner 模拟”；要导出视点动画，选择“当前动画”。

4）在“导出动画”对话框中设置剩余的选项，然后单击“确定”。

5）在“另存为”对话框中，输入新的文件名和位置，单击“保存”。

7.4.2 Presenter 材质

1.“材质”选项卡

与“照明”“效果”和“渲染”选项卡类似，“材质”选项卡也分为两个窗格。左侧窗格说明已安装材质的预定义归档文件，右侧窗格显示在场景中已定义并使用的材质的当前选项板。该选项板还显示每种材质的小缩略图，与其在渲染时显示的一样，如图 7.4–2 所示。

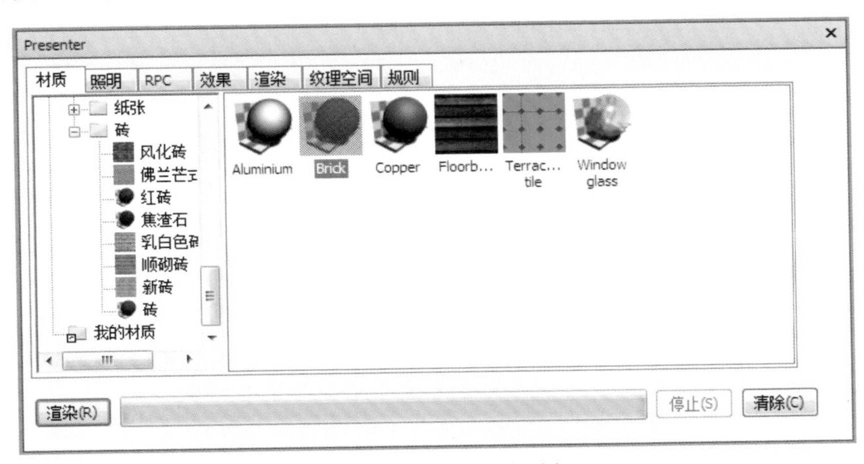

图 7.4–2 “材质”选项卡

2. 应用和删除 Presenter 材质

通过将材质拖放到以下位置，可以将材质应用于场景中的项目：“场景视图”中的项目、选择树中的项目、选择集或搜索集。

如果从归档文件拖动材质，则该材质将出现在选项板中，在该选项板中可以根据需要编辑该材质并随场景进行保存。

“Presenter”使用 Autodesk Navisworks 选取精度，确定从归档文件或选项板拖动到主视图中时要向其应用材质的项目。将鼠标悬停在主视图中的任何项目上时，建议的选择项目将变为选择颜色（默认情况下为蓝色）。将材质放置到当前选择上时，会将其应用于所有选定项目；将材质放置到当前未选定的项目上时，则仅将其应用于该项目。

用户可以通过在“选择树”或“场景视图”中选择项目，然后右击选项板中的材质并单击“应用到选定项目”，将材质应用于项目；还可以使用规则自动将材质应用于项目（如根据其层或颜色或选择集名称）；可以从“Presenter”窗口或者直接在“场景视图”或“选择树”中，删除为几何图形项目指定的材质。

层可以有颜色，就像几何图形一样。如果层有材质，则选择树中该层的所有子级都将继承此材质，直到为其中一个子级指定它自己的材质，此时，选择树中其所有子级都将继承此材质，以此类推。可以将材质拖放到图层上。仅该图层会拾取此材质，而尽管其子图层会继承此材质，但其子图层不会明确地将此材质指定给它们自己。因此，在这样的子级上右击将不允许删除材质，因为没有首先显式指定材质。

但是，如果使用规则为某个颜色指定材质，则场景中的所有对象都会将此材质显式指定给它们，包括父层和子对象。使用诸如“几何图形”之类的选取精度，如果右击子对象并单击快捷菜单上的“删除材质”，则材质将从子对象中删除，但不从父层中删除，且没有明显的差别。因此，要删除材质，必须从父层中删除它。

（1）将材质应用于模型几何图形的步骤如下：

1）直接在“场景视图”或“选择树”中选择几何图形项目。

2）打开“Presenter”窗口，然后单击“材质”选项卡。

3）从归档文件或选项板中选择材质，在此材质上右击，然后单击快捷菜单上的“应用到选定项目”，将该材质指定给当前选择的几何图形。

（2）使用“场景视图”或“选择树”从模型几何图形中删除材质：在“场景视图”或“选择树”中的项目上右击，然后单击快捷菜单上的“Presenter”→“删除材质”。

（3）使用“Presenter”窗口从模型几何图形中删除材质的步骤如下：

1）打开“Presenter”窗口，然后单击“材质”选项卡。

2）在材质选项板中，在需要从场景中的项目中删除的材质上右击，然后单击快捷菜单上的“从所有项目删除”。

3. 组织和管理材质

用户可以将材质组织到自定义文件夹中，以便轻松地进行参考和管理，从而可以有效地自定义用户归档文件。

在“材质”选项卡上，右窗格或材质选项板是编辑场景和管理材质的位置。材质从归档文件提取到选项板，并在其中进行编辑。然后，可以将选项板保存到 Autodesk Navisworks 选项板文件（NWP）中，以便在其他场景中使用。

（1）添加自定义文件夹的步骤如下：

1）打开“Presenter”窗口，然后单击“材质”选项卡。

2）在左侧窗格中的“我的材质”文件夹上右击，然后单击快捷菜单上的“新建目录”。

3）展开“我的材质”文件夹，在新文件夹上右击，然后单击快捷菜单上的“重命名”。

4）键入新名称。

（2）删除自定义文件夹的步骤如下：

1）在“Presenter”窗口的“材质”选项卡中，展开左侧窗格中的“我的材质”文件夹，然后在要删除的文件夹上右击。

2）单击快捷菜单上的“删除”。

（3）将材质复制到自定义文件夹中的步骤如下：

1）在“Presenter”窗口的“材质”选项卡中，单击右侧窗格中的材质，然后将其拖动到左侧窗格中“我的材质”文件夹下的所需位置，直到鼠标指针显示小加号。

2）释放鼠标左键以将该材质放置到该文件夹中。

（4）用户通过在“材质”选项卡的右侧窗格（选项板）中的材质上右击来管理选项板材质。

1）单击“复制”，将材质复制到剪贴板。在选项板的空白区域中右击，然后单击“粘贴”以粘贴一个材质副本。该副本具有相同的名称，且以列表中下一个编号作为后缀。如果要测试对材质的微小调整，则此过程是很有用的。

2）单击快捷菜单上的“删除”，从选项板中删除材质。此操作还将从场景中的所有项目中删除该材质。

3）单击“重新生成图像”，在选项板中使用当前属性重新生成材质的缩略图。

4）单击“重命名”，对材质进行重命名。还可以选择材质并按 F2 键对其进行重命名。

5）单击“编辑”，或双击材质即可打开“材质编辑器”对话框，以允许编辑其参数。

6）根据在场景中是否选择了项目，以及是否已为任何项目指定材质，快捷菜单上还提供了“应用”和“删除”成对使用的项目。

7）单击“选择所有实例”，选择场景中已指定了此特定材质的项目。

8）单击“载入面板”，将先前保存的材质选项板载入到当前场景。这将删除当前处于选项板中的所有材质，并打开标准的“打开文件”对话框，允许浏览 NWP 文件。

9）单击“附加面板”，从 NWP 文件载入选项板，同时保留当前选项板中的所有现有材质。将对重复的任何材质进行重命名，使用 NWP 文件作为扩展名。

10）单击“合并面板”，将选项板从 NWP 文件合并到当前场景中。这类似于附加，但不是添加并重命名任何重复的材质，合并将覆盖同名的现有材质。

11）单击“保存面板为”，将材质的当前选项板保存到 Autodesk Navisworks 选项板文件（NWP）中。

12）单击“清理面板”，从选项板及场景中的所有项目中删除所有材质。

4. 编辑 Presenter 材质

当已安装的归档文件材质位于归档文件中时，无法对其进行编辑，但可以在场景选项板中对其进行编辑。已编辑的材质将与 Autodesk Navisworks 模型一起保存在 NWD 或 NWF 文件或者 NWP 选项板文件中，也可以将其添加到名为“我的材质”的用户归档文件中。

要编辑材质，请在选项板中双击它，或者在其上右击并单击快捷菜单上的“编辑”，将打开“材质编辑器”对话框。该对话框随材质类型的不同而不同，无法添加或删除材质上的参数，仅可以编辑那些现有参数。因此，为要编辑的材质使用正确的材质模板类型是很重要的。

5. 高级材质

在内部，材质由以下不同类别的四个着色器定义：“颜色”“透明度”“反射”和“置换”。每种类别的着色器控制材质行为的不同方面。在每个类别中有许多着色器类型，每种类型由其自己的一组参数定义。

（1）“颜色”着色器用于定义空间中任何点上的曲面颜色。它可以仅定义纯色（将曲面的所有部分都指定为具有统一的颜色），也可以定义复杂的曲面图案，如大理石或木材。每个材质都必须具有一个颜色着色器。

（2）曲面在现有光源中的行为由“反射”着色器表示，该着色器定义曲面向查看者反射光的程度。此类别的着色器可以被认为定义曲面的“磨光”，并用于创建诸如遮片、金属和塑料之类的具有特性的模型。

（3）“透明度”着色器用于定义曲面的透明度或不透明度，并进而定义它的透光程度。“透明度”着色器可以从简单的统一透明度到更复杂的规则或不规则侵蚀图案。没有“透明度”着色器的材质是完全不透明的。

（4）通过“置换”着色器可以支持微小的曲面扰动。通常，“置换”着色器将为其他方式的光滑曲面提供不规则或锯齿状外观。“置换”着色器用于表示使用常规建模技术很难或不可能实现，或是实现时效率很低的特征。

7.4.3 Presenter 光源

1. “照明”选项卡

与“材质”“效果”和“渲染”选项卡类似，“照明”选项卡也分为两个窗格，左侧为归档文件，右侧为选项板。归档文件包含各个光源以及光源库。光源库是一起正常工作的光源的组合。选项板包含场景中处于活动状态的所有光源，如图 7.4–3 所示。

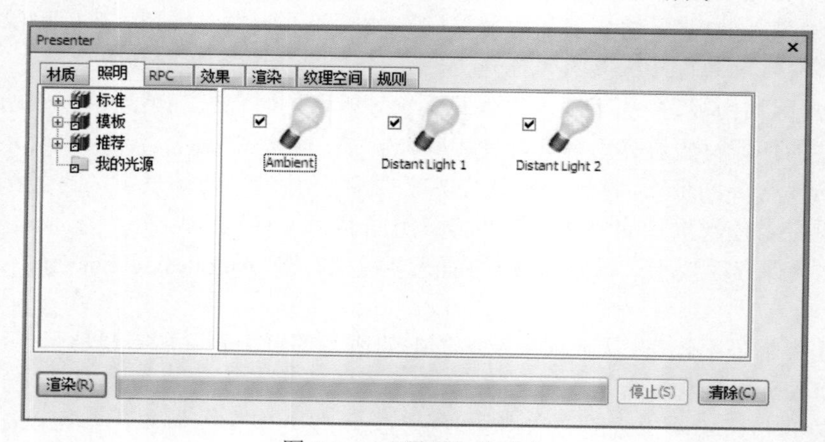

图 7.4–3 “照明”选项卡

要将光源应用于场景，需要将它从归档文件拖动到选项板中，此时可以根据需要编辑其参数。该光源将添加到场景中已有的那些光源上。

要将光源库应用于场景，需要将它从归档文件拖动到选项板中。光源库中的所有光源将替换场景中已有的光源。光源库将以智能方式应用于场景。光源库将确定方向并缩放，以与所应用的场景相匹配。还可以在归档文件中扩展光源库，并将光源单独拖放到选项板中。如果执行此操作，则光源不需要确定方向或进行缩放以与场景相匹配。

选项板中的每个光源都具有一个复选框，可用于在场景中打开或关闭光源。

2. 添加和定位光源

将光源和光源库直接从归档文件放置到选项板中，可将其应用于模型。然后可以根据需要对其重新定位。

“推荐”归档文件包含五个光源（“环境光”“平行光”“眼”“点”和“聚光灯”）、一个“标准光源库”、一个“环境光源库”、一个“环境”文件夹和一个“室外”文件夹。“室外”文件夹包含世界上不同的城市地点，其中每个地点包含三个光源库（“晴朗天空”“多云的天”和“阳光设置”）。

例如，如果要创建建筑的外部渲染，则可能会发现，一个“环境”光源库可以提供非常逼真的效果并使用基于图像的光源使模型变亮。“室外”光源库也可以提供所需的效果。但是，它们确实使用精准光源，这通常会花费较长的时间来渲染场景。

或者，可以首选使用“标准光源库”作为起点，然后从中构建您的光源，添加基本的建议光源组合以创建所需的效果。

“标准”归档文件包含一个“默认护眼灯”室（可通过顶光源有效地进行渲染）、一个“环境”文件夹和一个“室外”光源库的文件夹（它主要由使用多个光源复制“天空”光源的效果的光源库组成）。不使用精准光源意味着，无须打开可以对基本的建议光源设置带来负面影响的“自动曝光”、供内部场景中使用的“室内”光源库的文件夹、“对象”光源库（最适合于为较小的模型，如车辆或机械部件提供光源）的文件夹和“探照灯”光源库（可用于将图像投影到场景中的对象上）的文件夹，以及一个“简单的天空”文件夹。

“模板”归档文件包含可用的所有基本光源着色器。可以编辑这些着色器（像对所有光源进行编辑那样）以创建所需的精准光源。

（1）向模型中添加光源的步骤如下：

1）打开“Presenter”窗口，然后单击“照明”选项卡。

2）在左侧窗格中，选择要添加到场景中的光源。

3）将光源拖放到选项板（“照明”选项卡的右侧窗格）中。这将自动添加到场景中。

一般情况下，场景中存在的光源越多，以真实照片级进行渲染所用的时间就越长。对于外部渲染场景，可以考虑使用“标准光源库”作为起点，然后在场景周围有计划地添加一对“点”和“聚光灯”光源。“点”光源适合于照亮场景的黑暗区域，而“聚光灯”光源可以添加戏剧性元素并增强真实性。

（2）在模型中定位或重新定位光源的步骤如下：

1）打开“Presenter”窗口，然后单击“照明”选项卡。

2）在选项板（“照明”选项卡的右侧窗格）中要重新定位的光源上右击，然后单击快捷菜单上的“编辑”。

3）根据需要使用“光源编辑器”定位光源。

4）可以按交互方式定位光源。表示光源的三维线框阳光图标有六个沿 X 轴、Y 轴和 Z 轴延伸出去的条。将鼠标指针悬停在其中一个条上，鼠标指针将变为手形，而条将沿该轴进一步延伸。按住鼠标左键以保持光源，然后沿延伸条按任一方向进行移动。释放鼠标左键，以便在其新位置中释放光源。可以对所有三个轴执行此操作。

5）也可以在相机的当前位置（它可以是场景中的任何位置）中定位光源。导航到需要定位光源的位置，在选项板（“照明”选项卡的右侧窗格）中的光源上右击，然后单击快捷菜单上的“相机位置”。

3. 组织和管理光源

用户可以将光源组织到自定义文件夹中，以便轻松地进行参考和管理，从而有效地自定义用户归档文件。

在“照明”选项卡上，右窗格或照明选项板是编辑场景和管理光源的位置。将光源从归档文件提取到选项板，然后可在其中进行编辑。

（1）添加自定义文件夹的步骤如下：

1）打开“Presenter”窗口，然后单击“照明”选项卡。

2）在左侧窗格中的“我的照明”文件夹上右击，然后单击快捷菜单上的“新建目录”。

3）展开“我的光源”文件夹，在新文件夹上右击，然后单击快捷菜单上的“重命名”。

4）键入新名称。

（2）删除自定义文件夹的步骤如下：

1）在“Presenter”窗口的“照明”选项卡中，展开左侧窗格中的“我的光源”文件夹，然后在要删除的文件夹上右击鼠标右键。

2）单击快捷菜单上的“删除”。

（3）将光源效果复制到自定义文件夹中的步骤如下：

1）在“Presenter”窗口的“照明”选项卡中，单击右侧窗格中的光照效果，然后按住鼠标左键将其拖动到左侧窗格中“我的光源”文件夹下的所需位置，直到鼠标指针显示小加号。

2）释放鼠标左键以将光照效果放置到该文件夹中。

（4）管理选项板光源：在“照明”选项卡右侧窗格（选项板）中的一个光源上右击。

1）单击“复制”，将光源复制到剪贴板。在选项板的空白区域中单击鼠标右键，然后单击“粘贴”以粘贴一个光源副本，该副本具有相同的名称，且以列表中的下一个编号为后缀。

2）单击“删除”，从选项板中删除该光源。此操作还将从场景中删除该光源。

3）单击“重命名”，对光源进行重命名。还可以选择光源并按 F2 键对其进行重命名。

4）单击“编辑”，或双击光源可打开“光源编辑器”对话框，以允许编辑其参数。

5）单击“清理面板”，从选项板中删除所有光源，进而从场景中删除它们。

4. 编辑光源

用户可以在选项板中编辑光源，方法是双击该光源，或者在该光源上右击并选择快捷菜单上的“编辑”。

在 OpenGL 交互式渲染和真实照片级渲染中可看到以下六种光源类型。

1）“环境光”光源为场景提供常规背景光源，因此只有“强度”参数和“颜色”参数。

2）“平行光”光源是定向的，因此具有位置和目标。位置和目标仅设置光源沿其照射的轴，这些光源类型可照射到无穷远，并且其光束是平行的。除了具有“强度”参数和“颜色”参数外，它们还可以在真实照片级渲染中投射阴影。

3）“眼”光源位于视点上，同样只有“强度”参数和“颜色”参数。

4）“点”光源具有一个位置，但是沿各个方向照射。它们也具有“强度”参数和“颜色”参数，如图 7.4–4 所示。

5）“聚光灯”光源也是定向的，因此它们具有位置和目标，以及“强度”“颜色”和“阴影”参数。此外，它们还具有影响光源的“衰减”和“锥角”参数，因为这些光源类型不能照射到无穷远，所以通过锥形传播光，且强度随着远离光源而减弱。

6）“太阳”模拟日光。模型的方向由“北”和“向上”方向定义。将日光的位置指定为“方位角”和“仰角”。如果日光的“模式”包括“位置”，则输入您在地球上的“位置”“时间”（使用本地时区）和“日期”，“Presenter”将为您计算日光的“方位角”和“仰角”。如果日光的“模式”包括“强度”，则“Presenter”也将基于位置、一年中的时间和大气条件计算日光的精确强度。

还有三种类型的光源，它们仅可在真实照片级渲染中可见。

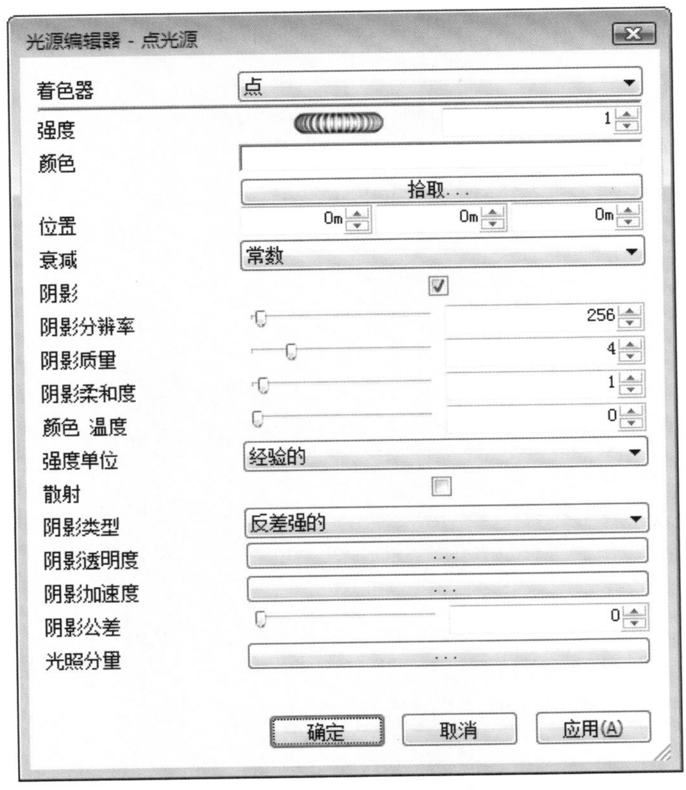

图 7.4–4 “照明”选项卡

1）“探照灯”光源用于将图像投影到曲面上。可以定义要投影的图像所对应的文件。

2）“天空”模拟来自天空的光源（而不是由于日光本身的直接照射）。模型的方向由“北”和“向上”方向定义。日光的位置指定为“日光仰角”和“日光方位角”。尽管未包括日光的直接照射，但是其位置将确定天空半球的外观。如果“强度”保留为 0，则“Presenter”将基于日光的位置计算精确强度。

3）“测角”光源可以在不同的方向上发射范围变化很大的光能数量。一个测角光光源的行为可能与点光源完全相同，另一个测角光光源的行为可能与聚光光源完全相同，而第三个测角光光源的行为则可能与点光源或聚光光源都不同。测角光光源从行业标准文件获取其强度分布函数（光沿任何一个方向照射的程度）。“Presenter”支持 CIE、IES、CIB 和 LDT 文件格式。

5. 阴影投射

对于支持阴影的光源（点、平行光、聚光灯、天空、日光、探照灯和测角），在其相应的“光源编辑器”中选中“阴影”复选框会导致选定光源在场景中投射阴影。

除了选择模型中的光源将投射阴影外，还可以选择模型中的哪些几何图形项目应该投射阴影。场景中的每个项目都有它自己的阴影投射选项。

从“场景视图”设置阴影投射，在“场景视图”中的项目上右击，并单击快捷菜单上的“Presenter”，单击“阴影”，然后单击所需的阴影投射选项。

可用于几何图形项目的阴影投射选项包括以下几项。

（1）打开。选择此选项可启用“阴影”。选定的项目将从已启用“阴影”的任何光源投射阴影。

（2）关闭。选择此选项可禁用“阴影”。选定的项目将不从任何光源投射阴影。

（3）继承。选择此选项可从父项目继承阴影投射选项。也就是说，选定项目将使用的选项与选择树路径中紧邻其上的项目相同。例如，如果对组“开启”阴影投射，并且该层中包含的几何图形设置为“继承”，则该几何图形也将投射阴影，这是因为它继承了其父项目（组）的“开启”选项。

6. 高级光源

用户可以使用“Presenter”应用高级光源效果。

（1）柔和阴影。“Presenter”包含从为每个阴影投射光源预先计算的阴影贴图生成的阴影。使用阴影贴图可快速渲染具有柔和边缘或渐变边缘的阴影。可以控制阴影精度，以平衡性能和图像质量。

柔和阴影仅适合于与小模型一起使用，默认情况下处于禁用状态。对于大模型，生成阴影贴图会占用过多的时间和内存。如果不使用过高的精度，为大模型生成的柔和阴影通常会过于模糊和分散，且会占用更多的内存和时间。

（2）精准光源。默认情况下，“Presenter”使用具有无单位或取决于经验的强度的光源。这些强度没有物理含义，选择它们仅仅是为了提供满意的可视效果。“Presenter”还可以按物理方式使用精准强度。这些强度是用实际单位定义的，如坎德拉（cd）、流明（lm）或勒克斯（lx）。

默认情况下，“Presenter”使用在您远离光源时其强度保持不变的光源。在现实世界中，强度的减少与距光源的距离的平方成反比。如果将光源的“衰减”参数更改为“平方反比定律”，将更准确地对光源的强度衰减进行建模。

（3）体积光源。使用体积光源可以在场景中生成诸如通过尘雾或烟雾进行散光等效果。要使用此效果，选中每个光源上的“散射”复选框，还必须使用“散射介质”前景效果。

默认介质为纯白色（可选）。可以将密度着色器设置为任何纯色（不带纹理贴图）着色器，以创建非均匀（异质）介质的效果。

（4）基于图像的光源。基于图像的光源就是使用图像为场景提供照明的光源。在现实世界中，每个对象不仅由诸如日光、灯等之类的光源提供照明，而且还由周围的所有事物提供照明。此照明方法中使用的图像是一种特殊种类的图像，称为高动态范围图像或 HDRI。此类型的图像能够以惊人的精度为场景提供照明。在“Presenter”窗口中，HDRI 作为一个球体放置在场景中心，来自 HDRI 的颜色和亮度投射到三维模型上以将其照亮。

7.4.4 Presenter RPC

“Presenter”窗口中的 RPC 支持允许将摄影场景添加到任何三维项目中。RPC 文件通常包含在从树木和植物到人物的各种内容库中。它们还分成各种类型。

1）2D RPC 是始终面向相机的单向二维照片，它只有一帧，从每个角度看都是一样的，且没有动画。

2）3D RPC 是具有大量帧的对象，允许相机围绕对象移动并从各个角度进行查看。

3）2.5D RPC 是单向二维动画照片。动画 RPC 仅在导出为渲染动画时才以可视方式制作动画。

4）3.5D RPC 包括对象四周的动画和视图。

5）3D+ RPC 通常称为智能内容，当前不支持此类型。

与“材质”“照明”和“渲染”选项卡类似，“RPC”选项卡也分为两个窗格，左侧为归档文件，右侧为选项板，如图 7.4–5 所示。

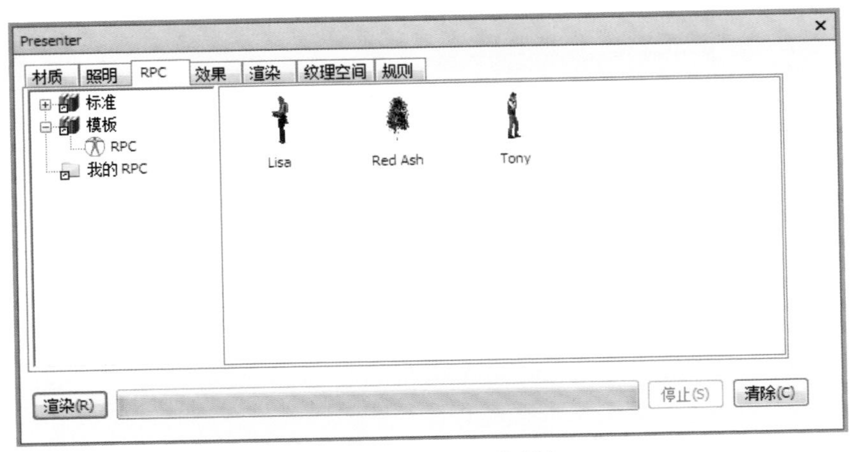

图 7.4–5 “RPC”选项卡

（1）向选项板中添加 RPC 的步骤如下：

1）打开“Presenter”窗口，然后单击“RPC”选项卡。

2）在左侧窗格中，展开“模板”归档文件，然后将 RPC 图标拖动到右侧的选项板中。

3）双击选项板中的 RPC 图标。

4）在“RPC 编辑器”中，单击“文件名”字段中的“浏览”按钮 ... 。

5）在“打开 RPC 文件”对话框中，找到所需的 RPC 文件，然后单击“打开”。

6）根据需要调整“RPC 编辑器”中的设置，然后单击“确定”。

（2）向模型中添加 RPC 的步骤如下：

1）打开“Presenter”窗口，然后单击“RPC”选项卡。

2）要向模型中添加 RPC，请在选项板中所需的 RPC 图标上右击并选择“添加实例”（这将生成目标鼠标指针，然后使用此鼠标指针单击“场景视图”中的位置），或者单击并按住鼠标左键，然后将 RPC 图标从选项板拖动到“场景视图”中的所需位置上。

3）单击“渲染”，查看 RPC 效果在场景中的外观。

（3）移动 RPC 是在“场景视图”中要移动的 RPC 上单击鼠标右键，然后单击快捷菜单上的“拾取位置”。这会将鼠标指针变为用于选择其他位置的目标鼠标指针。

（4）编辑 RPC 的步骤如下：

1）打开“Presenter”窗口，然后单击“RPC”选项卡。

2）双击选项板中所需的 RPC。

3）根据需要使用“RPC 编辑器”调整设置。

4）单击“确定”。

删除 RPC 是在“场景视图”中要删除的 RPC 上右击，然后单击快捷菜单上的“删除”。

7.4.5 Presenter 渲染效果

1.“效果”选项卡

与“材质”“照明”和“渲染”选项卡类似，“效果”选项卡也分为两个窗格，左侧为归档文件，右侧为选项板。可以在此选项卡中设置不同的背景效果和前景效果，如图 7.4–6 所示。在选项板中一次仅可以有一个背景效果和一个前景效果。

图 7.4–6 “效果”选项卡

2. 背景效果

背景效果更改渲染时图像的背景，它们包括纯色、渐变色、程序云和图像文件（平铺式或缩放式）。大多数的背景都可以在 OpenGL 中以交互方式渲染，因此可以很好地预览背景是如何完全渲染的。

双击选项板中的某个效果，打开“背景编辑器”。对于每种背景类型，其编辑器是不同的，如图 7.4–7 所示。

图 7.4–7 背景编辑器

在“背景编辑器”中，可以通过单击“文件名”字段旁边的“浏览”按钮 ... 更改背景，然后打开一个新的图像作为背景。

在“背景编辑器”中编辑参数，将以交互方式使用那些更改改变场景。可以随时单击“应用”，将对参数的编辑应用于场景。

可以保存编辑后的背景以供在其他场景中使用，通过将它拖动到“我的效果”用户归档文件内的“背景”文件夹中即可。

环境背景是一种特殊种类的背景，可以随模型移动并允许模型的反射部分产生反射。环境背景不仅在针对模型的静态图像下使场景看起来更逼真，而且在动画中完全变换逼真效果。

（1）添加背景效果的步骤如下：

1）打开“Presenter”窗口，然后单击“效果”选项卡。

2）在左侧窗格中，展开“推荐”归档文件，然后选择所需的背景效果。

3）将所选背景拖动到右侧的选项板上。

4）单击“渲染”，将背景应用于模型。

（2）编辑背景效果的步骤如下：

1）打开“Presenter”窗口，然后单击“效果”选项卡。

2）双击选项板中所需的背景。

3）根据需要使用“背景编辑器”调整设置，单击“确定”。

（3）添加环境背景的步骤如下：

1）打开“Presenter”窗口，然后单击“效果”选项卡。

2）在左侧窗格中，展开“推荐”归档文件，打开“环境”子文件夹，然后打开“全景”文件夹。

3）将“天空”效果拖动到右侧的选项板上。

4）返回到“推荐”归档文件，打开“背景”子文件夹，然后将“环境”效果拖动到选项板上。

3. 前景效果

前景效果更改渲染时图像的前景，包括尘雾和雪花效果。这些效果都不能作为交互式预览提供，它们仅在进行完全渲染时才可见。添加前景效果与添加背景效果类似。双击选项板中的某个效果，打开“前景编辑器”。

可以随时单击“应用”，将对参数的编辑应用于场景。保存编辑后的前景以供在其他场景中使用，通过将它拖动到“我的效果”用户归档文件内的“前景”文件夹中即可。

7.4.6 Presenter 渲染样式

1.“渲染”选项卡

与“材质”“照明”和“效果”选项卡类似，“渲染”选项卡也分为两个窗格，左侧为归档文件，右侧为选项板。可以在此选项卡中选择渲染样式及希望如何渲染场景，如图 7.4–8 所示。每个归档文件都有许多可供选择的渲染样式。

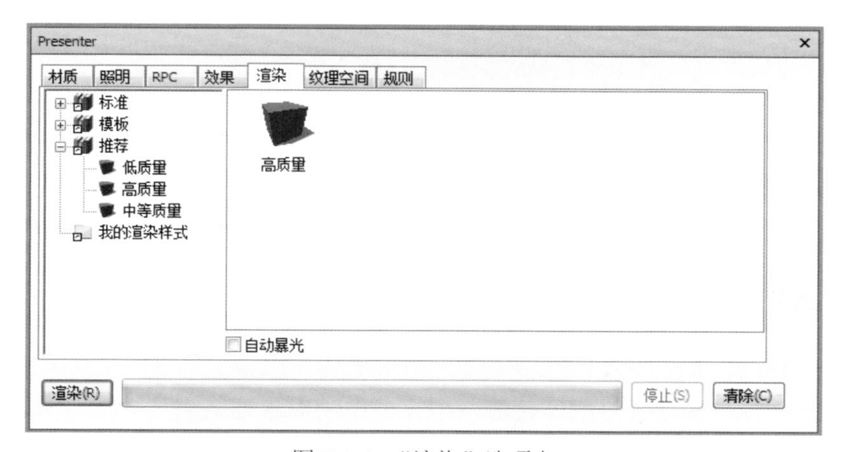

图 7.4–8 “渲染”选项卡

2. 渲染样式

渲染样式影响在执行完全真实照片级渲染（单击“渲染”）时渲染场景的方式。这些效果都无法以交互式预览的形式提供。要设置渲染样式，通过将所选样式拖动到选项卡右侧的选项板上即可。

要编辑所选的渲染样式，通过在选项板中双击该样式即可。将打开“渲染编辑器”对话框。对于每种类型的渲染样式，其编辑器是不同的。可以随时单击“应用”，将对参数的编辑应用于场景。

可以保存编辑后的渲染样式以供在其他场景中使用，通过将其拖动到“我的渲染样式”用户归档文件上即可。

3. 预定义渲染样式

“推荐”归档文件包含三个预定义渲染样式。

1）高质量。选择此渲染样式可获得最高质量的渲染输出。这包括所有反射、透明度以及边缘、反射和阴影上的抗锯齿。在三种建议的渲染样式中，此样式所用的渲染时间最长。

2）低质量。选择此渲染样式可获得快速但质量低的渲染。这不包括任何反射或抗锯齿。

3）中等质量。选择此渲染样式可获得中等质量的渲染。这仅包括阴影上的所有反射、透明度和抗锯齿。

“标准”归档文件包含许多渲染样式，这些样式模拟手工绘制样式和其他非真实照片级样式。这些样式混合使用着色渲染技术、矢量渲染技术和基于图像的渲染技术。它们通常最适用于小模型和小输出图像。

“模板”归档文件包含以下五种主要类型的渲染样式。

1）真实照片级。此归档文件包含真实照片级渲染样式，与“推荐”归档文件相符，包括“高质量”“低质量”和“中等质量”。这些渲染样式速度最快且使用的内存最少，在这些样式下，从任何特定的视点来观察，模型的大部分已被遮挡。

2）真实照片级（扫描线）。此归档文件包含真实照片级渲染样式，与“推荐”归档文件相符，包括“高质量”“低质量”和“中等质量”。这些渲染样式速度最快且占用的内存最少，在这些样式下，从任何特定的视角来观察，模型的大部分可见。

3）简单着色。此模板是简单的着色渲染样式，不需要诸如纹理和透明度之类的高级功能。

4）草图。此归档文件包含许多基本草图渲染样式。

5）矢量。此模板是矢量渲染样式，它将在线框下渲染场景。

4. 自动曝光

选中“自动曝光”复选框可使用平衡的亮度和对比度渲染场景。在使用精准光源（如“天空”或“太阳”光源）时，这是必需的。如果向场景中添加其中任一光源，则系统会提示您打开“自动曝光”。

7.5 施工进度模拟

用户使用“TimeLiner”工具可以将三维模型链接到外部施工进度，以进行可视四维规划。“TimeLiner”从各种来源导入进度，接着使用模型中的对象连接进度中的任务，以创建四维模拟；能够看到进度在模型上的效果，并将计划日期与实际日期相比较。“TimeLiner”还能够基于模拟的结果导出图像和动画。如果模型或进度更改，“TimeLiner”将自动更新模拟。

“TimeLiner”功能与其他 Autodesk Navisworks 工具结合使用，可完成以下工作。

（1）通过将“TimeLiner”和对象动画链接在一起，可以根据项目任务的开始时间和持续时间触发对象移动并安排其进度，且可以进行工作空间和过程规划。

（2）将“TimeLiner”和“Clash Detective”链接在一起，可以对项目进行基于时间的碰撞检查。

（3）将“TimeLiner”、对象动画和“Clash Detective”链接在一起，可以对完全动画化的“TimeLiner”进度进行碰撞检测。

打开/关闭“TimeLiner”窗口的步骤如下。

单击“常用”选项卡→“工具”面板→“TimeLiner”。

菜单：经典用户界面：“工具”→“TimeLiner”。

7.5.1 TimeLiner 任务

“任务”选项卡可用于创建和编辑任务，将任务附加到几何图形项目，以及验证项目进度。可以调整任务视图，还可以向默认列集中添加新用户列。当创建指向外部项目文件的链接并且这些文件包含的字段多于“TimeLiner”时，这将很有用。

1. 创建任务

在“TimeLiner”中，可以通过下列方式之一创建任务。

一是采用一次一个任务的方式手动创建。

二是基于“选择树”或者选择集和搜索集中的对象结构自动创建。

三是通过指向外部项目文件的链接自动创建。

（1）手动添加任务的步骤如下：

1）将模型载入 Autodesk Navisworks 中。

2）单击“常用”选项卡→“工具”面板→“TimeLiner”，然后单击“TimeLiner”窗口中的“任务”选项卡，如图 7.5–1 所示。

3）在任务视图中的任何位置上右击，然后单击快捷菜单上的“添加任务”。

4）输入任务名称，然后按 Enter 键，此时将该任务添加到进度中。

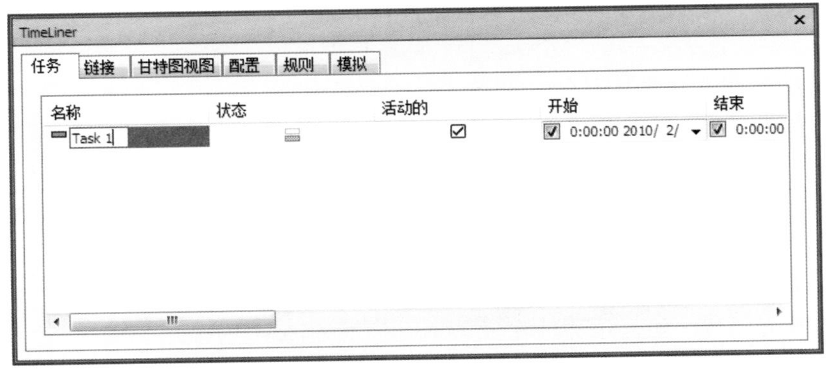

图 7.5–1　手动添加任务

（2）基于选择树结构添加任务的步骤如下：

1）在“TimeLiner”窗口的“任务”选项卡中的任务视图中右击，然后单击快捷菜单上的“工具”。

2）如果要创建与选择树中的每个最顶层同名的任务，单击“为每个最高层添加已命名的任务”。

如果要创建与选择树中的每个最顶部项目同名的任务，单击“为每个最高项目添加已命名的任务”。根据构建模型的方式，这可以是层、组、块、单元或几何图形。

（3）基于搜索集或选择集添加任务的步骤如下：

1）在“TimeLiner”窗口的“任务”选项卡中的任务视图中右击，然后单击快捷菜单上的“工具”。

2）单击“为每个选择集添加已命名的任务”，以创建与“集合”可固定窗口中的每个选择集和搜索集同名的任务。

2. 编辑任务

用户使用通过链接创建的任务时，可能无法编辑某些任务参数。要编辑链接任务，修改外部项目文件，然后在“TimeLiner”中同步或重建任务。

（1）更改任务名称的步骤如下：

1）在“TimeLiner”窗口的“任务”选项卡上，双击要修改的任务名称。

2）为该任务键入一个新名称，然后按 Enter 键。

（2）更改任务日期和时间的步骤如下：

1）在“TimeLiner”窗口的“任务”选项卡上，单击要修改的任务。

2）修改任务日期：单击“开始”和“结束”字段中的下拉按钮将打开日历，可以从中设置实际开始日期/结束日期；单击“计划开始”和“计划结束”字段中的下拉按钮将打开日历，可以设置计划的开始日期/结束日期；使用日历顶部的左箭头按钮和右箭头按钮分别前移和后移一个月，然后单击所需的日期。

3）要更改开始或结束时间，请单击要修改的时间单元（小时、分或秒），然后输入值。可以使用左箭头键和右箭头键在时间字段中的各个单元之间移动。

（3）复制和粘贴日期/时间值的步骤如下：

1）在“TimeLiner”窗口的“任务”选项卡上，右击要复制的日期字段。

2）单击“复制日期/时间”。

3）在其他日期字段中右击，然后单击“粘贴日期/时间”。

（4）设置或修改任务类型的步骤如下：

1）在“TimeLiner”窗口的“任务”选项卡中，单击要修改的任务。

2）从“任务类型”下拉列表中，选择要将该任务设置为的任务类型。默认情况下，可以选择建造、拆除、临时；任务类型定义了附加到任务的项目将在模拟过程中如何显示。

3. 将任务附加到几何图形

要使四维模拟起作用，需要将每个任务附加到模型中的项目。可以同时创建和附加任务，也可以先创建所有任务，然后单独或在规则定义的批处理中附加它们。

用户可以将任务附加到“场景视图”中的当前选择、任何选择集或任何搜索集，也可以在“已经附上”列中查看附加类型。

（1）手动将任务附加到当前选择的步骤如下：

1）在“场景视图”或“选择树”中，选择所需的几何图形对象。

2）在“TimeLiner”窗口的“任务”选项卡上，右击所需的任务，然后单击快捷菜单上的“附加选择集”。

将任务附加到选择集或搜索集，在“TimeLiner”窗口的“任务”选项卡上，右击所需的任务，并单击“附加选择集”，然后单击所需的选择集或搜索集。

（2）将任务附加到当前搜索的步骤如下：

1）从“查找项目”可固定窗口中运行所需搜索。

2）在“TimeLiner”窗口的“任务”选项卡上，右击所需的任务，然后单击“附加搜索”。

（3）将多个任务附加到选择集或搜索集的步骤如下：

1）在“TimeLiner”窗口的“任务”选项卡上，按住 Ctrl 或 Shift 键选择所有必需任务。

2）在选择的任务上右击，单击“附加选择集”，然后单击所需的选择集或搜索集。

（4）将多个任务附加到当前选择的步骤如下：

1）在“场景视图”或“选择树”中，选择所需的几何图形对象。

2）在“TimeLiner”窗口的“任务”选项卡上，按住 Ctrl 或 Shift 键选择所有必需任务。

3）在选择的任务上右击，然后单击快捷菜单上的“附加选择集”。

手动附加任务可能需要很长时间。一个好方法是使用与“选择树”层相对应的用户任务名称，或创建与该任务名称相对应的选择集和搜索集。这种情况下，可以应用预定义规则和自定义规则以便将任务快速附加到模型中的对象。

预定义规则如下。

名称与任务名相同的项目。选择此规则会将模型中的每个几何图形项目附加到指定列中的每个同名任务上。

名称与任务名相同的选择集。选择此规则会将模型中的每个选择集和搜索集附加到指定列中的每个同名任务上。

名称与任务名相同的层。选择此规则会将模型中的每个层附加到指定列中的每个同名任务上。

按类别/特性将项目附加到任务。选择此规则会将模型中具有已定义属性的每个项目附加到指定列中的每个同名任务上。

（5）添加自定义 TimeLiner 规则的步骤如下：

1）在“TimeLiner”窗口的“规则”选项卡中，单击“新建”按钮，将显示“规则编辑器”对话框，如图 7.5–2 所示。

2）在“规则名称”框中为规则输入一个新名称。

3）在“规则模板”列表中，选择规则将基于的模板；使用“按类别/特性将项目附加到任务”模板可以在模型场景中指定特性。如果任务与模型中的指定特性值同名，则在选中规则“按类别/特性将项目附加到任务”并单击“应用规则”时，所有具有该特性的项目将附加到该任务。

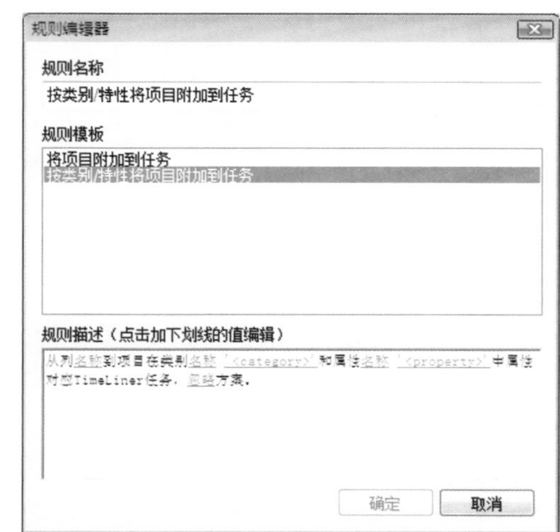

图 7.5–2　规则编辑器

4）在“规则描述”框中，单击每个带下划线的值以定义自定义规则。可用于内置模板的可自定义值包括以下几类。

列名称。在“任务”选项卡中选择要将项目名称与之进行比较的列。默认值是“任务名称”，还可以选择在“字段选择器”对话框中标识的十个“用户”列中的某一列。

项目。在列“名称”中选择要在模型场景中与其进行比较的值。默认值是“项目”名称，但也可以选择“选择集”或“层”。

匹配。使用区分大小写，只匹配完全相同的名称，还可以选择“忽略”忽略区分大小写。

类别/特性名称。使用界面中显示的类别或特性名称，还可以选择通过 API 访问的“内部名称”。

“<category>”。从要定义的类别或特性所在的可用列表中进行选择。下拉列表中只显示场景中包含的类别。

“<property>”。从可用列表中选择要定义的特性。同样，只有所选类别中的场景中的特性可用。

5）单击“确定”添加新“TimeLiner”规则，或单击“取消”返回到“TimeLiner”窗口。

（6）应用 TimeLiner 规则的步骤如下：

1）打开“TimeLiner”窗口，然后单击“规则”选项卡。

2）选中要应用的所有规则的复选框，将按顺序应用规则。

3）如果选中了“覆盖当前选择”复选框，则当应用规则时，它们将替换现有的附加项目；否则，规则会将项目附加到没有附加项目的相关任务。

4）单击“应用”按钮。

4. 验证项目进度

用户可以通过标识未包含在任何任务中的项目是否在多个任务中重复或是否位于重叠任务中来验证进度的有效性。某个项目可能由于多种原因而处于未附加状态。例如，项目进度文件中的某个任务被省略，或几何图形项目未包含在选择集或搜索集中。

检查进度的步骤如下：

1）在“TimeLiner”窗口的“任务”选项卡中，右击任务视图，然后单击“检查”。

2）选择一个可用选项。

查找未包含的项目。选中该选项会选择场景中未附加到任务的所有项目，或未包含在附加到任务的任何其他项目中的项目。

查找已包含的项目。选中该选项会选择场景中附加到任务或包含在已附加到任务的任何其他项目中的项目。

查找附加的项目。选中该选项会选择场景中直接附加到某个任务的所有项目。

查找附加到多个任务的项目。选中该选项，会选择场景中直接附加到多个任务的所有项目。

查找包含在多个任务的项目。选中该选项，会选择场景中附加到或包含在附加到多个任务的任何其他项目中的项目。

查找附加到重叠任务的项目。选中该选项，会选择场景中附加到多个任务（任务持续时间重叠）的所有项目。

查找包含在重叠任务的项目。选中该选项，会选择场景中附加到或包含在附加到多个任务（任务持续时间重叠）的任何其他项目中的项目。

检查结果将在“选择树”和“场景视图”中高亮显示。

7.5.2 甘特图

用户可以查看项目安排为“甘特图视图”选项卡上的甘特图的表示。此选项卡与“任务”选项卡保持同步。这意味着当在“任务”选项卡和“甘特图视图”选项卡之间交换时，会选择相同的项目并保持在视图中。另外，修改“任务”选项卡上的字段，会同时修改“甘特图视图”选项卡上相应的字段。

（1）查看当前日期的甘特图的步骤如下：

1）单击“常用”选项→“工具”面板→“TimeLiner”，然后单击“TimeLiner”窗口中的“甘特图视图”选项卡。

2）在“显示日期”下拉菜单中选择“当前”。

（2）查看计划日期的甘特图的步骤如下：

1）单击“常用”选项卡→“工具”面板→“TimeLiner”，然后单击“TimeLiner”窗口中的“甘特图视图”选项卡。

2）在“显示日期”下拉菜单中选择“计划”。

（3）查看计划与当前日期的甘特图的步骤如下：

1）单击“常用”选项卡→“工具”面板→“TimeLiner”，然后单击“TimeLiner”窗口中的“甘特图视图”选项卡。

2）在“显示日期”下拉菜单中选择“计划与当前”。

（4）更改甘特图的分辨率的步骤如下：

1）在“TimeLiner”窗口中单击“甘特图视图”选项卡。

2）可选：使用“显示日期”下拉列表来自定义显示的甘特图。默认情况下，将使用“当前”日期。

3）拖动“缩放”滑块以调整图表的分辨率。最左边的位置选择时间轴中最小可用的增量（例如，天）；最右边的位置选择时间轴中最大可用的增量（例如，年）。

7.5.3 四维模拟

在本节中，将学习如何播放四维模拟，以及如何自定义模拟播放和外观。

1. 播放模拟

播放模拟的步骤如下：

（1）在“任务”选项卡上，选中要包含在模拟中的所有任务的“活动”复选框。

（2）确保为活动任务指定了正确的任务类型。

（3）确保将活动任务附加到几何图形对象，然后单击“模拟”选项卡。

（4）单击“播放”按钮。

“TimeLiner”窗口将在任务执行时显示这些任务，而“场景视图”显示根据任务类型随时间添加或删除的模型部分。

2. 配置模拟

用户可以调整模拟播放参数和模拟外观。

（1）模拟播放。默认情况下，无论任务持续时间多长，模拟播放持续时间均设置为20s。可以调整模拟持续时间及一些其他播放选项来增加模拟的有效性。

调整模拟播放的步骤如下。

1）单击“模拟”选项卡，然后单击“配置”按钮。

2）在“模拟设置”对话框打开时，请修改播放设置，然后单击“确定”。

（2）模拟外观。每个任务都有一个与之相关的任务类型，任务类型指定了模拟过程中如何在任务的开头和结尾处理（和显示）附加到任务的项目。可用选项包括以下几项。

无：附加到任务的项目将不会更改。

隐藏：附加到任务的项目将被隐藏。

模型外观：附加到任务的项目将按照它们在模型中的定义进行显示。

外观定义：用于从“外观定义”列表中进行选择，包括十个预定义的外观和已添加的任何自定义外观。

1）添加任务类型定义的步骤如下。

① 单击“配置”选项卡，在“任务类型”区域中右击，然后单击快捷菜单上的“添加”。

② 将向列表底部添加一个新任务类型；该类型将高亮显示，能够为它输入一个新名称。

③ 使用每个“外观”字段右侧的下拉按钮指定所需的对象行为。

可以自定义下列特性。

开始日期图示：任务开始时项目的日期图示。

结束日期图示：任务完成时项目的日期图示。

最早日期图示：任务开始的时间早于计划的时间时项目的日期图示。

最晚日期图示：任务开始的时间晚于计划的时间时项目的日期图示。

模拟起始状态：项目在模拟开始时应显示的外观。

2）添加外观定义的步骤如下。

① 单击“配置”选项卡，在“外观定义”区域中右击，然后单击快捷菜单上的“添加”。

② 将向列表底部添加一个新的外观定义；该定义将高亮显示，可以为它输入一个新名称。

③ 在“透明度 %”字段中，使用“向上”和“向下”控件设置0%与100%之间的透明度级别（其中 0% 表示不透明，100% 表示完全透明）。

④ 在“颜色”字段中，单击颜色以打开颜色选择器。从此处选择一个基本的可用颜色，或单击“定义自定义颜色”以定义颜色选择。

7.5.4 添加动画

在本节中，将学习如何向“TimeLiner”进度中添加动画。用户可以将对象和视点动画链接到构建进度，并增强模拟的质量。例如，可以首先使用一个显示整个项目概况的相机进行模拟，然后在模拟任务时放大特定区域，以获得模型的详细视图。还可以在模拟任务时播放动画场景。

用户可以将动画添加到整个进度、进度中的单个任务，或将这些方法组合在一起来实现所需的效果。还可以向进度中的任务添加脚本。这样便可以控制动画特性。例如，可以在模拟任务时播放不同的动画片段，或反向播放动画等。

1. 向整个进度中添加动画

用户可以添加到整个进度中的动画只限于视点、视点动画和相机。添加的视点和相机动画将自动进行缩放，以便与播放持续时间匹配。向进度中添加动画后，就可以对其进行模拟了。

（1）添加当前视点或视点动画的步骤如下：

1）在“保存的视点”可固定窗口上选择所需的视点或视点动画。

2）在“TimeLiner”窗口中，单击“模拟”选项卡，然后单击“设置”按钮。

3）在“模拟设置”对话框中，单击“动画”字段中的下拉箭头，然后选择“保存的视点动画”，单击“确定”。

（2）添加相机动画的步骤如下：

1）单击“模拟”选项卡，然后单击“配置”按钮。

2）在“模拟设置”对话框中，单击“动画”字段中的下拉箭头，然后选择所需的相机动画，如“场景 1”→“相机”。

3）单击“确定”。

2. 向任务中添加动画

用户可以添加到“TimeLiner”中的单个任务的动画只限于场景及场景中的动画集。默认情况下，添加的任何动画均进行缩放，以匹配任务持续时间。还可以选择通过将动画的起始点或结束点与任务匹配来以正常（录制）速度播放动画。向任务中添加动画后，就可以模拟进度了。

添加动画场景或动画集的步骤如下：

（1）在“任务”选项卡上，单击要向其中添加动画的任务，并使用水平滚动条找到“动画”列。

（2）单击“动画”字段中的下拉箭头，然后选择一个场景，或场景中的动画集。选择场景时，将使用为该场景录制的所有动画集。

（3）单击“动画行为”字段中的下拉箭头，然后选择动画在该任务期间的播放方式。

缩放：动画持续时间与任务持续时间匹配。这是默认设置。

匹配开始：动画在任务开始时开始。如果动画的运行超过了“TimeLiner”模拟的结尾，则动画的结尾将被截断。

匹配结束：动画开始的时间足够早，以便动画能够与任务同时结束。如果动画的开始时间早于“TimeLiner”模拟的开始时间，则动画的开头将被截断。

3. 向任务中添加脚本

用户向“TimeLiner”任务中添加脚本时，将忽略脚本事件，并且无论脚本事件如何，均会运行脚本动作。使用脚本可以控制动画的播放方式（正向播放、反向播放、一次播放一段等）。还可以使用脚本更改单个任务的相机视点，或同时播放多个动画。

添加脚本的步骤如下：

（1）在“任务”选项卡上，单击要向其中添加脚本的任务，然后使用水平滚动条找到“脚本”列。

（2）单击“脚本”字段中的下拉箭头，然后选择要与该任务一起运行的脚本。

7.6 查找和管理碰撞

用户使用“Clash Detective”工具可以搜索整个项目模型，从而在设计过程的早期确定跨学科碰撞。使用“Clash Detective”工具可以有效地识别、检验和报告三维项目模型中的碰撞。使用“Clash Detective”有助于降低模型检验过程中出现人为错误的风险。

“Clash Detective”可用作已完成设计工作的一次性“健全性检查”，也可以用作项目的持续审核检查。可以使用“Clash Detective”在传统的三维几何图形（三角形）和激光扫描点云之间执行碰撞检测。

用户可以将“Clash Detective”功能与其他 Autodesk Navisworks 工具结合使用。

（1）通过将“Clash Detective”与“对象动画”联系起来，能够自动检查移动对象之间的碰撞。例如，将“Clash Detective”测试与现有动画场景联系起来，可以在动画过程中自动高亮显示静态对象与移动对象的碰撞。

（2）将“Clash Detective”与“TimeLiner”联系起来，可以对项目进行基于时间的碰撞检查。

（3）将“Clash Detective”“TimeLiner”与“对象动画”联系起来，可以对完全动画化的“TimeLiner”进度进行碰撞检测。

打开/关闭“Clash Detective”窗口的步骤如下。

单击“常用”选项卡→“工具”面板→“Clash Detective”。

菜单：经典用户界面：“工具”→“Clash Detective”。

7.6.1 碰撞批处理

在本节中，将学习如何设置管理测试和测试批处理。

1. 运行和管理碰撞检测

（1）运行碰撞检测的步骤如下：

1）单击“批处理”选项卡。

2）要运行批处理中的所有测试，单击“更新”按钮；要运行批处理中的单个测试，在测试区域中选择它，单击“选择”选项卡，然后单击“开始”按钮。

（2）管理碰撞检测的批处理的步骤如下：

1）单击“批处理”选项卡。

2）使用按钮管理测试。

单击“添加”可将新测试附加到当前批处理。

单击“删除”可从批处理中删除当前在“测试区域”中选定的测试。

单击“紧凑”可从测试中删除碰撞状态为“已解决”的所有碰撞结果，以创建较小的文件。

单击“清除”可重置所有测试，以使它们就像尚未运行时那样。换句话说，这将使其碰撞检测状态变为“新”。

单击“清除所有”可从批处理中删除所有测试以便从头开始。

2. 导入和导出碰撞检测

用户可以将碰撞检测导入到 Autodesk Navisworks 中，并将其用于设置预定义的一般碰撞检测。

（1）导入碰撞检测的步骤如下：

1）单击应用程序按钮→“导入”→“碰撞检测 XML”。

2）在“导入”对话框中，浏览到包含碰撞检测数据的文件夹，选择它，然后单击“打开”。

用户可以将测试设置为基于一般特性的碰撞项目（包括在“选择”选项卡的左窗格和右窗格上直接选择特性），或者使用预定义的搜索集。

还可以在左窗格和右窗格上选择所有已载入的文件，“Clash Detective”会将此视为选择整个模型。将多个一般测试设置为一个批处理，并导出它以供其他 Autodesk Navisworks 用户使用，或者供用户自己在其他项目上使用。

（2）导出碰撞检测的步骤如下：

1）单击“输出”选项卡→“导出数据”面板→“碰撞检测 XML”。

2）在“导出”对话框中，如果希望更改建议的文件名和位置，请输入新的文件名和位置。

3）单击“保存”。

3. 创建自定义碰撞检测

导出的碰撞检测可以用作定义自定义碰撞检测的基础。如果有一个在多个项目中重用的通用碰撞检测集，则可以将这些碰撞检测转换为自定义碰撞检测。在将测试批处理安装为自定义碰撞检测后，可以直接从“选择”选项卡中选择并运行整个测试批处理。批处理中所有测试的结果将合并并显示为自定义碰撞检测的结果。批处理中每个测试的名称都显示在结果的“描述”字段中。

定义和使用自定义碰撞检测的步骤如下：

（1）导出碰撞检测到一个 XML 文件。该文件的名称将用作自定义测试的默认名称。

（2）如果需要，通过直接编辑 XML 文件更改自定义测试的名称。XML 文件中的顶级元素称为“batchtest”。显示给用户的自定义测试的名称是由“名称”属性定义的。文件中保存的自定义测试的名称是由“内部名称”属性定义的。

（3）要安装自定义测试，将导出的 XML 文件复制到 custom_clash_testsAutodesk Navisworks 搜索目录之一的文件夹。

（4）重新启动 Autodesk Navisworks。在启动时，“Clash Detective”将在这些搜索目录中查找自定义碰撞检测。

（5）要使用自定义测试，请打开“Clash Detective”窗口，然后单击“选择”选项卡。

（6）从“类型”下拉框中选择自定义测试。

（7）单击“开始”按钮。所有其他选项和规则由自定义测试指定。

7.6.2 碰撞规则

用户使用“忽略碰撞”规则可忽略碰撞项目的某些组合，从而减少碰撞结果数。“Clash Detective”工具同时包括默认碰撞规则和可用于创建自定义碰撞规则的碰撞规则模板。

1. 默认碰撞规则

系统内置了以下“忽略碰撞”规则。

（1）在同一层的项目：在结果中不报告被发现有碰撞且处于同一层的任何项目。

（2）在同一组/块/单元的项目：在结果中不报告发现有碰撞且处于同一组（或插入的块）中的任何项目。

（3）在同一文件的项目：在结果中不报告发现有碰撞且处于同一文件（外部参考文件或附加文件）中的任何项目。

（4）在同一复合对象中的项目：在结果中不报告发现有碰撞且属于同一复合对象（由几何图形的多个部分组合而成的项目）的任何项目。

（5）在先前已报告的同一复合对象中的项目：在结果中不报告发现有碰撞且属于在测试中先前已报告的复合对象（由几何图形的多个部分组合而成的项目）的任何项目。

（6）具有重合捕捉点的项目：在结果中不报告发现有碰撞且具有重合捕捉点的任何项目。

2. 规则模板

用户也可以创建自己的忽略规则。除了默认碰撞规则外，可以使用以下规则模板。

1）隔热层厚度：在结果中不报告发现有碰撞且其间隙值大于指定隔热层厚度的任何项目。该规则应该用于间隙测试。

如果具有一个需要特定隔热层厚度的管道，则可能希望对该管道执行间隙测试，以便将间隙公差设置为所需的隔热层厚度。这可以确定其管道周围没有足够间隙来安装隔热层。

如果具有各种管道，且需要不同的隔热层厚度，则可以设置一个具有最大所需公差的测试（即假定所有管道都需要最大的隔热层厚度），而不是为每个厚度设置单独的间隙测试。然后，可以应用该规则以忽略错误识别的任何碰撞，因为其实际隔热层厚度均小于所使用的最大间隙。

2）相同的特性值：在结果中将不报告发现有碰撞且共享特定特性值的任何项目。在同一特性上存储信息时，可以使用该模板。

3）与选择集相同：在结果中将不报告发现有碰撞且包含在同一选择集内的任何项目。

4）指定选择集：在结果中将不报告发现有碰撞且包含在两个指定选择集内的任何项目。

5）具有相同值的指定特性：在结果中将不报告发现有碰撞且共享同一值，但该值属于两个不同特性的任何项目。这是一个新规则模板。使用该规则还可以查找任何父对象上的特性。例如，管道末端的垫圈被注册为与泵管口的碰撞。应该将这些项目连接在一起。垫圈本身没有直接附加任何特性以表明应该将它附加到泵管口；但是垫圈的父对象则正好相反。如果使用该模板，则碰撞检测将忽略这两个项目之间的碰撞。

（1）使用碰撞规则的步骤如下：

1）单击“批处理”选项卡，然后在测试区域中选择要配置的测试。

2）单击“规则”选项卡，然后选中要应用于测试的所有例外规则的复选框。

（2）添加自定义碰撞规则的步骤如下：

1）在“规则”选项卡上，单击“新建”按钮。

2）在“规则编辑器”对话框中，输入规则的新名称。

3）在“规则模板”列表中，单击要使用的模板。

4）在“规则描述”框中，单击每个带下划线的值以定义自定义规则。可用于内置模板的可自定义值包括以下几类。

名称。使用界面中显示的类别或特性名称。还可以选择通过 API 访问的“内部名称”。

“<category>”。从要定义的类别或特性所在的可用列表中进行选择。下拉列表中只显示场景中包含的类别。

“<property>”。从可用列表中选择要定义的特性。同样，只有所选类别中的场景中的特性可用。

所有根源。在指定的选择上搜索已定义的特性。“所有根源”是默认选项，尽管也可以选择“模型”“层”“最低层级的对象”或“几何图形”。

最低层级的对象。在指定的选择上搜索已定义的特性。“最低层级的对象”是默认选项，尽管也可以选择“所有根源”“模型”“层”或“几何图形”。

“<set>”。从可用列表中选择您需要定义该规则的那个集合。下拉列表中只显示预定义的选择集和搜索集。

5）单击“确定”。

该规则将添加到“规则”选项卡上的“忽略以下对象之间的碰撞”区域。

（3）编辑碰撞规则的步骤如下：

1）在“规则”选项卡上，单击要编辑的忽略规则，单击“编辑”按钮。

2）在“规则编辑器”对话框中，如果要更改规则的当前名称，请重命名该规则。

3）如果要更改当前模板，请选择其他规则模板。

4）在“规则描述”框中，单击每个带下划线的值以重新定义自定义规则。

5）单击“确定”以保存对规则进行的更改。

7.6.3 选择要测试的项目

在本节中，将学习如何为测试设置各种参数。

1. 为碰撞检测选择项目

选择项目的步骤如下：

（1）单击“批处理”选项卡，并选择要配置的测试。

（2）单击“选取”选项卡。该选项卡中有两个称作“左”和“右”的相同窗格。这两个窗格包含将在碰撞检测过程中以相互参照的方式进行测试的两个项目集的树视图，需要在每个窗格中选择项目。可以通过从选取树中选择选项卡并从树层次结构中手动选择项目来选择项目；还可以通过常用方式在“场景视图”或“选择树”中选择项目，然后单击相应的“选择当前对象”按钮，将当前选择转移到其中一个框。

另外，可以根据需要选中相应的“自相交”复选框以测试对应的集是否自相交，以及是否与另一个集相交。还可以测试包括点、线或面的碰撞。每个窗口下面有三个按钮，分别对应于面、线和点。要打开/关闭按钮，请单击它。

因此，假如要在某个面几何图形和点云之间运行碰撞检测，则可以在“左”窗格中设置几何图形，然后单击“右”窗格下的“点云”按钮。默认情况下，将打开“左”窗格下的“面”按钮。此外，可以将碰撞“类型”设置为“间隙碰撞”，其中“公差”为1m。

2. 选择碰撞检测选项

可以从以下四种默认碰撞检测类型中进行选择。

1）硬碰撞。如果希望碰撞检测检测几何图形之间的实际相交，请选择该选项。

2）硬碰撞（保守）。该选项执行与“硬碰撞”相同的碰撞检测，但是它还应用了保守相交策略。

3）间隙碰撞。如果希望碰撞检测检查与其他几何图形具有特定距离的几何图形，请选择该选项。例如，当管道周围需要有隔热层空间时，可以使用该类型的碰撞。

4）副本碰撞。如果希望碰撞检测检测重复的几何图形，请选择该选项。例如，可以使用该类型的碰撞检测针对模型自身对其进行检查，以确保同一部分未绘制或参考两次。

选择碰撞检测选项的步骤如下。

1）在“选择”选项卡上，从“类型”下拉列表中选择要运行的测试。已定义的任何自定义碰撞检测均显示在该列表的结尾。

2）输入所需的“公差”，它将以显示单位表示。

3）如果要运行基于时间的碰撞检测或软碰撞检测，在“链接”框中选择相应的选项。例如，选择“TimeLiner”将使“Clash Detective”基于“Clash Detective”设置、“TimeLiner”模拟设置和“TimeLiner”中包含的项目数据，生成一个碰撞报告。

3. 基于时间的碰撞检测和软碰撞检测

链接到“TimeLiner”进度会将“Clash Detective”和“TimeLiner”的功能集成在一起，从而可以在“TimeLiner”项目的整个生存期中自动进行碰撞检查。

同样，链接到对象动画场景会集成“Clash Detective”和对象动画的功能，从而能够自动检查移动对象之间的碰撞。

最后，可以链接到动画“TimeLiner”进度（在该进度中，某些任务被链接到动画场景），并运行基于时间的自动软碰撞检测。

（1）基于时间的碰撞。项目模型可能包含临时项目的静态表示。可以将此类静态对象添加到“TimeLiner”项目中，并将其安排为在特定的时间段、特定的位置出现和消失。

由于这些静态软件包对象基于“TimeLiner”进度围绕项目现场“移动”，因此某些静态软件包对象可能在进度中的某个时间点占用同一空间，即发生“碰撞”。

设置基于时间的碰撞可以在整个项目生存期内对该碰撞进行自动检查。运行基于时间的碰撞会话时，在“TimeLiner”序列的每个步骤都会使用“Clash Detective”来检查是否发生碰撞。如果发生碰撞，将记录碰撞发生的日期及导致碰撞的事件。

为基于时间的碰撞做准备的步骤如下：

① 需要在覆盖所需面积或体积的项目模型中对每个要使用的静态软件包进行建模。

② 必须将这些静态软件包作为任务添加到“TimeLiner”进度中。

③ 必须在“配置”选项卡上将额外的任务类型添加到“TimeLiner”中，以表示不同类型的静态软件包，还需要为添加的每个任务类型配置外观。

链接到 TimeLiner 进度的步骤如下：

① 在 Autodesk Navisworks 中，打开项目模型文件，其中包含具有静态软件包任务的“TimeLiner”进度。

② 单击“任务”选项卡，并检查是否显示静态软件包任务。

③ 单击“配置”选项卡，并检查是否添加了任务类型以匹配静态软件包。

④ 单击“模拟”选项卡，并播放模拟以查看显示的静态软件包。检查它们是否在正确的位置和正确的时间段显示。

⑤ 单击“选取”选项卡，在“左”窗格和“右”窗格中，选择要测试的对象。

⑥ 在“链接”下拉框中，选择“TimeLiner”，单击“开始”按钮。

“Clash Detective”将在每个时间间隔检查项目中是否存在碰撞。“找到”框中将显示已找到的碰撞数。

（2）软碰撞。项目模型可能包含临时项目的动态表示。可以使用“Animator”窗口创建包含这些对象的动画场景，以使它们围绕项目现场移动，或更改其尺寸等。某些正在移动的对象可能会发生碰撞。

设置软碰撞可以对该碰撞进行自动检查。运行软碰撞会话时，在场景序列的每个步骤，都会使用“Clash Detective”检查是否发生了碰撞。如果发生碰撞，将记录碰撞发生的时间及导致碰撞的事件。例如，可以检查碰撞结果，并重新安排对象的移动以消除此类碰撞。

为软碰撞做准备的步骤如下：

① 需要在覆盖所需面积或体积的项目模型中对每个要为其创建动画的对象建模，如可以使用半透明块。

② 必须使用 Autodesk Navisworks 中的“Animator”窗口创建具有所需对象的动画场景。

链接到对象动画的步骤如下：

① 在 Autodesk Navisworks 中，打开包含对象动画场景的项目模型文件。

② 播放动画。检查动画对象是否在正确的位置、以正确的尺寸等显示。

③ 单击“选取”选项卡，在“左”窗格和“右”窗格中，选择要测试的对象。

④ 在“链接”下拉框中，选择要链接到的动画场景，如“Scene1”。

⑤ 在“步长”框中，输入要在查找动画中的碰撞时使用的“时间间隔大小”，单击“开始”按钮。

4. 运行碰撞检测

运行单个碰撞检测的步骤如下：

（1）单击“批处理”选项卡，并选择要运行的测试。

（2）单击“选择”选项卡，并设置所需的测试选项。

（3）选择左、右碰撞集并定义碰撞类型和公差后，单击“开始”按钮开始运行测试。

“碰撞数目”框显示该测试运行期间到目前为止发现的碰撞数量。

7.6.4 碰撞结果

在本节中，将学习如何与碰撞检测结果进行交互。找到的所有碰撞都将显示在一个多列表中的“结果”选项卡中。可以单击任一列标题，以使用该列的数据对该表格进行排序。此排序可以按字母、数字、相关日期进行；或者，对于“状态”列，可以按工作流顺序进行：“新”→“活动的”→“已审阅”→“已核准”→“已解决”→“旧”。反复单击列标题，可在升序和降序之间切换排序顺序。

如果运行基于时间的碰撞检测、软碰撞检测或基于时间的软碰撞检测，则任何碰撞的开始时间/日期都将记录到“开始”“结束”列下的相应碰撞的旁边，同时还会在“事件”列中记录事件名称（动画场景或“TimeLiner”任务）。

如果在特定日期找到了多个碰撞，则将列出每个单独的碰撞和相同的模拟信息。“项目 1”和“项目 2”窗格显示了与碰撞中各个项目相关的“快捷特性”，以及标准“选择树”中从根到项目几何图形的路径。

单击碰撞将在“场景视图”中高亮显示该碰撞中涉及的两个对象。默认情况下，碰撞的中心就是视图的中心，该中心已放大，以便碰撞中涉及的对象的各部分填满视图。可以使用“显示”和“在环境中查看”区域中的选项控制显示碰撞结果的方式。

当碰撞结果包含与单个设计问题关联的多个碰撞时，将它们手动组合在一起。将碰撞组织到文件夹和子文件夹中，可以简化设计问题的跟踪。

最后，在“项目 1”或“项目 2”窗格上选择一个项目，再单击“返回”按钮，会将当前视图和当前选定的对象发送回原始 CAD 软件包。这样，就可以非常轻松地在 Autodesk Navisworks 中显示碰撞，将它们发送回 CAD 软件包，改变设计，然后在 Autodesk Navisworks 中重新载入它们，从而大大缩短设计审阅时间。

1. 管理碰撞结果

用户可以分别管理各个碰撞结果，还可以创建和管理碰撞组。所创建的组在“结果”选项卡中表示为文件夹。

（1）重命名已解组的碰撞的步骤如下：

1）在“结果”选项卡的“碰撞”上右击，然后单击“重命名”。

2）键入新名称，然后按 Enter 键。

（2）创建碰撞组的步骤如下：

1）单击“结果”选项卡上的“新建碰撞组”按钮。一个名为“碰撞组 X”的新文件夹即添加到当前选定的碰撞之上（如果未进行选择，则添加到列表顶部）。

2）为该组键入一个新名称，然后按 Enter 键。

3）选择要添加到该组的碰撞，然后将其拖动到文件夹中。

4）单击所创建的碰撞组时，“项目 1”和“项目 2”窗格将显示该碰撞组内包含的所有碰撞项目，“场景视图”中将显示所有相应的碰撞。

（3）将多个碰撞组合在一起的步骤如下：

1）在“结果”选项卡上，选择要组合在一起的所有碰撞。

2）在所做的选择上右击，然后单击“组”。

3）为该组键入一个新名称，然后按 Enter 键。

4）单击所创建的碰撞组时，“项目 1”和“项目 2”窗格将显示该碰撞组内包含的所有碰撞项目，“场景视图”中将显示所有相应的碰撞。

2. 审阅碰撞结果

Autodesk Navisworks Manage 提供了向碰撞结果中添加注释和红线批注的工具。

单击碰撞结果时，将自动放大“场景视图”中的碰撞位置。“Clash Detective”工具包含许多“显示”选项，通过这些选项可以调整在模型中渲染碰撞的方式，也可以调整查看环境以便以可视方式标识每个碰撞在模型中的位置，以及自定义 Autodesk Navisworks 在碰撞之间转场的方式。

（1）仅显示涉及当前选择的碰撞结果的步骤如下：

1）在“选择树”或“场景视图”中选择所需的几何图形。

2）在“Clash Detective”窗口中，单击“结果”选项卡，然后选中“选择过滤器”复选框，“结果”区域中现在仅显示那些涉及选定项目的碰撞。

（2）更改高亮显示碰撞项目的方式的步骤如下：

1）在“Clash Detective”窗口中，单击“结果”选项卡。

2）选中“项目 1”和“项目 2”的“突出显示”复选框，以将“场景视图”中碰撞项目的颜色替代为选定碰撞的状态颜色。

（3）在“场景视图”中高亮显示所有碰撞的步骤如下：

1）在“Clash Detective”窗口中，单击“结果”选项卡。

2）在“显示”区域中选中“突出显示所有”复选框，找到的所有碰撞都以其状态颜色高亮显示；清除该复选框将返回到默认视图，仅高亮显示在“结果”区域中选定的碰撞中涉及的项目。

（4）在“场景视图”中隔离碰撞结果的步骤如下：

1）在“Clash Detective”窗口中，单击“结果”选项卡。

2）要在“场景视图”中隐藏所有妨碍查看碰撞项目的项目，选中“自动显示”复选框。单击一个碰撞结果时，可以看到该碰撞会自行放大，而无须移动位置。

3）要隐藏碰撞中未涉及的所有项目，选中“隐藏其它”复选框。这样，就可以更好地关注“场景视图”中的碰撞项目。

4）要使碰撞中未涉及的所有项目变暗，选中“其它变暗”复选框。单击碰撞结果时，Autodesk Navisworks 会使碰撞中所有未涉及的项目变暗。

5）要设置以降低碰撞中所有未涉及的对象的透明度，请选中“降低透明度”复选框。该选项只能与“其它变暗”选项一起使用，并将碰撞中所有未涉及的项目渲染为透明并变暗。可以在“选项编辑器”中自定义透明度降低的级别。默认情况下，使用 70%透明度。

（5）设置碰撞之间的转场的步骤如下：

1）在“Clash Detective”窗口中，单击“结果”选项卡。

2）在“显示”区域中，确保选中了“自动缩放”复选框。

3）在“结果”列表中单击碰撞结果，将放大碰撞在“场景视图”中所处的位置。

4）选中“动画转场”复选框。

5）单击另一个碰撞结果。视图将从当前视图平滑转场到下一个视图。可以使用“选项编辑器”自定义动画转场的持续时间。

（6）在环境中查看碰撞的步骤如下：

1）在“Clash Detective”窗口中，单击“结果”选项卡。

2）在“结果”列表中单击碰撞结果。

3）在“显示”区域中，确保选中了“自动缩放”和“动画转场”复选框。

4）要使整个场景在“场景视图”中可见，在“在环境中查看”框中选择“查看全部”；要将视图范围限制为包含选定碰撞中所涉及项目的文件，在“在环境中查看”框中选择“查看文件范围”。

5）按住“在环境中查看”按钮，可在“场景视图”中显示所选的环境视图。只要按住该按钮，视图就会保持缩小状态。如果快速单击该按钮，则视图将缩小，保持片刻，然后立即再缩放回原来的大小。

（7）将视点与碰撞结果一起保存的步骤如下：

1）在“Clash Detective”窗口中，单击“结果”选项卡。

2）在“显示”区域中，确保选中了“保存视点”复选框。

3）在“结果”列表中单击碰撞结果。这样，就可以为碰撞结果定制视点了。还可以将红线批注与碰撞结果一起存储。

3. 基于时间的碰撞检测结果和软碰撞检测结果

（1）查看基于时间的碰撞结果的步骤如下：

1）在“Clash Detective”窗口中，设置并运行一个基于时间的碰撞检测。

2）单击“结果”选项卡。

3）在“显示”区域中选中“模拟”复选框。

4）在“Clash Detective”窗口的“结果”选项卡上，选择“结果”列表中的一个碰撞。

5）“TimeLiner”窗口中的模拟滑块将移动到发生碰撞的确切时间点。可以移动该滑块，以便调查碰撞之前和之后立即发生的事件。

6）重复此过程，以查看找到的所有碰撞。

（2）查看软碰撞结果的步骤如下：

1）在“Clash Detective”窗口中，设置并运行一个软碰撞检测。

2）单击“结果”选项卡。

3）在“显示”区域中选中“模拟”复选框。

4）在“Clash Detective”窗口的“结果”选项卡上，选择“结果”列表中的一个碰撞。

5）单击功能区上的“动画”选项卡，会将“回放”面板上的“回放位置”滑块移动到碰撞发生的确切点。可以移动该滑块，以便调查碰撞之前和之后立即发生的事件。

6）重复此过程，以查看找到的所有碰撞。

（3）查看基于时间的软碰撞结果的步骤如下：

1）在“Clash Detective”窗口中，设置并运行一个基于时间的软碰撞检测。

2）单击“结果”选项卡。

3）在“显示”区域中，选中“模拟”复选框。

4）在“Clash Detective”窗口的“结果”选项卡上，选择“结果”列表中的一个碰撞。

5）“TimeLiner”窗口中的模拟滑块将移动到发生碰撞的确切时间点。可以移动该滑块，以便调查碰撞之前和之后立即发生的事件。

6）重复此过程，以查看找到的所有碰撞。

7.6.5 报告碰撞结果

用户可以生成各种“Clash Detective”报告。例如，可能需要一个使规划人员能够在其第三方进度安排软件中调整项目进度的报告。对于基于时间的碰撞，在报告中包含有关碰撞中每个静态软件包的其他信息可能会有帮助。使用“快捷特性”定义，可以在“选项编辑器”中设置该信息。

创建碰撞报告的步骤如下：

（1）在“Clash Detective”窗口中，运行所需的测试。如果运行批处理测试，在“批处理”选项卡上，选择要查看其结果的测试。

（2）单击“报告”选项卡。

（3）在“包含碰撞”区域的“对于碰撞组，包括”框中，指定如何在报告中显示碰撞组。

（4）从以下选项选择：

1）仅限组标题：报告将仅包含已创建的碰撞组文件夹的摘要。

2）仅限单个碰撞：报告将仅包含单个碰撞结果。对于属于一个组的每个碰撞，可以向报告中添加一个名为“碰撞组”的额外字段以标识它。要启用该功能，选中“内容”区域中的“碰撞组”复选框。

3）所有内容：报告将同时包含已创建的碰撞组文件夹的摘要和各个碰撞结果。对于属于一个组的每个碰撞，可以向报告中添加一个名为“碰撞组”的额外字段以标识它。要启用该功能，选中“内容”区域中的“碰撞组”复选框。

（5）使用“包含以下碰撞类型”框，选择要报告的碰撞结果。

（6）在“内容”区域中，选中希望在每个碰撞结果的报告中显示的数据的复选框。这可能包括与碰撞所涉及的项目相关的“快捷特性”如何在标准“选择树”的从根到几何图形的路径中找到它们，以及是否应该包含图像或模拟信息等。

（7）在“报告类型”框中选择报告的类型。

1）“当前测试”为当前测试创建单个报告文件。

2）“全部测试（组合）”创建包含所有测试的所有结果的单个文件。

3）“全部测试（分开）”为每个测试创建一个包含所有结果的单独的文件。

（8）在“报告格式”框中选择报告格式。

1）“XML”将创建一个 XML 文件，该文件包含所有碰撞、这些碰撞的视点的 jpeg 格式文件及其详细信息。选择该选项时，需要为文件选择或创建一个文件夹，然后输入 XML 文件的名称。

2）“HTML”将创建一个 HTML 文件，该文件包含所有碰撞、这些碰撞的视点的 jpeg 格式文件及其详细信息。选择该选项时，需要为文件选择或创建一个文件夹，然后输入 HTML 文件的名称。

3）“文字”会创建一个 TXT 文件，其中包含所有碰撞细节和每个碰撞的视点的 jpeg 格式文件。选择该选项时，需要为文件选择或创建一个文件夹，然后输入 TXT 文件的名称。

4）“作为视点”在“保存的视点”可固定窗口中创建一个与测试同名的文件夹。每个碰撞都被另存为该文件夹中的一个视点，并且附加一个包含碰撞结果详细信息的注释。

（9）单击“书写报告”按钮，书写报告。

参　考　文　献

[1] 叶雄进，等，BIM 建模应用技术[M]. 北京，中国建筑工业出版社，2016.

[2] 王婷. 全国 BIM 技能培训教程. REVIT 初级[M]. 北京，中国电力出版社，2015.

[3] 中国建设教育协会. BIM 建模[M]. 北京，中国建筑工业出版社，2016.

[4] 刘文广，等. BIM 应用基础[M]. 上海，同济大学出版社，2013.

[5] 李恒，等. Revit 2015 中文版基础教程[M]. 北京，清华大学出版社，2015.